U0168610

經典設計
源于經典意識

汉民于二〇一〇年十一月八日

书境

阅读设计的探索之路

「研究生篇」

Layout Without Borders

A Quest for Better Publication Design

王红卫 编著

清華大學出版社
北 京

图书在版编目（CIP）数据

书境：阅读设计的探索之路. 研究生篇 / 王红卫编著. — 北京：清华大学出版社, 2021.11
ISBN 978-7-302-52374-1

Ⅰ. ①书… Ⅱ. ①王… Ⅲ. ①书籍装帧—设计—作品集—中国—现代
Ⅳ. ①TS881

中国版本图书馆CIP数据核字(2019)第038911号

书境——阅读设计的探索之路（研究生篇）

责任编辑：王　琳
封面设计：王红卫　赵　晖　刘星池
版式设计：王　琛　靳宜菲
责任校对：王凤芝
责任印制：杨　艳
出版发行：清华大学出版社
网　址：http://www.tup.com.cn，http://www.wqbook.com
地　址：北京清华大学学研大厦A座　邮　编：100084
社 总 机：010-62770175　邮　购：010-62786544
投稿与读者服务：010-62776969, c-service@tup.tsinghua.edu.cn
质量反馈：010-62772015, zhiliang@tup.tsinghua.edu.cn
印 装 者：小森印刷（北京）有限公司
经　销：全国新华书店
开　本：180mm×240mm　印　张：22.75　字　数：485千字
版　次：2021年11月第1版　印　次：2021年11月第1次印刷
定　价：148.00元

产品编号：079101-01

序一　设计要解决问题

陈汉民

清华大学美术学院教授
清华大学美术学院教学督导
光华龙腾奖设计贡献奖金质奖章获得者
中国人民银行、中国工商银行、中国农业银行行徽设计者

我曾在中央工艺美术学院（现清华大学美术学院）从事教学五十余年。过去我当教师的时候，除了讲课外，最重视辅导环节，每一位学生都有机会与老师面对面交流。我认为辅导比讲授更重要，一对一地针对每个学生的作品提出意见和建议，准确地发现，清晰地分析，客观地评价，从而给出方向。教师要重视自身实践，多参与设计，面对客户市场才有发言权，讲课才能做到底气足。辅导依靠实践的经验，另外要遵从科学的设计原则。我辅导讲课从不以主观愿望、个人爱好作为标准，每位老师都有自己的实践经验，但教学是把这些经验放到科学范畴，不限制学生的创作。当教师不容易，把自己的经验准确地传递给学生，使学生懂得设计的道理，拿到一个设计任务，首先想到的是体现什么，而不是华而不实的炫技，玩虚的。实用美术，求实在先。实用、经济、美观才是设计的基本。

导师出题目要命题，命题多于自选题目，只有命题才能给予学生制约，切合命题内容需要，要做好就得先做对。符合课题设计要求，有标准、有原则的才是对的。书籍、包装、招贴、标志设计是视觉传达设计专业的根本，设计皆有标准，比如好的招贴要做到：醒目、易解和动情。包装的标准则是“我是谁？（品牌）”“是什么？（商品）”“卖给谁？（受众）”，根据设计定位的不同，从而讲究包装的材料和设计风格品位。标志的原则则是好记、好懂、好看和适用。随着时代的发展更新，设计的形式总归还是要服从内容，以形举意，以意表形。

王红卫老师既是老师，又是设计实践者，担任我院大量书籍的整体设计，他通过调查研究，了解现状，在“解决问题”的过程中积累大量作品总结了很多经验，他的知识是活的，实用的，不是虚的，他把这种实践经验，科学的理论灌输到教学之中，实用美术不是单纯讲美，字体设计不是单纯地写好每一个字，而是将文字运用到什么地方去，需要什么字体来表现，脑子里始终有实用的概念，实用美术，实用为先。

这本书是红卫老师近十年研究生毕业设计教学成果的总结，他对字体、图形、书籍整体设计有着深度研究，擅于挖掘每位学生的特点，鼓励学生独立思考，调动学生学习的积极性，培养学生的审美和艺术品位，深化主题，物化落地，深入探索大书籍领域整体设计的未来发展方向。除此之外，希望王老师把中国的汉字进一步深入研究，包括外文字，与产品、设计结合起来。把文字深化，跟现代结合，使设计更具活力。王老师的研究生教学在积累实践的基础上，用科学的理念把握研究，整个培养教学过程是实践的积累和提炼，正如张光宇先生说过的，设计要先做加法再做减法，设计要掌握大量资料，多思考多整理，通过淘汰保存，留下精华。我设计一个标志要出好几十个稿子，最终留一个，先多后少，好中取好，设计皆有标准，在设计过程中设计者首先要有个经典的意识，不应付差事，多动手，多动脑，贵在实践。

最后祝贺王红卫老师，希望这些教学成果可以抛砖引玉，供大家启示分享。

陈汉民

序二　书境、语境、意境、心境

吕敬人

清华大学美术学院教授
中央美术学院客座教授
主要书籍设计作品有《中国书院》《剪纸的故事》《黑与白》等
编著《书艺问道·吕敬人书籍设计说》等

面对当今数码技术的快速发展，信息传播手段越来越虚拟化，引发设计师们对人类精神记载+物化方式形成的“纸面”载体——书籍从概念到功能的重新思考：书除完成传授知识和传递信息之外，还有哪些魅力以示它的生存意义，我们有必要重新审视它蕴含的力量，读书会给信息泛滥时代带来一种诗意的活法。

红卫老师不顾疫情，专程来工作室，嘱我为新书写上几句，几年前曾为他编著的教材《书语》撰写拙文一篇。今天又一本反映红卫教学思路和成果的《书境》即将付梓面世，钦佩他长期以来对教书育才持之以恒的专注，又愿将书籍设计教学的宝贵经验与同道分享，欣喜之余，又自愧爬格子乏力不敢接“旨”，且宅家“防疫忙”的托词也说不出口，故只得受命，而不负老友厚爱也。

《书境》是个好书名，书好看不在虚表，而应读出耐人寻味的余韵意境来。

书境，只有书与人产生交流后，才会产生感动之一刻、一时，一日、一生，乃至于几代人，如此这般的书才能达到精神升华的境界。我喜欢给学生推荐一本称之为读书人的“圣经”——《查理街十字路84号》，书中讲述了美国女作家海伦和英国旧书店职员弗朗克之间因书结缘诗意交往的故事。书中提到了文集、辞书、诗集、新版本、编辑本、限定本、烫金本，自然的印度纸，抚摸柔软的羊皮封面，镶金边的书口，前位书主在书页中留下的读书笔记，还有春意浓浓的季节想读情意绵绵的爱情诗，在纽约中央公园草坪轻松慵懒翻阅便于携带的口袋书，只能置身于豪华橡木架围绕的书房，坐靠在柔软的金丝绒沙发里，才符合阅读身份的经典古籍…… 书境就是让读者进入戚戚于胸，浮想联翩的美妙语境、意境、心境之中。

书境来自翻书的体验，即通过对层层叠叠页面中云集的信息一种近距离翻阅形式，阅读对象不是一个单个的个体，也不是一个平面，而是兼具跨越时间与空间的信息活体群。书籍不仅是信息的容器，设计给书搭建一个文本表演的舞台，找到最合适的视觉演员，运用准确的设计语言和语法，构成内容具有多重性、互动性和时间性的叙述，赋予文本戏剧化的信息还原，让读者感受做书人的温度与真诚，还有千变万化的导演手法。

红卫老师这本新作始终贯穿以上“书境”的教学理念与课题实践。他认为概念来自理论，探索来自质疑，而实践能找到解决问题的观念和方法，从而从中构建适应时代阅读需求的书籍设计教学体系。他在教学中不忽略现代设计艺术基础教育中传承的重要性，尤其是汉字视觉符号象形会意的独特性，因为这些是书籍设计要达到文本完美传达的阅读主体。同时重视提升从书装概念延展到书籍设计观念的必要性：强调主题策划、编辑设计、编排运筹和阅读功能的整体把控，以及物化五感体验等，让同学们努力为创造打动读者诗意的“书境”而进行研究性思考。

他坚持师生教学互补的理念，不随意给学生发指令，而是相互启发，共同思考，寻找答案，强调试验性、探索性、前瞻性。他培养研究生有八项指导原则：1. 形成主见；2. 发现问题；3. 质疑求见；4. 缜密思考；5. 以简驭繁；6. 功到自通；7. 博览众山；8. 心中通透。由此形成循序渐进，得道求新的论文研究和作品实践的过程。为学生找到自学的主动性，选择课题的独立性，敢于求新的积极性。本书中介绍了很多案例是他这些年来对未来纸质媒体的深度探究后启发指导下呈现的优秀的教学成果。如冯畇茜的《独立出版物》从编辑的自主性、手段的多样性、发行的特殊性、生存周期不稳定性的研究角度，对未来出版物多元化多渠道发展作了很好的深度探究；王琛的《意象·燕京》，探索书籍三维形态的时间性阅读特征，拓展授受双向交流的维度，解读动态互动阅读的奥秘；郝望舒的《当代艺术家画册设计》，力图摆脱一般装帧观念束缚，关注书籍设计根本性问题，即主题先行下编辑设计的主导性和设计师角色的探讨，惯有的设计模式可否有触类旁通元素的介入，旁征博引附加值的添加，从而提升原著的阅读价值，阐述了符合时代要求的书籍设计师应该具有的专业素质和担当意识；杨柳的《土神仙》从民间剪纸抓髻娃娃中，研究融入当代艺术视觉语言衍生的可能性……还有《汉字的表情》《腔》《中国高铁》《纸质书籍互动设计研究》《干支历系列日历设计》《火猴祥瑞》《梦幻苗语——蝴蝶妈妈》，每个案例均通过主题设定、研究过程、论文撰写、作品呈现、导师评语这几个层次，很好阐明每位学生研究过程的来龙去脉，体现了红卫一贯而至的教学思想和方法。这本书对于从事设计教学的同道们不无裨益，并为正在艺术院校学习设计的本科生和研究生的学科方向切入、毕业设计和论文答辩提供不可多得的参考与启发。

书境来自与书相遇、相知的过程。纸书是与电子载体特具差异的介质。书的魅力在于它的物质性（博尔赫斯语）。杉浦康平老师说："像纸这样隐藏着热情力量的材料，与书籍作者的热量结合在一起，造就了被称为书的'物体'的力量。它不仅刺激我们的视觉，还能唤醒我们的手指、手腕等身体的感觉，'阅读'这一行为不只是通过视觉和头脑来进行的。"显然，做一本好书要有全方位的思考，"悟"出新时代的做书人要主动寻找富有新意的选题，独到的编辑思路，不同的编排方式，内外兼修的形态构成，丰富完美的物化手段，对应市场流通策略……让书成为不同层次读者触手可及的商品，更重要的是让书能够传递能打动内心的有着"表情"与"温度"的书之意境的感染力，这不正是红卫老师在这本著述中要给我们传达"书境"的本意吗？

是为序。

2020 年 3 月抗击新冠病毒疫情的非常时期

目录 CONTENTS

HongweiDesign

对话

王红卫

《书香》《书语》和《书境》是王红卫老师从事书籍设计教学成果的三部曲，其中《书境》主要针对研究生教学，包括对近年来每位研究生从开题、中期到论文答辩全过程的多视角解读，收录的学生毕业设计作品涵盖了独立出版物、图形符号、立体书、绘本等多种类型。研究生毕业设计对学生未来的发展、即将从事的工作和实践起到了重要的作用。

1. 王老师您好！您辅导毕业设计近 30 年，能简单概述一下从事教学的经历吗?

我最早是在清华大学美术学院的前身中央工艺美术学院书籍艺术系上学，1985 年入学，1989 年毕业获得学士学位。从 1989 年一直到 1999 年，我很庆幸自己大学刚毕业就能在中央工艺美术学院基础部设计教研室任教，从事构成设计和字体设计的教学工作。我认为这十年时间的基础教学经历对自己的影响很大。基础设计课并不是我们所认为的对简单的技能和技法的学习，而是在其之上进行专业审美习惯培养的过程。专业和基础是相对的，在某种程度上又是可以相互转换的，但两者都是建立在一定的审美基础之上的。我的个人观点是，基础字体和创意字体也是基础与专业的界定关系。基础字体对于印刷字体来讲是基础，印刷字体对于创意字体来讲是基础，创意字体又是视觉传达设计学科的核心基础，创意字体和图形转换成了标志，但是在整个设计学科范围内来讲，视觉传达设计对于其他设计专业来讲，又是一种泛专业的基础学科。所以说，专业和基础之间是相互转换的过程。本身学科之间就是从基础到尖端的循序渐进的学习过程，每个专业的设立都有其系统性，不要把基础孤立起来。每个专业的学习都离不开基础，不管是对于视觉传达设计专业，还是与视觉相关的其他设计专业来讲，都离不开对文字、图形、色彩、材料与肌理等的学习。所以，基础的学习是对审美文化的认同，在学习中自然而然养成自己的职业习惯，形成从事这个专业独有的气质和风格。

从 1997 年开始，我就有了自己的工作室。起初是担心因为从事多年的基础教学工作，而导致与实践设计工作脱节，自己还是愿意一边教学，一边实践。从 1999 年开始，我在清华大学美术学院视觉传达系教授字体设计、编排设计及书籍整体设计课程。清华大学美术学院是中国设计界的高等学府，其前身是地处光华路的中央工艺美术学院，被誉为中国当代的“包豪斯”。我所执教的视觉传达设计系是学校 1956 年建院之初开设的三个专业系之一，其名称先后经历“装潢设计系”(1956

年），“装饰工艺系”(1957 年)，“装饰绘画系”(1958 年)，“装饰美术系”(1963 年)，“装潢美术系”(1964 年)，“装潢设计系和书籍艺术系”(1985 年)，“装潢艺术设计系”(1999 年)和“视觉传达设计系”(2009 年)等变化，在不断精进优势的同时，与时俱进，顺应着历史与设计发展的潮流。正如梅贻琦校长所言，“所谓大学者，非谓有大楼之谓也，有大师之谓也”，曾经在这个系任教的有众多中国现当代最有名的艺术家、教育家、设计大家，如吴冠中、张光宇、丘陵、高中羽、余秉楠、陈汉民、吕敬人等。在这样一个大师璨若星斗的设计系里，一代代前辈积淀所传承下来的，逐渐形成了自身独特的教学理念，引领着中国当代设计教育。从 20 世纪 60 年代第一代书籍设计专业的创始人丘陵老先生，到 80 年代开疆拓土的第二代书籍设计教育家余秉楠，再到今天第三代的吕敬人、赵健和我，可以清晰地看到一代代设计传人的发展文脉。当下，随着国际学术密切的研究交流，科学与艺术的日益发展，设计逐渐淡化着专业的界限，并带来广阔的视野，设计教育业面临更多机遇和挑战，秉承“老工美”的精神，结合“新美院”的创新，我们设计教育会迎来全新的发展空间。

有幸任教于清华美院视觉传达设计系的我，通过几十年的实践与教学探索，收获了些许感悟和体会，在此分享给大家：我在工作室与学校的时间各占一半，教学和实践的关系是相辅相成的，二者互为因果并不矛盾。实践对我的教学有很大影响，实践得来的经验能够更为有效地指导教学；通过教学，在辅导毕业设计的过程中，学生的偶发性灵感，又给我带来了启发，从而应用到实践中去，做出一些打破常规化的设计。我一直强调要求学生多参与实践项目，以实验性设计为主，在实践中把握当代设计的潮流和趋势，关注未来设计的发展趋向，为明天而设计。工作室天天做实战项目，学生的毕业设计却是做实验性的设计，通常一本书是 300 多页，要兼顾文本、图片和细节的处理，全部都由学生自己完成。在创作过程中，我与他们相互启发，共同思考，其间我鼓励和支持学生寻找解决问题的答案，从来不指示和命令他们去怎样做。作为老师，我和学生都很享受创作的过程。

我对自己的定位首先是一名教师，然后才是设计师。作为教育者，我要为学生提供更好的环境和平台。从事多年的基础教学和专业教学，在基础教学中所获得的受益一直影响着我的教育理念。对我而言，首先要热爱这个事业，要有情怀；同时作为教师，一定要身处设计第一线，发现设计的本质问题，我觉得真正的设计问题，只有在实践时才能体会到，甚至灵感也要在实践中才能产生。设计不是凭空想象的，一定是经过积累、积淀的过程，从而形成设计风格，对好设计的标准判定也只有在实践中才能体会到。通过积累实践，敏锐度和判断力才会产生。从多年的教学工作，包括和学生以及其他老师的沟通交流中，我也有一些感悟与体会，深刻体会到教学也是一个自我学习和总结的过程，特别是在带研究生和本科生的毕业设计的过程中。对毕设而言，我们更强调一种探索性、试验性和前瞻性，这也是我对所在的视觉传达设计专业的一种思考。

同时，我认为对于从事设计的人，在生活中保持好奇心、想象力和对生活的激情是非常重要的。好奇心是个体学习的内在动机之一、个体寻求知识的动力，是创造性人才的重要特征。居里夫人说：

“好奇心是学者的第一美德。”几乎所有围绕着创造进行研究的学者都将好奇心作为创造的基本动力，也将好奇心作为高创造力者的重要的个性品质特征。作为设计师，要有很强的求知欲望与好奇心，去了解和深入感受不同的事物。充满好奇心和对事物感兴趣的人，会容易变成一个创意人。这是因为他们容易将原本毫不相关的事物，连接在一起，创造出新事物。想象力是人不可缺少的一种智能，是人的生活中不可缺少的智慧。哲学家狄德罗说：“想象，这是一种特质。没有它，一个既不能成为诗人，也不能成为哲学家、有思想的人、一个有理性的生物、一个真正的人。”因此提高想象力是非常有必要的，它会体现在生活中的方方面面，甚至关系到成功。好奇心可以激发想象力，只有你想不到，没有你做不到；只要能想到，人类到最后都能做到。想象力是从事设计和艺术的人都应该具备的，最基础的是多看、多思考，但还有更高的要求。所以我们要在平时的生活和学习中多注重培养自己，发现生活当中的乐趣。首先要积累丰富的知识和生存经验；其次要保持和发展自己的好奇心；再次，应善于捕捉创造性想象和创造性思维的产物，进行思维加工，使之变成有价值的成果。还有，如果想要把想象力发挥的话，那么就像个孩子一样去观察这个世界。其次是要把自己的精力放在想象上，这样你的想象力就会很好的发挥。对于从事书籍设计的人来讲，还需要具备爱心和对生活的热爱之心，指的是对生活的深刻体验感，最终形成自己的职业操守。

2. 与本科生相比较，您对硕士研究生的培养目标是什么？在毕设创作过程中，您是如何激发学生的创作热情的？

本科生和研究生阶段都是学生品位和审美不断提高的一个过程，最终达到人格和品格的完善。对本科生和研究生培养目标的差异，从宏观来讲，四年制本科生阶段是一个泛基础的、大数据范畴的学习过程，专业的接触程度较为宽泛，其中包括 4 ~ 8 周的实习安排；从专业来讲，本科教学阶段设有六周的书籍设计课，其中涵盖了字体设计课、图形和图表设计课。

而研究生阶段则是深度学习的过程。研究生分为普硕（不同硕士）和艺硕（艺术硕士，MFA）两类。两者首先是培养目标不同，普硕主要是培养科研型人才，艺硕主要是培养应用型、实践型人才；其次是培养方式不同，普硕更偏重基础理论的学习，重点培养学生从事科学研究创新工作的能力和素质，而艺硕则以实际应用为导向，以职业需求为目标。我对研一和研二的学生有几个要求，一是要有广泛的阅读，对人文、美学、哲学和历史等相关领域有一定的了解；二是在实践上要有量和质的变化，希望能够独立完成书籍设计 10 本以上；三是在毕业论文开题后，要对古今中外的史料进行深度调研，做到对该领域了如指掌，还要强调研究的前沿性，和对当下的应用价值和影响，将个人的兴趣点与社会作用相结合。

硕士研究生的培养，首先要学会多思考，梁漱溟先生曾提出思考的八层境界，第一层是形成主见：用心想一个问题，形成自己的判断。第二层是发现不能解释的事情，面对各种问题，说不出道理，不甘心，也不敢轻易自信，这时你就走上求知的正确道路了。第三层是融会贯通，你看到与自己想法相同的，感到亲切；看到与自己想法不同的，感到隔膜。有不同，就非求解决不可；有隔膜，就非求了解不可。于是，古人今人所曾用过的心思，慢慢融汇到你自己。第四层是知不足，学问的进步，不单是见解有进步，还表现在你的心思头脑锻炼得精密了，心气态度锻炼得谦虚了。心虚思密是求学的必要条件。第五层以简御繁，你见到的意见越多，专研得愈深，这时候零碎的知识，片段的见解都没有了；心里全是一贯的系统，整个的组织。如此，就可以算成功了。第六层是运用自如，如果外面或里面还有解决不了的问题，那学问必是没到家。如果学问已经通了，就没有问题。第七层是一览众山小，学问里面的甘苦都尝过了，再看旁人的见解主张，其中得失长短都能够看出来。这个浅薄，那个到家，这个是什么分数，那个是什么程度，都知道得很清楚。因为自己从前也是这样，一切深浅精粗的层次都曾经过。最后一层，也是第八层，是通透，思精理熟，心中通透。可见思考和实践只有量达到一定的数量、密度和质量时，才会产生好的质变。为自己营造善意良性的设计循环，螺旋式上升成长。

“兔子理论”把本科生和硕士生的教学目的阐述得非常到位：本科生好比学习捡“死”兔子。本科及以前所学知识都是别人已经发现并经过了反复验证的知识，是固定、稳定的，属于“死兔子”。此阶段的学习训练只是学会找到一条比较便捷的路径把已经死在那里的“兔子”拿回来。而硕士生则是学习打一只在视野中奔跑的活兔子。这只兔子在哪里？需要导师指给你，或者需要导师和学生一起来确定其位置。导师在指“兔子”的同时还应该告诉学生瞄准并射死兔子的本领。硕士生需要遵从自导师处学来的方法和技术，去把这只活的兔子打死，然后再通过以往已经具备的方法把兔子擒在手中。硕士研究生应该是建立在本科的基础之上，拓宽自己的格局，以更大的视野来看待自己和社会的关系。师生之间的关系也是讨论式的、交流式的。我鼓励研究生要建立自己认知的独立性和学术的体系化。

从学生角度来讲，学习书籍设计专业，并不意味着毕业后一定要从事书籍设计工作。它是一种审美修养和审美高度的培养，是一种文化审美的学习。在我众多毕业的学生当中，不仅有在华为、网易等这类科技互联网公司工作的，还有很多在外企、出版社、报社、创意广告公司和媒体机构就业的。书籍设计专业是泛专业的，对其他领域有着很大的贡献，例如，电影行业、艺术家作品展和文创产品制作等，也是现在商业气息浓厚社会所需要的。而且，纸媒在整个人类文化脉搏中存在的时间是最长的，已有几千年以上的发展历史，通过纸媒的学习，有益于我们了解东西方文化及其差异。所以，研究生阶段对于纸媒的学习，要挖掘内在的线索，不要认为已经是过去时，而要结合当时的语境与社会条件、技术的变化，在学习过程中要循序渐进，不要急于求成导致研究断层，只有了解历史才能把握未来；对阅读方面的学习，讲求对内在规律和学理的探究，要做到追根溯源、原始察终，更重要的是“源”和“流”。

从专业来讲，纸媒涉及文字、图形、色彩、材料、工艺、阅读方式等方面。随着互联网5G的出现和发展，人们的阅读载体发生了变化。每个学生的兴趣点和爱好也各有不同，有的学生对传统的绘本感兴趣，有的学生对图形和图像感兴趣，也有部分学生对立体书、互联网、网络UI、新媒体和新载体等有浓厚的兴趣。所以研究生阶段对于学生的培养要因人而异。学习是一个循序渐进的过程，夯基固本、得道创新是我秉持的学术态度。我通常会在毕业设计开题前跟每位研究生进行深入的探讨和交流，从他们自身的个性兴趣和特长着手，挖掘他们各自的闪光点，根据他们的专业知识结构和认知能力建立逻辑性的思维体系，学生在开始的选题就很好地找到了自己的研究方向，有很强的研究性。与此同时，鼓励学生在关注传统的基础上积极探索创新。在毕业设计中，我主要强调几点，因为清华美院是研究型学院，设计首先是要解决问题的，同时我也鼓励他们在毕业创作中更进一步进行探索，做一些试验性的设计和研究，我希望他们的作品既有前瞻性又能落地。另外，我们的毕业生做了大量调研，把调研结果梳理，用实的方式做了一本物化的书籍，还包括关注新媒体等方面。对于成果转化，我个人认为第一是要强调创新性；第二敢于冒险，敢于试验。研究生阶段能找到自己的兴趣点，能够成为一生的研究和发展的领域，我觉得是快乐和幸福的。有的研究生进校之前已经有了自己的兴趣发展方向，我会鼓励他们结合社会的发展，以宏观的视野去拓展，并且多参与兴趣领域的设计实践。当然，兴趣也是可以培养的。有的研究生进校之时并没有明确的方向，我也会跟学生进行探讨和尝试，通过不同的设计项目，发展他们自己的专长领域，在不断实践的过程中提炼出其能力和专长。这样通过三年的努力有了一定的积累，毕业进入社会时，我们的学生不仅有明确的方向和动力，也有了自己的作品和自己的声音。我觉得这是非常难能可贵的。

从广度和深度上来讲，研究生阶段的培养方向开始是宽，其次是窄，最后是深。研究生阶段写论文和做毕业设计从调研开始的时间算起严格来讲是在最后的一年。研究需要精、准、狠，但不代表不强调广度，有道是“做一厘米的宽度，做一公里的深度”，要深耕自己所研究的领域，提高研究专业度。

大部分刚入学的研究生满怀热情，对知识充满渴望。这种态度是需要给予肯定的，但也存在一种盲目现象，特别是刚刚来到清华美院的学生。他们如饥似渴，什么课都听，什么课都上，把自己搞得非常疲惫，所以我认为在研究生阶段还要“会学习”，学习要有针对性，研究要做到理论与实践相结合。并且，研究生阶段要找准自己未来的研究方向，并不是现在流行什么就学什么，重要的是要坚持下去。

我对研究生的教学方式不是灌输式的，师生之间的关系更像是朋友。学生毕业后我们也保持着良好的情谊，当他们取得一定成就的时候，会经常请他们回来做讲座，分享一下经验和成功的喜悦，一起从分享中获得成长，共享宝贵的人生财富，我感到很欣慰。清华园是知识的海洋，在百年老校文化体系的影响下，不同的研究领域和学科之间相互碰撞，并且经常开展学院讲座和交流活动，学生们通过聆听前辈传经授业解惑的机会，有时候真的是听君一席话，胜读十年书。研究生在校园里要充分利用资源，包括城市的资源，比如学校的图书馆、北京的国家图书馆都有非常丰富的库存，可以找到中国的古籍善本。除了静态的图书馆、博物馆，我觉得旅行也是一种学习，是动态的图书馆。读万卷书，行万里路。在不断地充实自己内心的同时，人也会变得更加豁达和快乐。

总体来说，学生要以一种更加宽松的状态来有效地利用好本科四年和研究生三年的时间，破茧为蝶，做到不盲目、不恐惧，度过人生最美好愉快的校园时光。

3. 您指导的学生作品有着现代审美却不失中国传统韵味，从您的角度能谈谈，传统元素和现代设计怎样做到有机融合的?

我本人是非常注重用东方审美传达现代语言的，可以说对东方元素的装饰风格情有独钟。东方语言完全具备影响世界潮流的条件，而对中国人来说，它又是一种与生俱来的能力。重在传播知识、启发读者，而太过花哨的设计不符合书的功能，不能帮助读者达到静心的目的；唯有东方元素能完美契合强调“意”的东方审美观，合乎诸多逻辑关系，这也是我最基本的坚持。东方元素、东方语言是一种根，作为设计师一定要了解自己的这个特点，另外开放式的多元化的一种语言，对东方文化，跟自己的生活环境是有关的，形成自己独特的热爱这种东方审美的价值观。

一贯以来，我都很欣赏和追求设计师具备儒雅的气质。我觉得这也是东方美学的人格化展现。有深沉达观的思考，敏锐而不急躁，通达而不泛滥，专注而又有丰富的内涵，凝练简洁体现东方禅境的韵味。做设计和做人到了一定的阶段不再是做加法，相反是做减法。小到一个具体的设计图，大到一个大型的设计项目，我和我的团队、包括研究生都会在大到一定阶段时，停一下，整体来查看。多余不必要的设计有时是对资源的浪费和不合理使用。简洁，不仅是一种美，有时也是一种内心的追求。

4. 如今，每个人的生活都离不开电子媒体，我们大多数时间在手机平板电脑上阅读信息，这个时代纸质媒体似乎已经被忽略了，您可以谈谈纸媒的未来发展吗?

不可否认近十年来，新媒体的出现给传统行业带来了一定冲击，我们这些与纸媒相关的从业者，一度也曾感到悲观，好像纸媒走入了死胡同，前景黯淡。但是，随着社会发展，同时通过自己到国外去考察，发现纸媒并没有像我们想象的那般快速地被新媒体取代，反而焕发出别样的生机。美国的国会图书馆，通过政府购买和民间捐赠行为，对纸本进行了保护和传播，并对文化脉络进行了保护性的、阶段性的梳理，其中对中国古代善本的保护让我们肃然起敬。发达国家对文化历史的尊重，对教育的重视，值得我们反思。书籍是人类文明发展高度的立体呈现，反观巴西博物馆的一场大火，由于对文化保护的忽视，造成巨大损失，这是我们全人类的灾难。宋真宗在励学篇中写道：富家不用买良田，书中自有千钟粟。安居不用架高楼，书中自有黄金屋。

“娶妻莫恨无良媒，书中自有颜如玉”“出门莫恨无人随，书中车马多如簇”“男儿欲遂平生志，五经勤向窗前读”。可见从一千年前，书就赋予了人类高度的精神和物质文明。再反观新媒体的出现，对纸媒来讲并不一定是个坏事，而且在某种意义上，它们并不是对立的。如今电子图书与个性书店都很盛行，纸质书已经有长期的发展，逐渐形成了固定的阅读和收藏人群，而近年来大为风靡的童书绘本也有不俗的市场销量，新媒体的出现对纸媒的发展反而起到了促进作用，给纸媒带来了新的发展和机遇。

如今书籍已不再局限于字面的意义，而是“大书籍”概念，书籍的设计不仅仅在于传统意义上的书，而是多角度、多方向、探索性的设计。书籍设计是一个大的知识门类。涉及的知识点也非常多，比如字体、符号、策划编辑、版面、图形、色彩、插图、绘本、印刷，等等。这是一个大范围、大系统的学习。比如字体课程里包含正文字、标题字、品牌字等不同类别的设计。他们有不同的实用标准和审美标准。一套好的设计字体对于读者的阅读体验有如润物细无声的关怀，所谓“书养人，人亦养书”。需要意识到，书籍是以阅读为目的的。所有的设计应该有助于人的阅读体验和认知行为习惯。为了设计而设计的哗众取宠是我不赞成的。

除了知识的学习，我们的学生还可以结合市场、流通、商业、科技、人文等不同的领域，找到自己的兴趣点和研究点，进行深入研究。很多当下人们的关注点是具有很强传播性的，良好的设计能够借助这样的传播动力发挥更好的社会效应。

学习研究具有前瞻性也是非常重要的。现代科技的发展迅速，鼓励设计师大胆尝试和冒险，站在设计的前端，按照设计的本质和规律去尝试，挖掘设计的根和本，对于学生而言是很重要的。深度理解和体验当下，人工智能和互联网的发达，世界越来越紧密。科技改变了我们的生活，书籍的发展增加了新的载体，带来很多的变化。跟上形势是灵活性的表现。但我们要意识到，书籍是为大众服务的，虽然载体不同了但阅读才是根本，阅读的终端是一样的。设计师要善于根据人的需求和特质找到契合点。

部分研究生开始尝试探索新的载体给阅读带来的不同体验。移动终端、互联网客户端，对于资讯的快速传播有着它的优势。我觉得学设计的人要勇于接受新媒体，研究其特性。但阅读的本质是不变的。传统书籍、纸质书除了具有基本的阅读功能外，还有着经典性的特点，特别适合藏书者的爱好。作为设计师，我们应以开放的心态，扬长避短，更多地发挥不同载体的潜能。

在新媒体发展的当下，开辟了一条纸媒的新路。除纸媒之外，我们也对一些新材料，像传统的绢、真丝、纺织品等也做了一些实验。媒介之间、材料之间的这种结合，可能也是当下对新材料的一些实验。新媒体在发展，纸媒也在发展，涌现出如短版印刷，甚至大幅面的打印等新技术，这为我们纸媒做一些小众化、礼品化的书提供了很多机会。工艺也不断地进步，我觉得对纸媒来讲，在新媒体大行其道的今天，大家对纸媒的需求不是少，而是有了更高的需求和要求。因此，当下来讲也是一种机会。

书籍设计，我们要改变传统习惯性的一些观念，甚至思路，开拓一些新道路，借鉴一些新的技术手段，充分发挥和新媒体结合的可能性，最大化地发挥纸媒独有的特色和魅力。因为现在纸张的变化，手工纸、特种纸，包括在纸张上的各种印刷实验都越来越丰富；欧洲、亚洲的不同国家的不同纸张独具特色，具有不同的魅力，为我们艺术家做手工书提供了无限可能。但是我们要改变我们老的观念和方式，应该从新的角度，给纸媒一个新定位。新媒体的存在不过 200 年，而纸的历史却有几个世纪之久，对纸的触摸是人的本性，也是人性的一种体现。今天，不光新媒体在发展，印刷业也在发展。印刷这几年的趋势是逐渐小众化、精致化。印刷模式的改变，匠人精神的提倡，等等，这一切都反映了当下这个社会正在发生的变化。其实我个人觉得，这种一般资讯性的纸媒被新媒体取代了反而会更好，而像我在做的艺术家书籍——这种有个性的，甚至国内外流行的这种手制书，可能在新媒体大行其道的当下，反而是遇到了很好的一个机遇与机会。新媒体的发展使得大众审美发生了变化，同时也对纸媒提出了更多要求；很多人买书不完全是为阅读，有时甚至是作为礼品来收藏的，那么对于艺术家而言，书籍也不再是简单地对其作品的一个再现，而是和设计师一起的一个再创作。

这种艺术家书籍，是纸媒跳脱出新媒体的影响、具有差异化的一种新的探索，也是我主动去策划、编辑探寻的新道路。在做书的同时，我也在思考哪一类人适合做艺术家书籍。比如，我们近十多年来为常沙娜、陈汉民这些老艺术家做书，从他们的个人传记到作品集，前前后后设计了不少书籍，在为老先生们做书的过程中，通过阅读先生们的文字、作品等，对他们的人生经历、艺术追求有了更深刻的了解。做书使我们与这些老艺术家结缘，闲暇之时先生们会来工作室同我们喝喝茶，聊聊天，对我们的工作给予一些建议，先生们的关怀体恤都是我们工作的动力。

5. 在现代设计艺术教育中，设计基础还与之前同样重要吗？您如何看待视觉传达设计近些年的发展？您对当下未来设计有怎样的展望？

在过去现代和将来，基础永远设计的重中之重，传统的字体图形课、图案课对学生对美的认知、风格的形成都尤为重要。中国传统装饰图案隐喻东方的理念，培养学生的审美意识。清华美院坚持字体课为本科核心课程，文字作为人类的第五大发明始终影响着人类文明的发展，教学第一阶段是纯手工手绘临摹铅印宋体字，体会汉字笔形结构空间重心，通过临摹感受东方人一字一生，汉字之美；第二阶段实地考察带领学生去汉仪方正公司，与设计师们交流，了解字体设计全过程，体会和理解字体设计师的专注和修养，同时把握印刷字体，造字软件的运用；最后一个阶段，是对品牌字改造在设计，其间连同岳昕老师一起给学生们分享设计的经验和故事。

我认为学生的专业基础学习往往大于专业学习。专业基础一定要扎实，因为它是基础，是一切创作的根本。它会影响一个人的审美和判断力。就好比汉字字体这门课，它不单教学生怎么写字，还教审美，教做人，教如何认知这个大千世界。几笔画的方块字，虽简单，但传达着丰富的东方人哲学观和审美观。我要求学生扎实地掌握好东方视觉语言，夯实基础。

目前对学生来讲，更重要的不是说最终的一个目的，而是要多积累视觉传达共识的基础知识，清华美院多年来延续下来的传统概念是讲究“型”和“意”，造型的“型”，意识的“意”，归结结底从根本来讲是“型”“意”“色彩”“材料”这四个方面。不论是终端媒体，还是网络、纸媒、传播，都会包括这些方面，因此我觉得综合前期的基础是更为重要的。关于设计作品的把握，设计到了一定程度上，就是对度的理解——尺度、深度、高度、广度。作为设计师，你既不能太保守，也不能太超越，而应是恰到好处。在设计过程中，你需要思考委托方会想到什么，读者会想到什么，还有你自己会想到什么；对方、读者和设计师，这是一个很有趣的三角关系，需要不断揣摩。设计师站在对方和读者之上，又比他们高那么一点点，我认为那就是最好的度。找到了这个度，设计才是合适的、成功的。

单从这个专业名称来讲，以前在我们上学时，更注重技术的层面和手段。比如一个“字，我们用手绘的方式体现出来，就要考虑如何印刷和表现形式等因素。以前的平面设计可能更倾向于带有目的性的表达方式，它的英文是“graphic design”；视觉传达的英文是“visual communication design”。单从这两个概念上来看，视觉传达强调的是从“型”到“意”，也包含媒体和传播，因此我认为它是一个更宽泛的概念。现在还有一种说法，说技术手段发展的当下，使得平面设计的门槛越来越低了，因为所有人都在做平面设计，但我个人认为平面设计的门槛其实是越来越高了，因为它对设计师的要求与以往是截然不同的，更强调设计师的综合素质，这其中包括前期对技术和前瞻性的把握，以及对细节、精密度各方面的综合性要求，因此我觉得这也能看出当下视觉传达行业的整体发展方向。

6. 您认为书籍设计标准应该是什么？我们应该如何把握设计与商业平衡点？

对纸媒设计而言，首先考虑到读者阅读这个大前提，要营造舒适的阅读体验。其次，书籍要有设计品位，是体现出读书人气质的。做书其实做的是思想，不是简单的装饰，更不是简单的装帧。它是整体的编辑设计，能体现出思想内涵的独有气质，是具有独特审美的，设计师个性化的体现。

书就像一个活的生命体一样，与阅读者为伴。它不是商品，它不是一种包装，它是体现内在文化、思想的一种载体。好的书是改变你思想，伴你终生的。所以说书能养心。

我认为，书的好坏评判不能用一个标准。市场中流通的一般性的书籍、儿童读物、艺术家书籍、精品大部头的画册、手工书都各自有其特点、优势，不能一概而论。在大标准的限定下，不同类型的书籍应该有不同的评判标准。 最近比较流行的纸本类儿童绘本、成人绘本都非常吃香。

从我个人来讲，我比较喜欢具有简约之美的设计，简约不等于简单，简约可能做得很复杂，复杂的元素也可能做得很简约。这可能跟东方思想的影响有关，单纯简约、留有余地的设计最能打动我。

设计作品在市场的流通本身就是一种商业活动，和商业设计一样，设计一定要考虑到市场的好恶，能够准确捕捉到当下流行的趋势，了解市场的卖点。比如我的学生陈思雨创作的绘本《山海经》，一经上市畅销不衰。这本书如此畅销，究其原因是它的风格符合了阅读对象的审美，即以一种现代的方式去解读中国古老的传统文化，受到了大众的青睐。这种市场规律，是需要设计师去深度研究的。

但是设计又是特殊的商品，设计所具有的文化性特征， 是设计师要特别关注的。对一个好的设计师来讲，如何体现它的思想性和文化性可能是设计师的第一需求。 但是在市场前提下，书朴实之美也可能是设计的另外一种境界。设计是一个人品位的体现。

7. 能谈谈您近年来的工作生活状态吗?

我从事实践教学活动多年，工作在设计第一线，设计生活便是我的生活方式。工作中几乎每天都要和出版社编辑、作者、学生或是印厂打交道，交流、沟通，慢慢通过设计结缘与各个环节的专业人士成为朋友，我的工作对象和朋友们基本都是同一个圈子的人。对我而言，设计、工作和生活三者是相互交融的，设计就是生活的深度体验，或者说是一种生活。

经过多年的沉淀积累，我现在更倾向于脚踏实努力地做慢设计、好设计或者说做精品的设计。我也曾在创业初期，工作室刚成立的时候，盲目地做设计，当然每个设计师可能都会经历这个阶段，所谓为了生存，接大量的业务，现在回过头看来，那时自己的状态，完全就是疲于奔命。后面随着经验的累积，慢慢发现这种生活不是我想要的。我们当时的设计，很多都需要更多斟酌和推敲，在深度上也是欠考虑的。当然，设计最终都会经历一个从量变到质变的过程，只有在经历过整个设计过程中的酸甜苦辣后，才会体会到什么是好的设计，我觉得这个是特别重要的。

另外，我提倡主动去做设计，在第一线做设计，需要不断学习，通过编辑策划，整体把控设计脉络，这个过程使我更加专注某些领域和层面，教与学本身就是一种传承。比如，现在着手做的艺术家书籍项目：因为一直从事书籍设计行业，现在工作也沉浸在清华园，经常接触一些业内前辈老先生，教授老师们都是同事，几十年亦师亦友彼此变成老朋友，他们的发展、变化我都看在眼里，看到了他们在艺术道路上的发展脉络，作为第一视角，我比普通人更具备优势，能深度接触很多优秀的艺术家和设计师，在脚步放慢后，经过思考和沉淀，我开始尝试策划一些选题，根据艺术家的不同特点，去做适合他们个人风格的设计。由过去完全被动做设计变为主动地去策划、编辑，较之从前更注重传达人物的内心和思想。早先我作为在校的学生向老先生们学习请教，后来毕业了为学校做《50 情怀》。当时这本书还只是饭桌上的一个提议，资金都没有准备好，但是我们把书做出来了。这本书记录了很多老先生的回忆。

现在我和老先生们除了师生的关系，又增加了朋友的关系。工作室也时常会请老先生们来和年轻的设计师交流。之后我还参加了多项学院展览形象系统设计，如“千里之行”“学院本色”等，以及张仃先生、乔十光先生大展的海报、标志、请柬、画册、环境导视系统的设计。

同时，“艺术家书籍”改变了一般书籍的商业属性，我与艺术家一起再创作，融入自身感受，理解超越一般书籍，使其变成艺术品、收藏品。这也是新媒体对传统纸媒的影响下，我个人对纸质媒体未来的一种深度探究。设计需要传承，这也是我和老先生之间的缘分。

书籍设计更注重将理念物化，设计、工艺、材料、装帧和风格的选择并不是纯视觉的产物，它更应该传达设计者对书的情感、对内容的理解和品味，强调的是文脉的继承和挖掘，将理念视觉化的延展和再创作。我和研究生团队从日历设计、贺卡、纪念章、邮票、品牌标识开始延展，打破材料的边界尝试新工艺之涉足丝绸、陶瓷等领域，在这一基础上逐渐拓展到文创这个维度中。已创作了包括国家邮政总局 2014 年贺年有奖专用马年生肖邮票的《马上如意》和鼠年《众望所“鼠”》系列瓷盘等文创衍生品。文创产品需要综合考量受众、市场等多方因素。需要广泛的学习和调研，明确产品属性、市场定位和消费群体。了解包括制作成本、工艺技术、价格定位以及流通环节等各个要素，在可行性区间内找到自己最合适的语言、材料和工艺。

2021 辛丑年“福牛春碗”，由我和在读硕士研究生团队设计，是专门为央视春晚设计创作的以牛年为主题的文创福礼。人类在 2020 年遭遇了全球疫情的至暗时刻，“福牛春碗”设计的出发点就是“牛”转乾坤，用这一谐音的寓意去抵抗过去一年的惶恐和茫然。因此，我们用充满力量感、踏实强壮的秦川牛，搭配具有吉祥寓意的如意纹、吉祥云、宝葫芦等元素，以陶瓷碗作为载体，将中国传统文化、图腾纹样和民俗民艺相融合，承载起人们对美好生活的期许和愿景。

古语有言：读万卷书，行万里路。我觉得行万里路可能比读万卷书更为重要，对设计师来讲，眼界非常重要。优秀的设计师，一定是热爱生活的人，是生活的深度体验者，同时对世界有自己独特的看法和观点。你走的地方越多，世界就会变得越小，你的心会变得越来越大，一定要用心去感知这个世界，要主动接近大自然，到世界各个角落去走一走，比如从博物馆感知各个国家独有的人文历史，游走各地领略多彩的自然风光，让你知道世界有多大，有多美。所以，在工作室做一段时间的设计后，我希望能够到外面走一走，通过行走给自己解压，充电，激发全新的灵感。近几年，我去了欧洲、美洲、东南亚，游历了俄罗斯、尼泊尔等20多个国家。每每假期闲暇之余我就会走出去，每次行走都会有新的发现，都能重新点燃我对生活、对设计的激情。在旅行的过程中，我喜欢搜集一些有地方特色的手工小物件，它们能够体现一个地域的文化和人情味儿。比如世界各地的小纪念章、小卡片等，都特别能打动我。这是一种热爱世界和生活的体验。

我的工作室地处喧闹北京的一抹幽静之地，庭院中花鸟鱼虫，流水潺潺，是留给自己和研究生讨论学术问题，老师亲朋聚会喝茶聊艺术的空间。美的环境给人一种艺术的熏陶，在自然的状态里放下功利，造作和急迫，在静雅的环境中感受设计文化和人文理想，探究知识的奥妙。设计关心的本质问题其实是“人”：人和人的关系，人和自然的关系。“天人合一”是设计追求的终极理想，也是中国人哲学的终极理想。

除了自身专业，摄影是我近些年来养成的喜好，镜头是我看待世界的独特方式和视角，是一个人对世界所持态度的显影。我个人比较喜欢黑白摄影，甚至是一种情结性的作品，更深层地是对世界的一种感受，对风土人情、自然风貌的热爱。我更关注一种细节上、情结性的表现，瞬间的艺术是摄影最高境界。

在工作室与学生进行交流辅导

已毕业的学生来工作室讲座

毕业多年的研究生在教师节相聚工作室

2013年

独立出版物

从设计的角度对自主出版物及其出版系统进行较为全面而深入的整理、分析与研究，为今后研究自主出版提供理论依据与实践案例，并在此基础上分析自主出版在国内发展的原因与特征，挖掘其现象背后的意义与影响。

冯畇茜

1988年3月10日生于山西太原

2013年毕业于清华大学美术学院

研究生毕业后，在《VISION青年视觉》杂志社从事设计工作

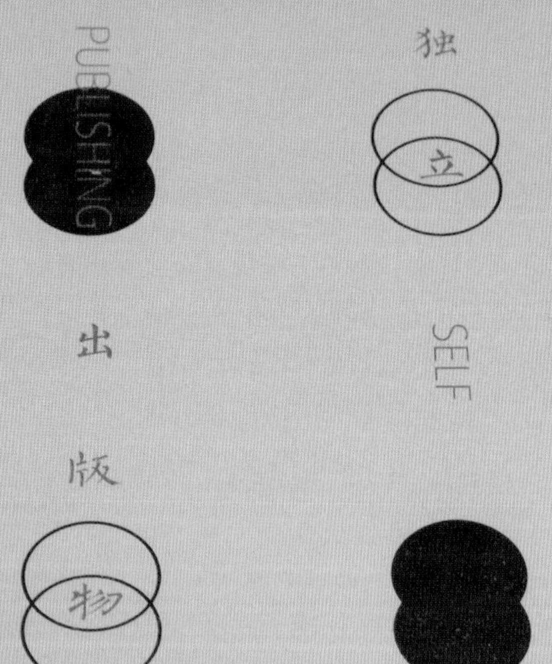
独
立
SELF
PUBLISHING
出
版
物
Self-Publishing Research_1

1 前期准备

前期调研

几年前，“自主出版”“独立出版”“独立出版人”“独立出版社”等名词（在国外统称为 self-publishing）渐渐闯入人们的视野。随着相关出版物的增多，活动、展览与报道的增加，越来越多的人开始关注这一文化现象。设计师、摄影师、艺术家、作家等个人或团体（或工作室）作为掀起该文化现象的主力军，制作并出版了大量优秀的自主出版物。目前自主出版在中国呈现出较为活跃的状态，但理论研究缺乏且尚无从设计的角度关注这一现象。基于此，笔者将在对自主出版历史沿革与现状、出版系统、出版物类型、设计与出版的关系等方面进行研究分析，以期为研究自主出版物提供理论依据，并以此为基础，深入挖掘这一现象背后的意义与影响。

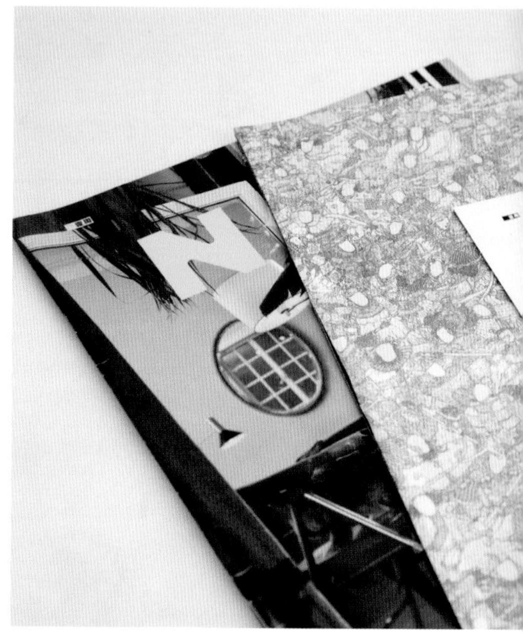

1. *NOT MAGAZINE*
2. *COVER vol.3*
3. *PLUGZINE #4*
4. 《叙事癖》第一、二、三期

No5
OT
MAGAZINE
THE
-END

This is what democracy looks like.
NOW ON SALE
to the 1%.
99% OFF
NEU
SOCIALISM
OLD
Council homes for life 'to be scrapped'

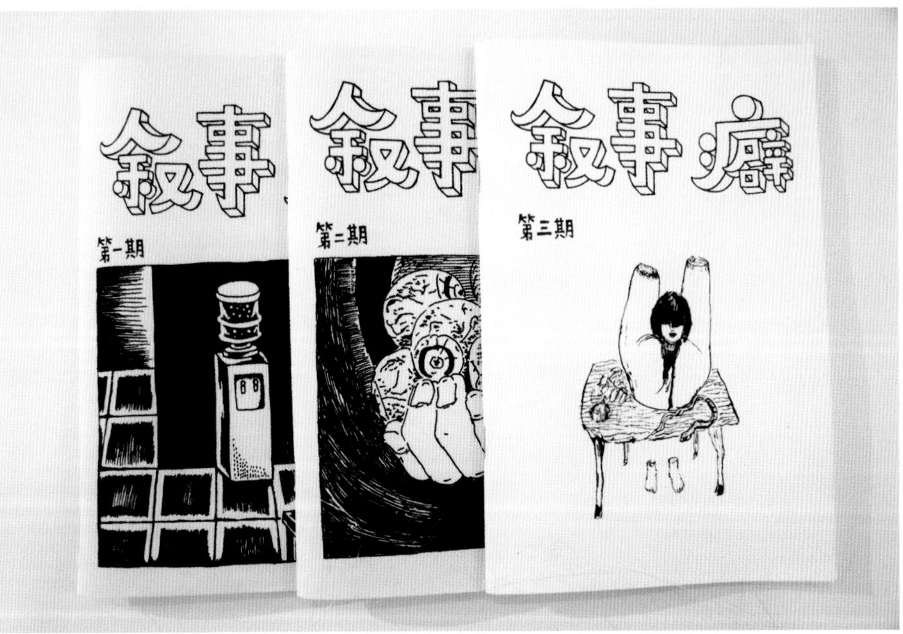
叙事
第一期
叙事
第二期
叙事癖
第三期

资料搜集

近十年，国内涌现出大量以文学、艺术、音乐和生活为题材的优秀自主出版物。如 2011 年苏菲成立的香蕉鱼线上书店及独立出版工作室，售卖与制作独立刊物和艺术家摄影集作品集；2011 年 9 月 28 日至 10 月 6 日，北京 JV lab 策划了“本能 Paper Instinct”独立出版物展，展览汇集了国内 30 位独立出版人的 100 本独立出版物；2012 年 10 月，设计师蔡仕伟自主出版《首抄本》第一辑与《守艺人》第一期，等等。

自主出版在不同国家的不同时期，闪现着其特有的影响力与魅力。由于出版管理制度不同，国外的自主出版物在题材与发行上享有极大的自由，因而其发展时间和空间较之国内，其自主出版更为多样而成熟。自主出版物因其所表达的观点与承载的艺术价值，而比传统出版物更具研究价值与收藏意义。

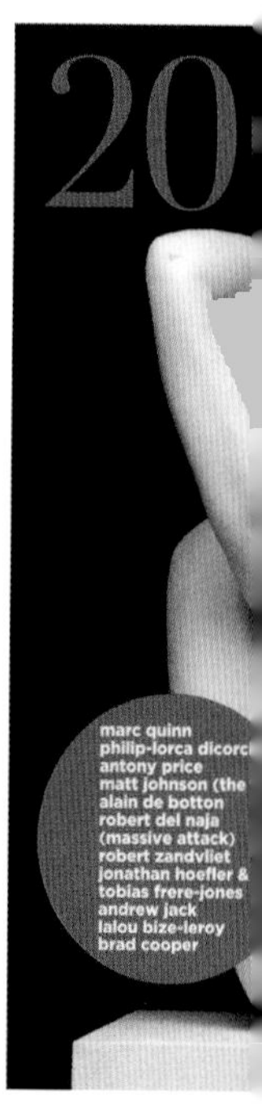

BEEF
FREE
THE "ORIGINAL"
$1.00 HOBBY HORSE
EXTRAORDINARY
CAPS
FREE
ARMY SCHOOL for BAKERS
COSTS LESS THAN 1¢ A BOWL!
SPECIAL
POWER
FAST!
speed

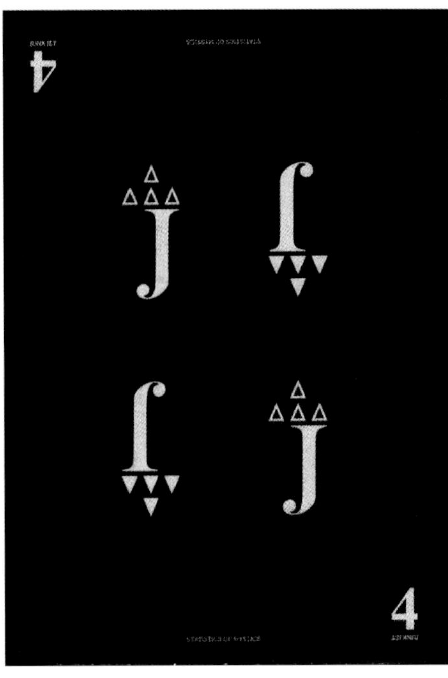
4
4

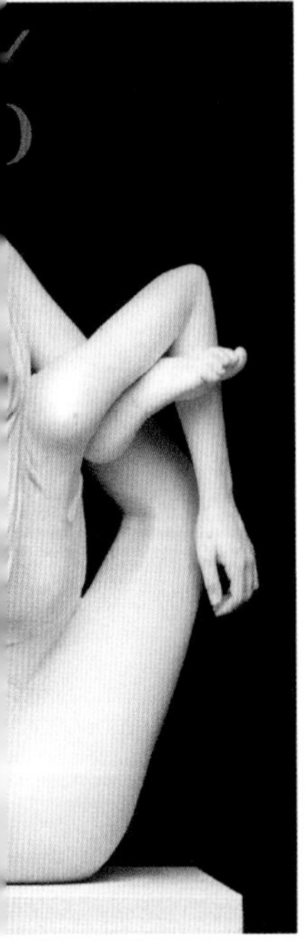

MONO.KULTUR #21
Summer 2009
D€4
EU€5
WW€6
TILDA SWINTON: A PLACE APART
"The honest truth about me is that it's really a mistake me being a performer at all."

2 研究过程

近年来，中国的自主出版在整体上呈现出较为活跃的状态，其数量上的增加以及相关信息与活动的丰富，使得越来越多的人开始关注自主出版。在此背景下，笔者对中国自主出版的现状与动向进行了系统梳理与研究，发现目前的自主出版面临理论研究缺乏且尚无从设计的角度关注这一现象等问题。

因此，笔者将现有文献中对自主出版的界定进行了梳理和总结，简要分析了当下推动这一现象发展的原动力，并在此基础上收集整理了大量的自主出版案例，从多个角度展开分析，归纳总结出自主出版物的题材与类型，以及其特征与限制性。

自主出版（Self-pulishing）的定义

什么是自主出版（Self-publishing）？

笔者通过对国内外自主出版物的收集与整理，深入研究和分析自主出版现象，通过归纳与总结自主出版的发展因素，尝试做出如下定义：自主出版指由创作者或出版人为主导的出版行为，作者或出版人独立掌控并运营整个出版工作（包括自行编辑、复制、印刷、发行和投资出版），其中可将部分或全部环节外包至专业公司制作。需要强调的是，发行环节的独立与否是判断自主出版构成的关键点。

自主出版物的题材与分类

自主出版分图书、报纸、Zine（小册子）、独立杂志、作品集、Fanzine（同人志）、品牌型录7种类型。Zine在国外是独立出版物中发展较为成熟的类型之一，而在国内尚处于萌芽时期，典型创作代表为香蕉鱼书店出版与印制的Zine作品，其内容基本集中在摄影与插画作品。独立杂志也是自主出版物中表现较为出众的一种，其中有以大学生为主体的青年文化独立杂志，还有艺术设计类、文学类和生活类的独立杂志。作品集，多为自主出版的艺术家和摄影师所做，其中有创作者本人自行承担出版人角色的情况，也有画廊行为。Fanzine，指爱好者自发组织编辑出版的交流型杂志。品牌型录，指由出版人或设计师直接与品牌合作，出版制作品牌型录或文化活动项目的型录。

自主出版物的特征

自主出版物有以下4点特征：

一、编辑的自主性，包含内容编辑的自主性与书籍设计的自主性；

二、复制手法的多样性；

三、发行的特殊性；

四、生存周期的不稳定性。

3 最终成果

设计展示

笔者的设计题目是《自主出版物档案》。

在对独立出版物与独立出版进行系统研究的过程中，笔者收集了大量关于自主出版的资料，包括相关访谈文章、国外文献，对来自世界各地的200多种自主出版物进行了图片的采集与资料录入工作，力图通过对自主出版物资料的详细呈现，使观者从一个较为多面的角度去认识和了解独立出版这一亚文化现象。

设计作品以档案为概念，分为两大构成部分：一是自主出版物档案的复原呈现；二是编辑整理自主出版物研究报告。

自主出版物档案部分，选取研究过程中所收集的200余种国内外自主出版物，对其封面及部分内文进行图片收集与整理，编辑录入每本自主出版物的介绍性资料，包括出版物简介、出版人、创作者、编辑、设计师、开本、印量、出版时间以及印刷方式。设计制作档案袋，每本档案袋中包含一本自主出版物以及一页介绍性文字。出版物以原大呈现，完整呈现其原有信息。

自主出版物研究报告部分，对研究报告、出版物资料、文献与译文以及部分自主出版相关文字资料进行汇编整理，设计制作系列独立出版物来介绍自主出版。其中包括一本研究报告、两本中英文文献、两本文字资料汇编的小册子、一套自主出版物封面明信片以及一本作为盒子的书，共7个部分。在中英文文献以及文字资料汇编的Zine两个部分，选用自主出版物中典型的装帧方式，即以骑马钉与小开本限量制作为表现方式。

作为盒子的大开本书，以白页与版心模切掏空为概念。表达自主出版物在理论研究方面尚处于积累的阶段，笔者所做的研究只是一个开始。

独立出版物
研究
定义
特征
观点

自主出版物研究报告

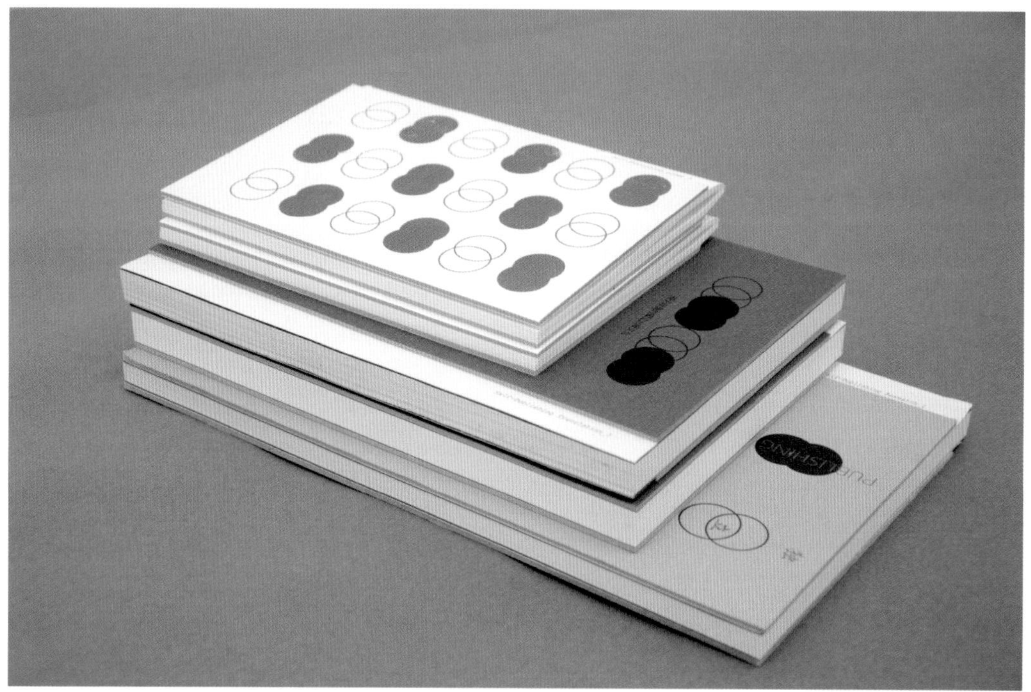

Self-publishing（《自主出版物研究报告》）全套5册

1. *Self-publishing Research-1*（《自主出版物设计研究》）论文全文。
2. *Self-publishing Translation-2/3*，文献翻译*Behind the Zines: Self-publishing Culture*，并设计制作中、英双语版。
3. *Self-publishing Zine-4/5*，关于独立出版的文章、采访稿汇编成的Zine。

1.*Self-Publishing Research-1*（《自主出版物设计研究》）全套5册
2.合集书口激光雕刻工艺局部图（后页下图）

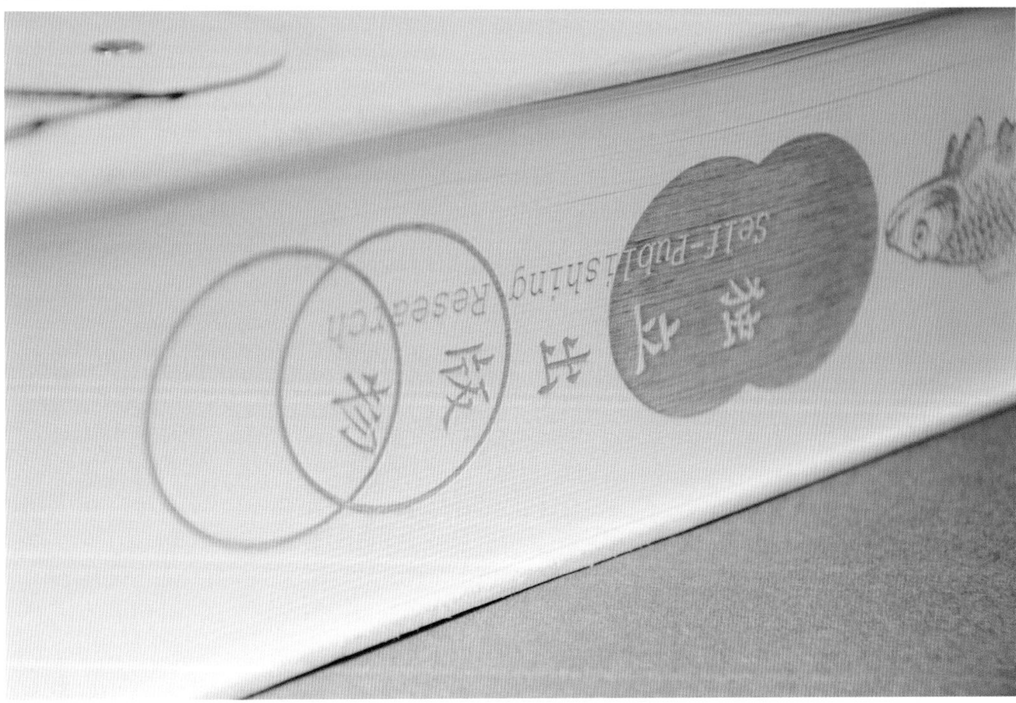
独立出版物
Self-Publishing

自主出版物档案

《五十面》（*50 FACES*）为笔者于2012年为荷兰摄影师卡瑞娜·海斯珀（*Carina Hesper*设计制作的摄影类独立出版物，作为资料之一被归入这次收集整理的自主出版物档案中。

4 结语

此毕业设计在选题上是一次尝试和探索，对自主出版这一现象及自主出版物进行了研究整理与分析，为自主出版提供理论依据与实践案例。论文总结作为出版人的设计师，需要具备对整个出版过程的驾驭能力。包括对题材选择的敏锐度与认识能力，策划的宏观把握，内容的收集与编辑能力，设计的表达能力，宣传发行的执行与应变能力，团队的领导与协作能力，以及在有限的资金条件下完成整个出版行为的能力。出版是以出版人的理念与表达为出发点的，是广义的、系统性的设计与综合能力的体现。同时，社会责任感也是每一个设计师都应该必备的品质。通过自主出版这个表达的渠道，或为某些社会问题提供解决问题的思路，抑或为年轻的设计师与艺术家搭建展示平台，推动社会、文化和艺术发展的脚步。

在设计的表达上，毕业设计选择了文献资料呈现的方式，力求用最直接且完整的方式向大家呈现出自主出版物的形态与现状。

在整个研究过程中，非常感谢王红卫老师的悉心教导与支持。

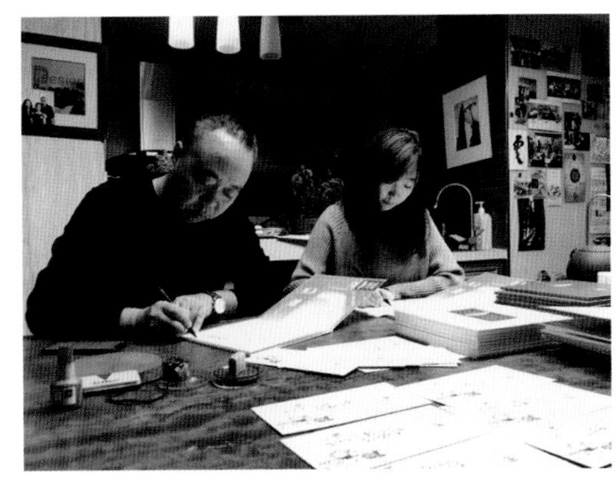

冯畇茜与导师王红卫合照

老师评语：

独立出版物以彰显设计师个性，集作者、编辑与设计、印刷于一身，独领风骚。从学术层面对其进行研究的价值也是越来越大。笔者在经过大量调研国内外资料的基础上，翻译国外独立出版专著和通过收集和实地采访大陆和香港地区现当代有代表性的独立出版人，立体地、全方位地梳理出独立出版物的题材及其分类、特征，强调编辑的自主性、复制的多样性、发行的特殊性和生存周期的不稳定性。总结独立出版中设计师角色的转变，即作者、编辑、设计、印刷与发行。设计自主性和个性的张扬表现，大胆推论独立出版物对未来纸质出版的影响，小众的纸质书将向以收藏为主的方向发展。

选题也选自作者自编、自导、自己设计印制的收集国内外一手资料为主完整介绍国内外独立出版物的《独立出版物档案》书籍系统化的试验性概念设计，传达出作者独特审美观点和个性，也有效佐证了自己论文的观点。论文概念准确，深入浅出，论述充分，资料翔实，结构合理，有自己独到的学术观点。

· 论文《自主出版物设计研究》发表于期刊《书籍设计》第10期。

5 后记

毕业后，我有幸在《VISION 青年视觉》杂志社工作过三年，此后在 2015 年于《ART ABSOLUTE 绝对艺术》杂志创刊之初加入到编辑设计团队，并一直服务至今。多年从事杂志与书籍的设计工作，我对这个小小的领域有了更多的学习与提升。这也是对当年毕业设计选题的一个成长式的延续。

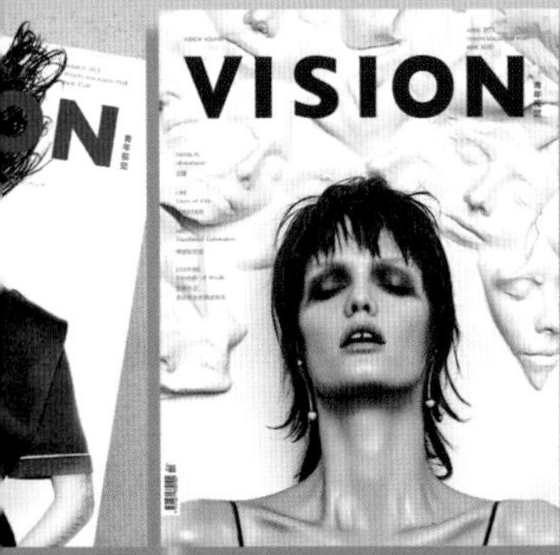
VISION

VISION

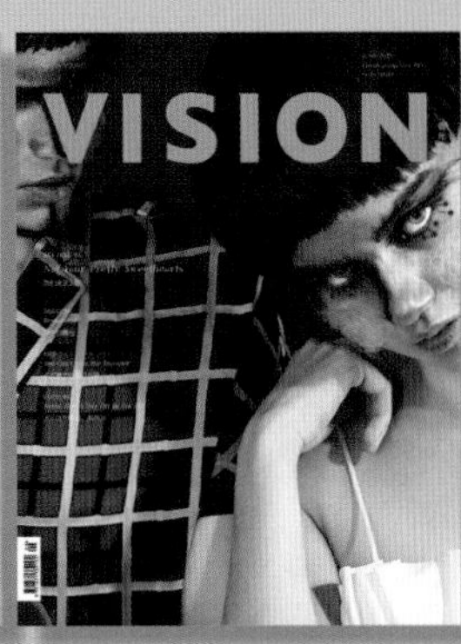
VISION

VISION

VISION

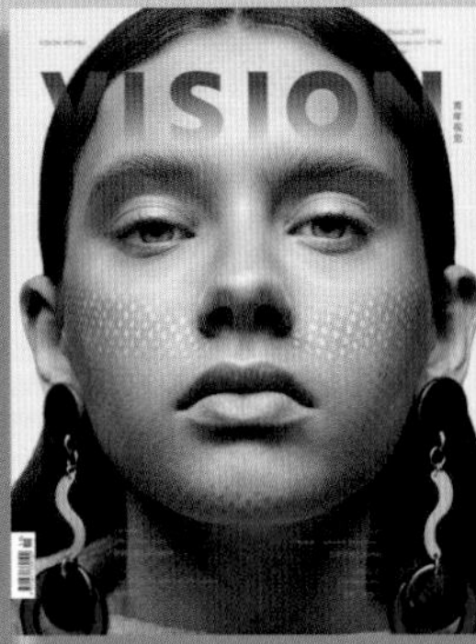

VISION

VISION
KIDS

ELIASSON
ELIASSON

FROM HUMANISTIC CARENESS TO CULTURAL CONSTRUCTION AND THE GENERATION OF INTERNET TRAFFIC

从人文感怀到文化建构与流量生成
——埃利亚松

Contemporary
Chinese
Painting
IDEAS
中国
当代观念
绘画

WHAT CHINESE ART MUSEUMS ARE COLLECTING?

中国的美术馆在收藏什么?

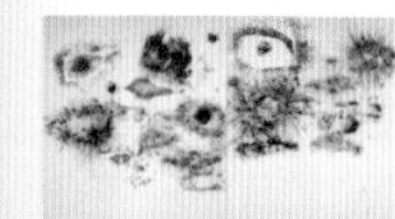

In recent years, a large number of private art museums have emerged in China, which are operated by collectors, and have formed a concentrated area in Shanghai. These art museums offer a large number of art exhibitions every year, including some high-quality and popular extraordinary exhibitions. By contrast, museum collections, as one of the most important factors in the measurement of art museums, have received little attention. The Special Report of this issue focuses on "What are the art museums in China collecting?", delved deeply into the collections of seven domestic art museums (National Art Museum of China, Fine Arts Museum of Central Academy of Fine Arts, Long Museum, Red Brick Art Museum, Today Art Museum, Yinchuan Contemporary Art Museum, Taikang collection), and invited two experts from the industry, Wang Huangsheng and Lv Peng to discuss the collection history and current situation of China's art museum.

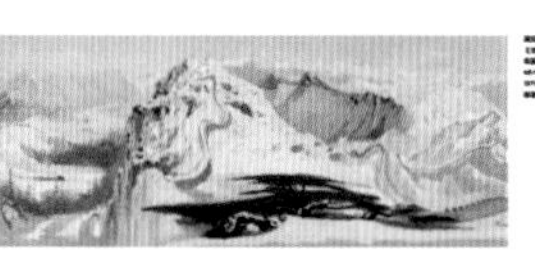

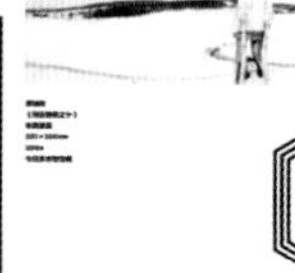

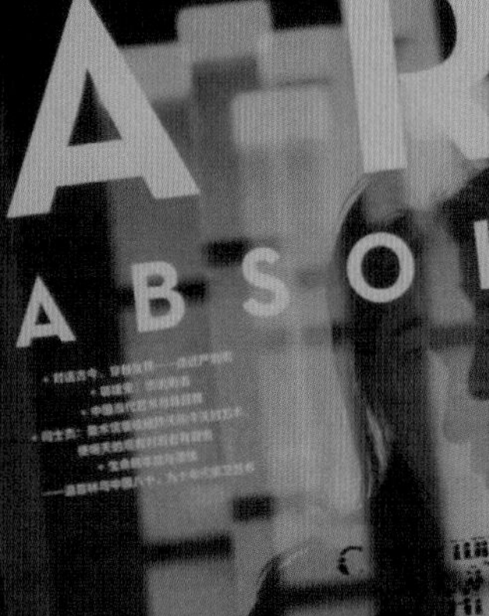

ART ABSOLUTE
绝、對、藝、術
03
The Quest for the Absolute: Inframince Mindscape
走向绝对：虚化的心景

ART ABSOLUTE
绝、對、藝、術
04
Art INTERVENES Society · Responsing Social Issues in the Way of Art
艺术介入社会——用艺术的方式回答社会问题

ART ABSOLUTE
绝、對、藝、術
07

ART ABSOLUTE
08

纸质书籍互动设计研究 2014年

书——阅读——纸还是电?

我们的阅读习惯正随着技术的发展发生着改变,

这改变一点一点地浸入,直到某天惊觉:

书架上的书已好久不碰!

既然纸质书的部分功能被电子书所替代,那我就来看看电子书替代不了的、2014 年实现不了的有哪些。

以《黄河书》为设计主题,将对纸质书籍互动特性的思考带入其中,同时表达出对于纸质阅读发展方向的前瞻性预设。

夏辉璘

本科就读于清华大学美术学院

免试推荐攻读视觉传达设计系硕士,获硕士学位

曾任广西艺术学院讲师

清华大学美术学院博士生在读

1 开题准备

选题来源

硕士论文和毕业设计选题时围绕的原点是关于纸质书和电子书之间差异的思考。

从自己的阅读习惯发生的改变进而引发出很多的“为什么”。

“为什么看纸质书的数量减少了”“为什么阅读的耐性好像变差了”“为什么阅读的信息越来越趋向碎片化”……

带着脑中的这些疑问，确定大的研究方向，接下来的工作就是大量地进行相关文献、研究报告的搜集和阅读。同时，与主题相关的设计案例也在研究的同时逐渐丰富起来。

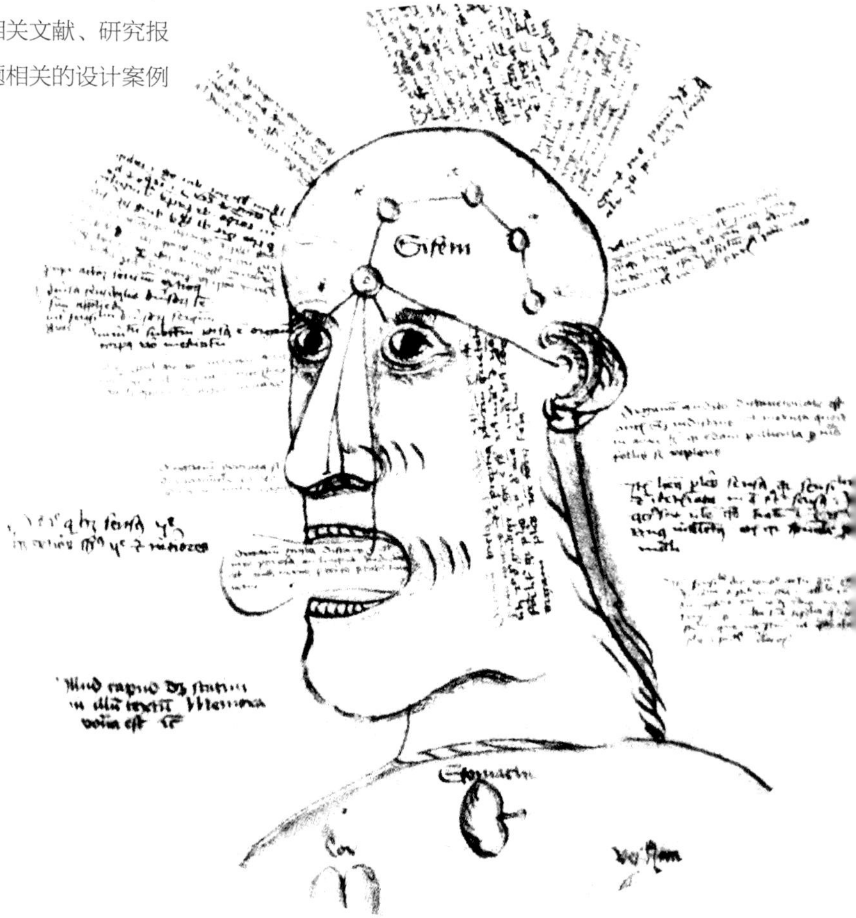

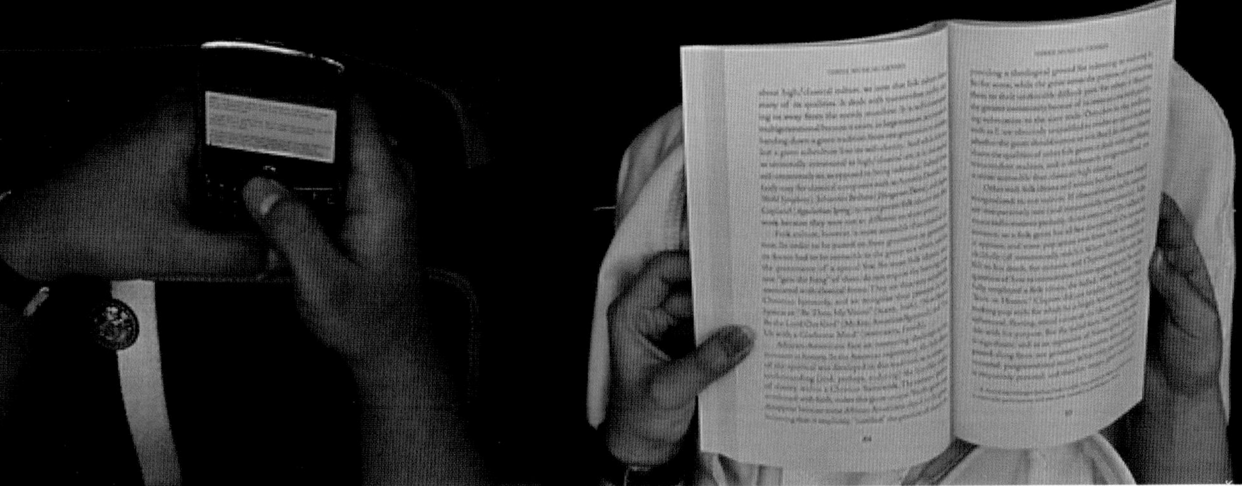

关于阅读

阅读作为一个自人类历史开篇就存在的行为，已经发展了几千年。从原始人阅读刻在兽皮、石头上的图形开始，承载阅读行为的媒介就在不停的发展变化之中，经历了兽骨、石头、泥板、皮革、丝绸、竹子、莎草纸……一直到书籍、电子书、网络。阅读媒介的变化伴随着阅读行为、阅读习惯的变化，因此，相应的适合于不同媒介的视觉表现设计也在调适和发展过程中。

设计现状

客观地看待现在纸质阅读媒介和电子阅读媒介的视觉设计状况，存在以下两种问题。

· 纸质阅读媒介还在延续传统的设计方法，适合用纸质媒介来承载的信息和不适合用纸媒来承载的信息以类似的形式存在。

· 电子阅读媒介普遍用对纸质阅读媒介的简单模仿的设计方法，使其区别于传统纸媒的优点减弱，同时缺少对于电子媒介和网络媒介的优势利用。

2 凝练观点

将互动设计引入纸质书籍设计范畴

纸质书籍的互动设计指的是人与书之间的交流和沟通方式的设计，这是自纸质书籍出现以来就存在的行为。从人最开始将纸质书籍拿到手中，手触摸到它的质感，眼睛看到它的样貌，读出封面上说出的话语，到继续翻阅它，阅读它，是一个完整的和纸质书籍互动的过程。在纸质书籍长期以类似的方式和读者进行互动时，人们渐渐忘了纸质书籍和其他阅读媒介一样具有输入与输出的互动功能。输入和输出不仅仅是人对电子媒体发出指令，然后接收到电子媒体的回复和反应，也可以是纸质书籍动作上、内容上的互动行为。

互动的目的

增强读者参与度。纸质书籍互动设计研究的重点是人和书之间的互动行为，读者的参与性在这其中是重要因素。

读者的参与性体现在两个环节，即阅读行为完成过程中的参与性，以及书籍生成过程中的参与性。阅读行为完成过程中的参与性是指书籍经由作者和设计者之后，面向读者时已经设计好读者和书籍的互动方式，互动结果也是预设好的，邀请读者参与，完成阅读。书籍生成过程中的参与性是指书籍经由作者和设计者面向读者时，是半开放状态的，读者的参与将直接影响书籍的最后面貌甚至是内容走向。通过这个环节中的参与，读者在阅读过程中的身份已经向创作者转换，不同的读者会产生不同的阅读感受，同一个读者不同的参与方式也会产生不同的结果。

让纸质书籍阅读更有趣。从纸质书籍的角度来说，对互动设计的研究是为了探求纸质书籍自身的特点，在信息时代的背景下促成更有趣的纸质书籍阅读设计和体验。

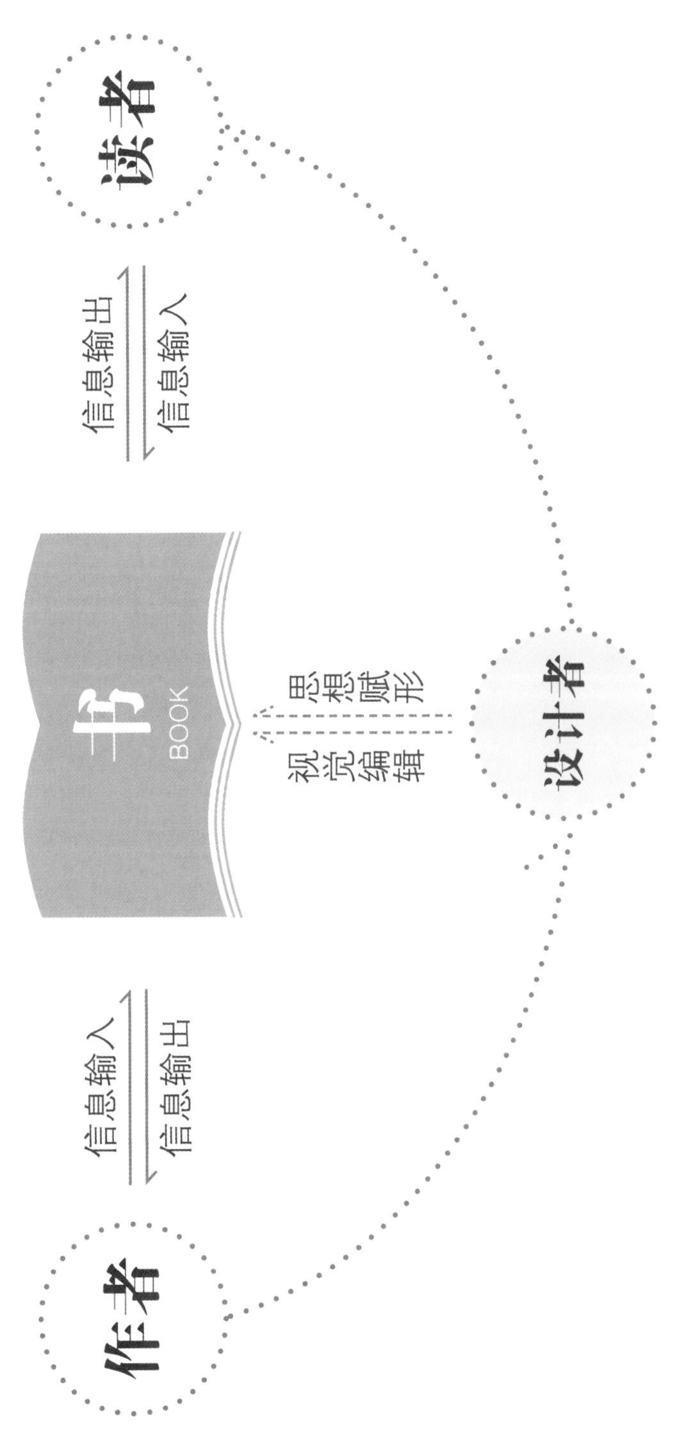

纸质书籍互动设计中的书籍生成关系图

3 设计方法探究

纸质书籍长期在信息承载方式上有重要作用，然而在电子媒介和网络技术发展的冲击下，传统的纸质书籍形态、和读者的关系、设计方法都亟待更新。纸质书籍自身具有其他阅读媒介不可替代的物理特性，书籍的材质、翻阅方式、开本大小等都是其和读者交流的方式。纸质书籍的内容编辑和设计思路、方法与其他媒介不同，作者和读者的关系在传统的单向沟通之外存在别的可能性。纸质书籍与电子媒介在技术的支持下有融合的可能性。基于以上对纸质书籍的认识，充分发挥纸质书籍特点、提高读者参与度的互动性设计是纸质书籍的发展方向之一。

纸质书籍的互动设计强调增强读者的参与度，在作者和读者之间建立信息双向流通的管道——输入与输出。通过文献学习、案例分析和设计实践提出互动设计的三种方法：

1. 基于外在物理特性的互动方法；
2. 基于内在信息内容的互动方法；
3. 与电子媒介融合的互动方法。

希望这三个纸质书籍互动设计的方法能够在书籍设计和阅读设计领域内作为观点和方法的补充，从人和书的互动关系角度为书籍设计提供新的思路。

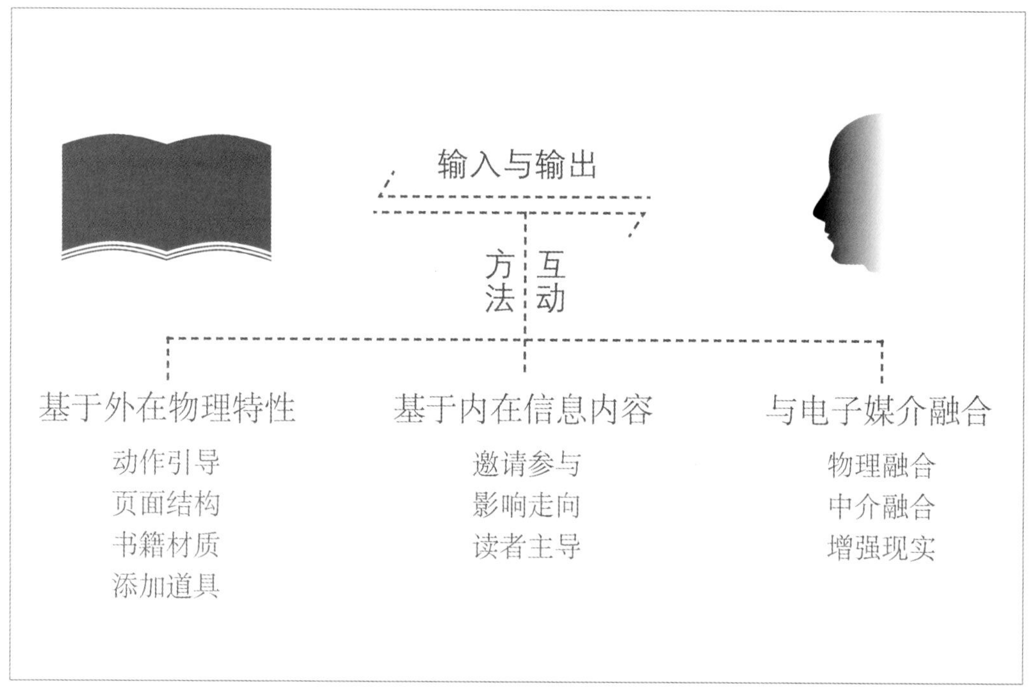

纸质书籍互动方法示意图

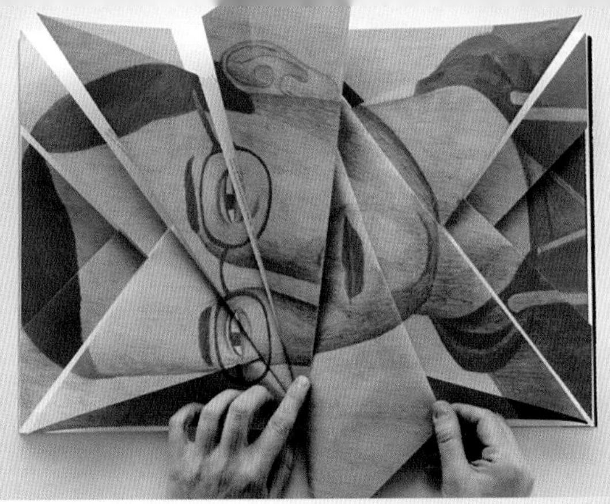

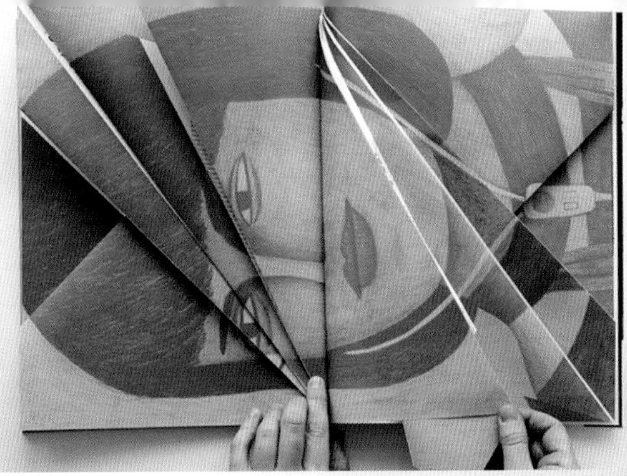

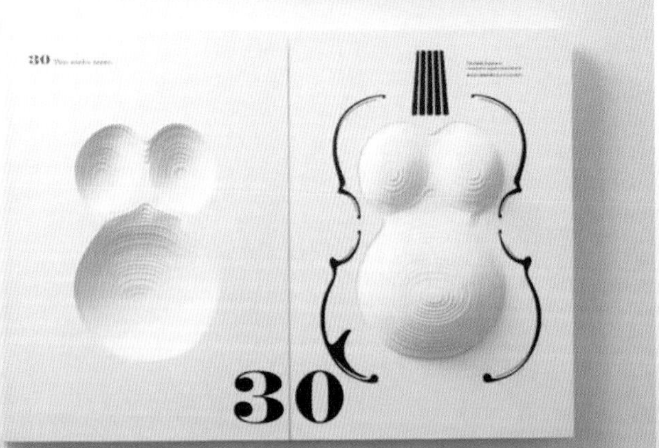

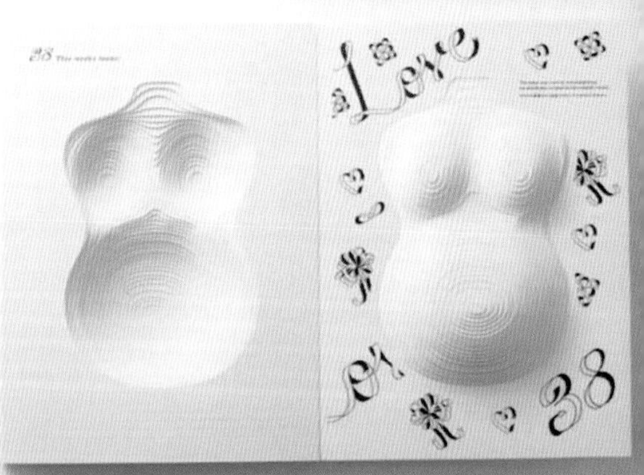

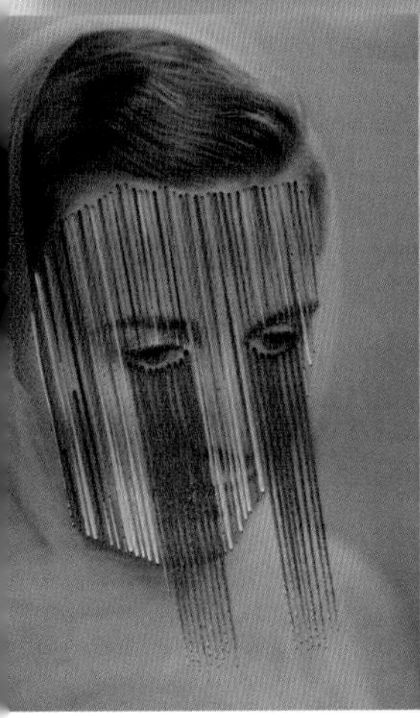

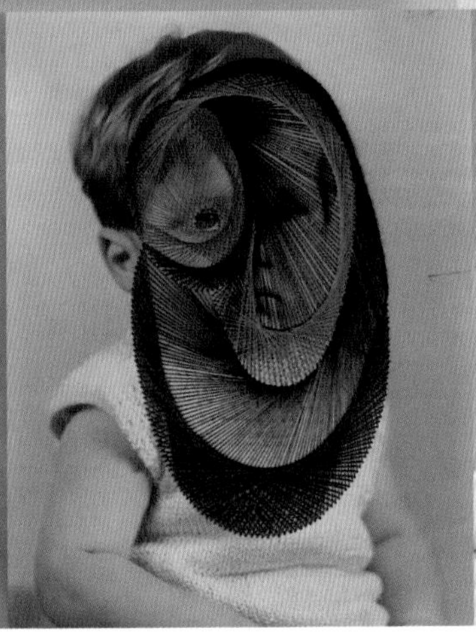

基于外在物理特性的互动方法案例。
从参与互动的方式角度分为：
动作引导；
页面结构；
书籍材质；
添加道具。
每种方式通过具体的案例进行分析。

纸质书籍与电子媒介融合案例。
按融合方式将其分为三种方式：
物理融合；
中介融合；
增强现实。
每种方式通过具体的案例进行分析。

4 设计实践

通过设计一个强调读者互动性、参与性的阅读过程，更好地向读者传达黄河流域的文化和艺术。运用本文前面所提出的纸质书籍互动方法进行书籍设计，为本设计主题的信息内容寻找适合的表达方式和互动方式。为读者提供一种新的黄河主题书籍的阅读形式，提供一种立体的、可发展的阅读体验。

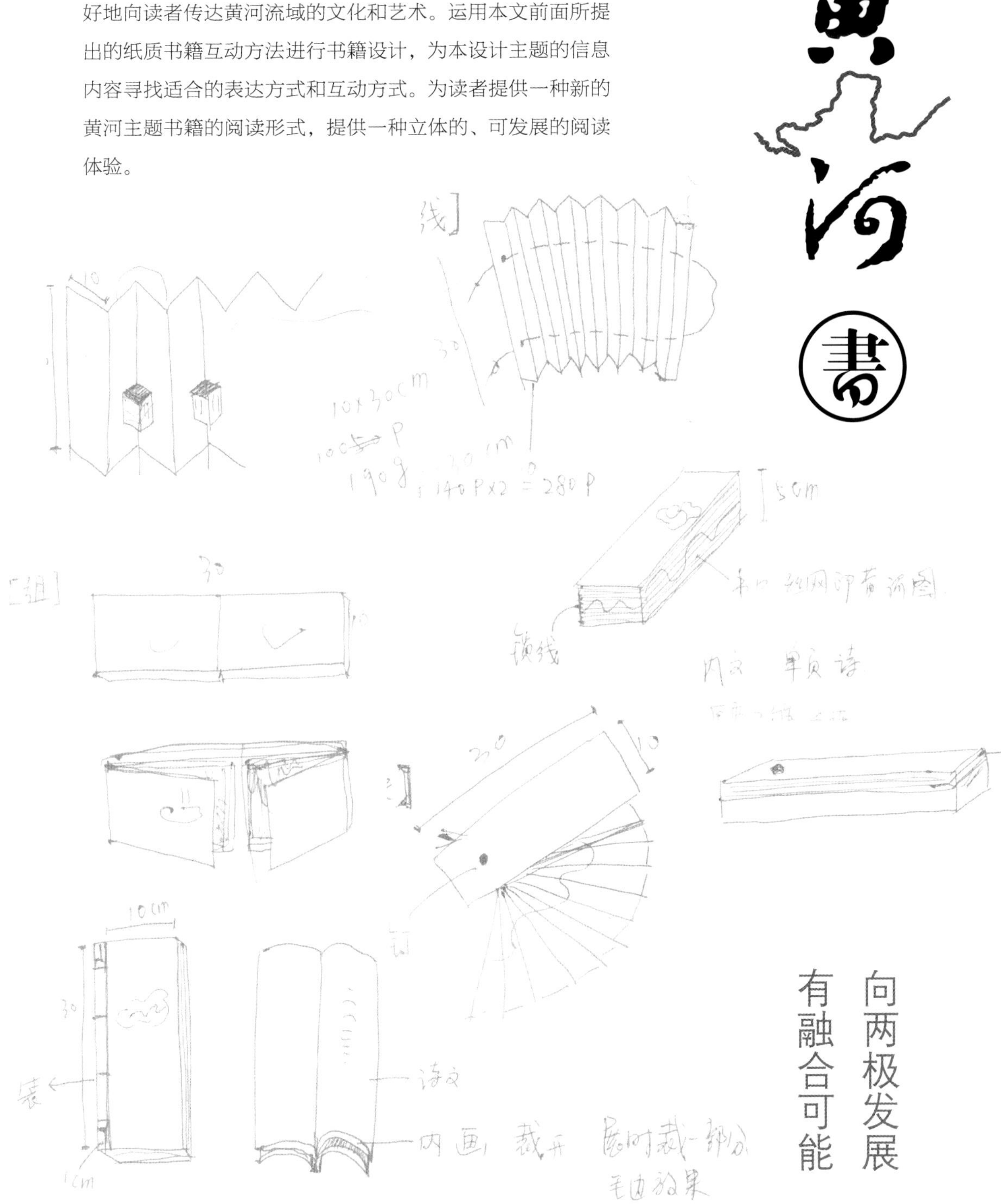

【纸质书籍的互动设计】

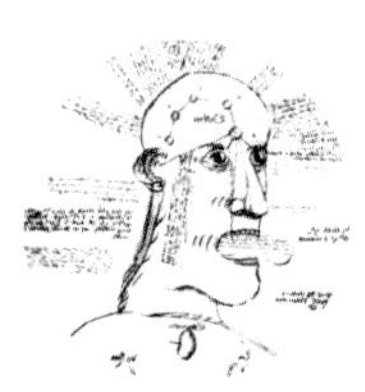

【课题源起】

人与纸质书籍之间原本就存在互动关系。
多元阅读时代下纸质书籍如何发挥自身优势，促成更好的阅读。

【设计方法】

设计者建立起作者和书籍、读者和书籍之间信息输入和输出、双向流动的通道。

【三种具体的互动方法】

基于物理特性的互动方法，
基于信息内容的互动方法，
与电子媒介融合的互动方法。

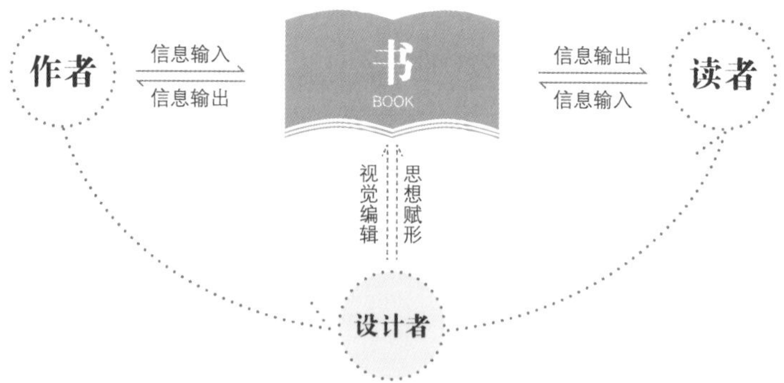

黄河
書
以《黄河图》、黄河流域诗词、民间艺术为设计元素，用不同的书籍语言进行表现。从纸质书籍自身的媒介特点、与电子媒介融合的角度，探寻阅读过程中人与纸质书籍之间互动的设计方法。

5 展示效果

利用增强现实技术*将纸质书籍和电子媒体进行连接。纸质书籍承载的信息是相对静止的文字和图片，而和主题相关的视频和音频由和纸质书籍可以连接的手机或iPad来承载。用手机或iPad扫描书中某个页面时，会自动出现该内容的动态视频和音频。

*增强现实技术：
Augmented Reality，简称AR

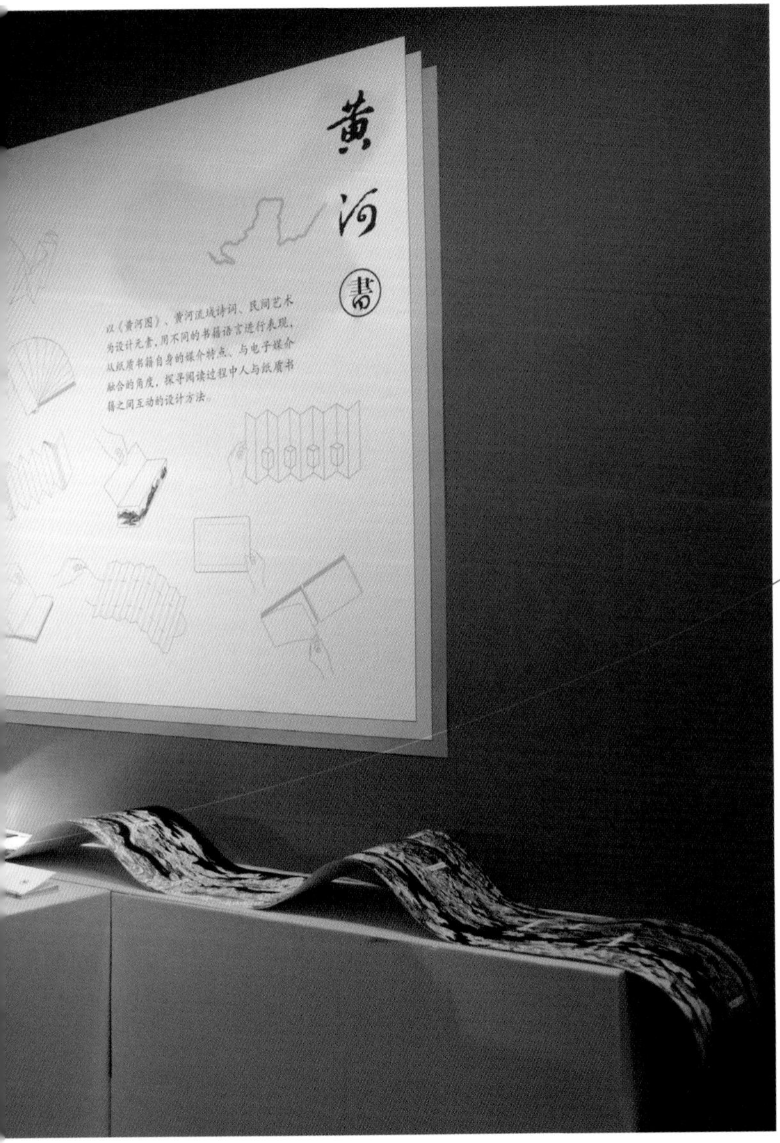

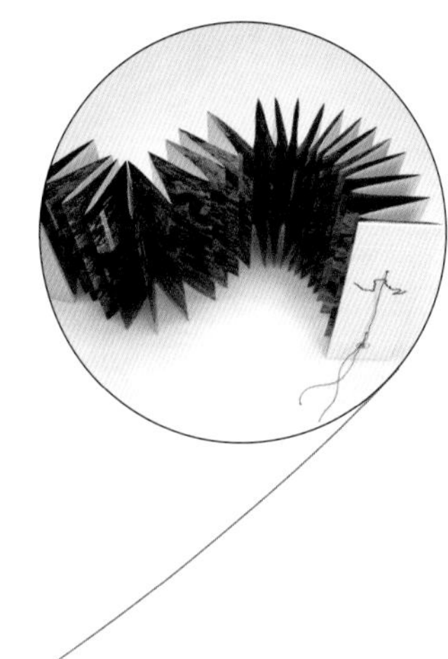

纸质书7本，各具特色，利用前文中总结的“基于纸质书籍物理特性的互动方法”进行设计。

内容层次：
1.《黄河图》 80cm × 1260cm
2. 黄河流域民间艺术（图片200余张）
3. 黄河流域古诗词（诗词100余首）
4. 黄河视频资料

编辑线索：
地理空间线

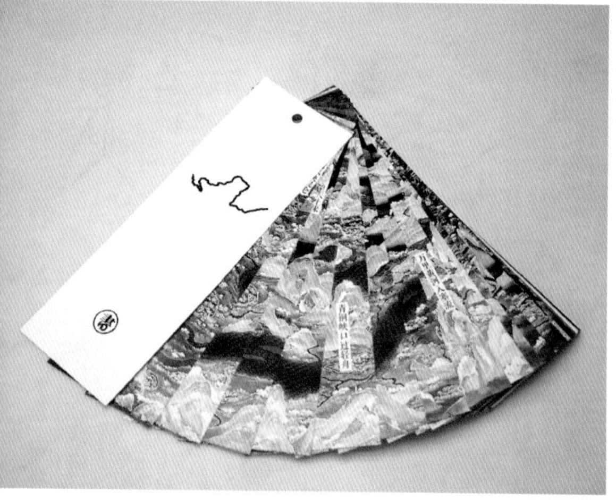

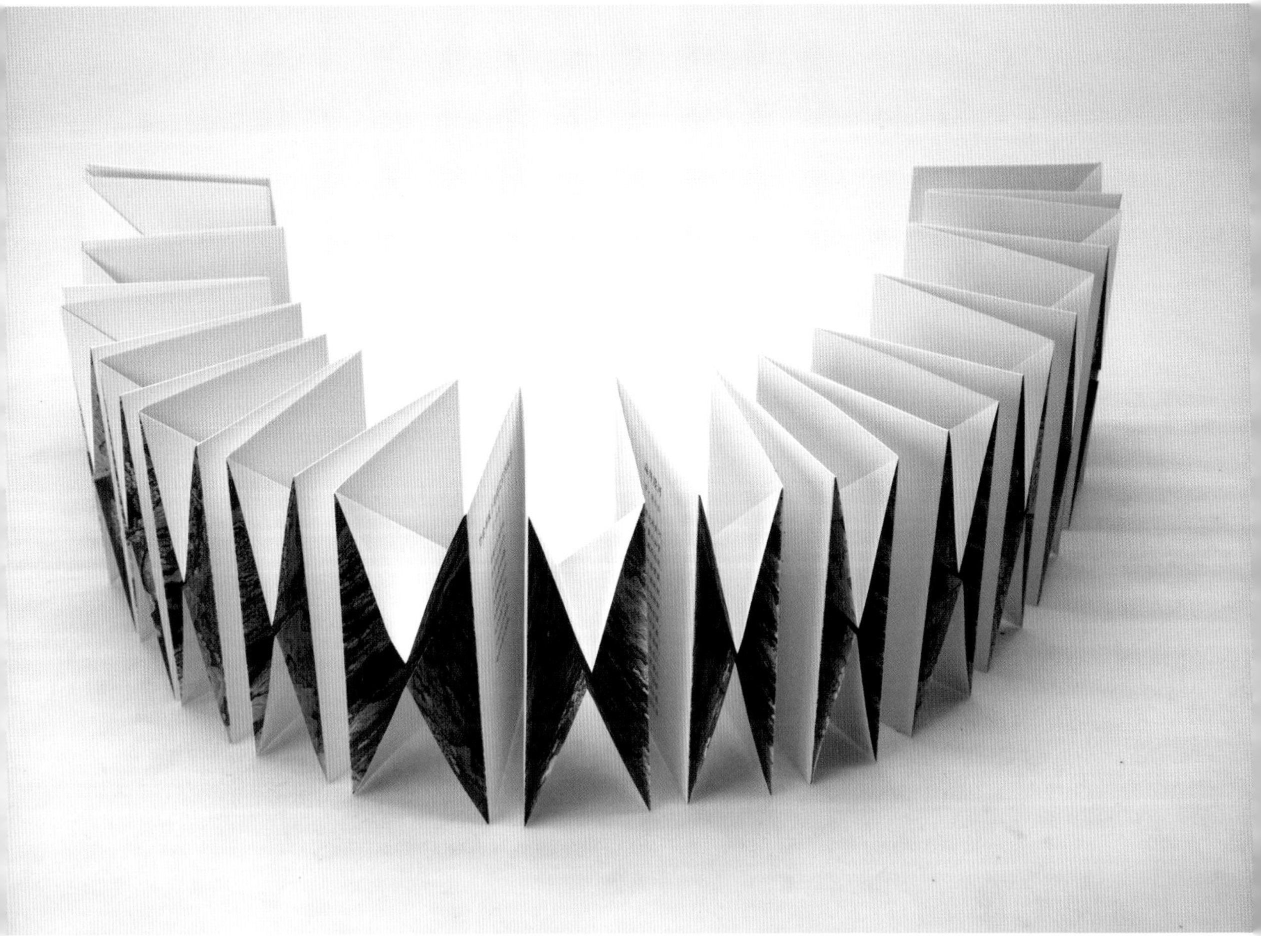

6 结语

硕士研究生学习阶段，初期想研究的是“纸质书和电子书的差异化设计”，经过与老师的讨论、与出版社编辑的交流以及对文献资料的阅读后，最终把关注点放在“纸质书的互动设计研究”上，希望在阅读方式改变的当下去思考纸质书有哪些电子媒介不可替代的特质。

著名的媒介理论家马歇尔·麦克卢汉曾在《理解媒介》一书中写道：“媒介是人的延伸。”他在 20 世纪 60 年代如是说，更何况我们这个繁杂又快速的阅读时代。在整个的研究过程中，这也是给我指引方向的重要线索。如何在研究过程中由小及大、深入浅出、言之有物，是过程中时时需反问自己的问题。

论文和设计相辅相成，互为佐证，提出从编辑思路到物化形态中三种纸质书籍互动设计的方法：1. 基于外在物理特性的互动方法；2. 基于内在信息内容的互动方法；3. 与电子媒介融合的互动方法。每一种方法都是通过案例分析得出的结论，并在毕业设计中进行应用。

纸质书籍的设计归根到底是阅读的设计。应从信息本身出发选择信息的承载方式和表现形式，在传达过程中减少对信息的损失和误读。以读者为中心进行阅读内容和阅读行为的设计，重视读者在阅读过程中的感受和参与度。

感谢王老师的悉心教导，获益匪浅；感谢工作室里大伙儿的陪伴！

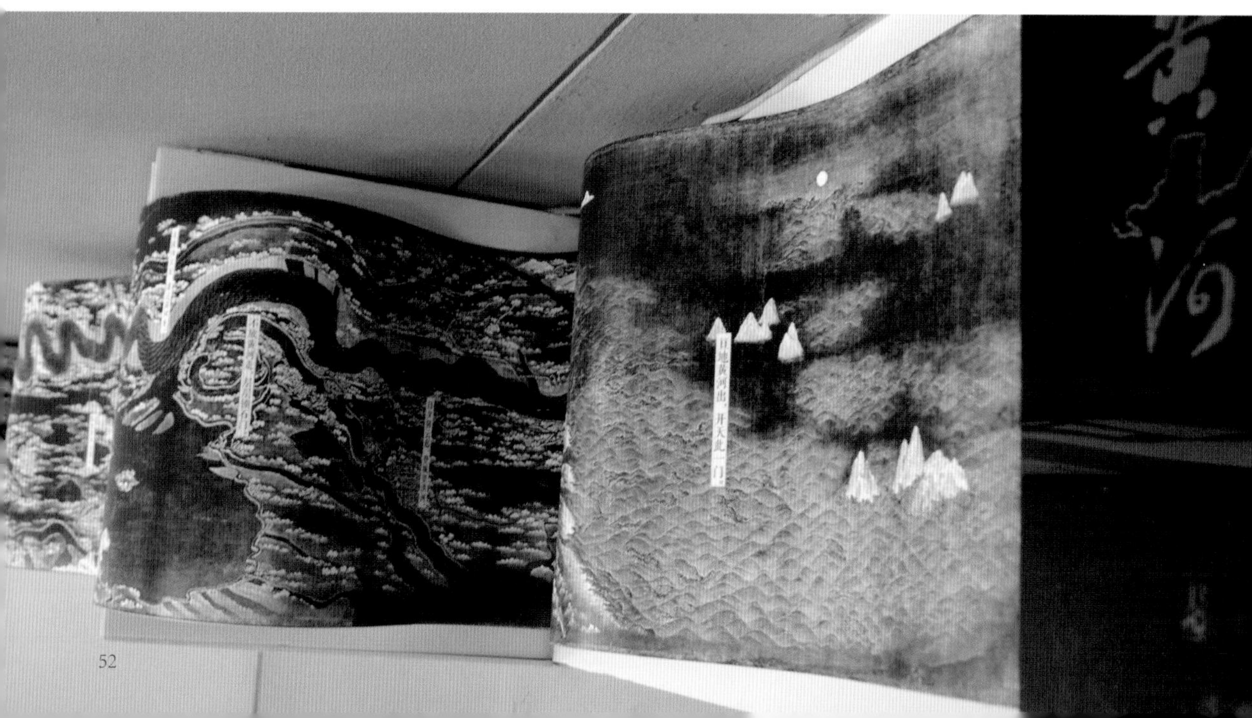

夏辉璘与导师王红卫合照

老师评语：

作者关注纸质书籍的互动设计，梳理出纸质书籍在物理特征、信息内容与电子媒介融合等方面的互动设计方法。将设计方法应用在毕业设计作品《黄河书》中，并结合增强现实技术实现纸质阅读和电子阅读的连接，发挥两种媒介各自优势，提供一种更灵活、更注重体验的阅读方式。

7 后记

离开清华园，工作后任教于广西艺术学院，在视觉传达设计系担任讲师。同为高校环境，但身份却发生了变化。与学生们在课堂内外的交流中，教学相长，压力与动力并存。作为高校中的青年教师，教学工作也督促自己保持学习状态，关注专业前沿，保持活力和热情。

2018 年，作为毕业设计指导老师，用近半年的时间指导书籍方向的学生们从“趣味阅读”角度进行毕业创作，并围绕同学们丰富多样的书籍设计作品策划了名为“玩・书——为更有趣的阅读而设计”的主题展览。用毕业季随处可见又便宜环保的瓦楞纸箱作为展台，箱体上喷印作品信息，整体营造出一个简洁轻松的阅读空间。毕业展后将毕设指导过程、展览策划实施过程、学生作品及思考总结整合成册，选择瓦楞纸板作为书籍封面，呼应纸箱展台，用这样的方式给自己指导的第一届毕业设计划上了圆满的句号。

科研与教学相辅相成，学术论文先后发表于《中国艺术》《包装与设计》等杂志；主持及参与多项科研课题；作品入选“丝路精神——国际设计双年展”“罗马尼亚布加勒斯特建筑艺术三年展”等国内外展览。

工作中的每一点小小的成果都和学生时代的兴趣与探索密不可分。专业领域的知识常处于更新和变化之中，唯有保持开放的心态和对事物的好奇心，踏实前行。

《玩・书——为更有趣的阅读而设计》展览现场

《玩·书——一次与书有关的教学实验》书影

干支历系列日历设计 2015年

本研究课题将从视觉传达设计范畴，对干支历进行解读和视觉化设计，从而达到向现代年轻人推广干支历这种中国传统历法形式的目的。

李艳艺

1989年9月生于湖南娄底
2015年毕业于清华大学美术学院
研究生毕业后，在工商银行产品研发中心从事设计工作

1 前期准备

前期调研

早在公元前 3000 年，苏美尔人就制定了太阴历，这是世界上最早的历法；公元前 2000 年左右，古埃及人制定了太阳历；而中国的历法也起源很早。中国的历法是包含阴历、阳历和干支历的三合历，直到清朝末期开始统一使用公历为止，中国历史上先后产生了 102 部历法，有的虽然没有被正式使用过，但也曾经对华夏文明产生过重大影响。在这个时代背景下，中国传统的历法体系该如何传承和发展，应是中国传统文化研究中一个部分，而笔者的研究课题则是该范畴内的一个小小的组成：如何在现代年轻人的生活中给干支历留下一席之地。

其实，如“辛亥革命”“中日甲午战争”“戊戌六君子”等这些也都是应用了干支纪年的表示，而“子夜”“午时”这些则应用了干支纪时的表示。再比如十二生肖，有学者认为十二生肖来源于干支历、是十二地支的形象化。还有二十四节气，也与干支历是密切相关的。干支纪历文化以这样一种非常零散的形式点缀在现代人们的生活当中，并没有得到应有的普及和推广，是中国传统历法文化的损失。这也说明了干支历在当今时代背景下，有弘扬和发展的可能性。笔者的研究相当于把干支历从幕后推到台前，还它一个完整的舞台。

现今人们日常使用的的日历，几乎都是服从于西方历法模式的，即使考虑国情需要结合公历与农历，也只是将农历作为次要信息标注于公历下方。而完整、准确标注干支历的就更少，更何况是完全基于干支历来进行编纂的日历。

我们可以在市场上买到的是“老黄历”，它同时显示了公历、农历和干支历，并且有趋吉避凶的相关信息，这可以算是根源于中国传统历法形式的日历。但从设计角度来说，中国设计师还大有施展空间。笔者平常用的日历不是老黄历，笔者父母用的也不是，只有外祖父还在用老黄历。在笔者心目中，老黄历就如同外祖父平素里查阅的《康熙字典》一般，与我们年轻人之间有一条巨大的鸿沟。在做研究的过程中发现，老黄历一类的手机应用软件还不少，但同质化过于严重，且大多还是延续纸版老黄历的老旧感，可以说是虽然用了现代的媒介载体，但还是以老一套的视觉语言在表达。

纸质版老黄历

手机 App 版老黄历

资料搜集

我在苹果手机的 App Store 中搜索“干支历”或者“天干地支”，可以找到一些关于日本日历的应用软件，和干支历有着密切联系。

Masami Furuya 开发的一款名为“江户时计”的软件应用了干支纪时，用 12 个地支代替阿拉伯数字做时钟的设计。类似的软件国内也有，说明用干支时辰的概念还是有较为广泛的应用。Oka Communication 开发的名为“CN Zodiac”的软件应用了与十二地支对应的十二辰表示方位的特点，设计出一款别样的“指南针”。虽然这款用了地支一样的符号，但其本质是“十二辰”，表示古人对周天的划分，相当于一个方位概念，严格来说不能算作纪历。Charapla 开发的名为“Zen Calendar”的软件，不仅对西历、和历、干支历进行了对照，还有月相、星座、节气等信息。TOMO MUSIC 开发的名为“あけくれ”的日历，不仅包含了干支纪时，体现了二十四节气和七十二候，这是笔者所能找到的最全面、最贴近笔者对于干支历的定义的一款设计作品。

江户时计软件界面

CN Zodiac 软件界面

Zen Calendar 软件界面

あけくれ软件界面

不知中国的历法之于日本的历法，是否如同汉字般具有非常深远的意义，但光从这些跟干支历相关的日历软件来看，笔者认为还是意义非凡的。虽然这种日历的使用群体是小众的，但似乎日本的设计师丝毫没有怠慢，还是设计出了像“あけくれ”这样优秀的日历。日本作为中国的邻国，在文化根源上有很多相似和相通，很多日本的设计理念是值得我们学习和借鉴的，尤其如何用当代语境来解读传统文化。

总之，在日历的范畴中，需要有符合现代年轻人审美的“传统”日历；而在日历设计的范畴中，中国设计师需要设计具有文化认同感的“中国”日历。

2 创作过程

日历中最基本的元素是表示时间的符号，无论是用阿拉伯数字表示的公历，还是以汉字表示的干支历。所以干支历视觉化设计最基本、最核心的部分就是“甲”“乙”“丙”“丁”“戊”“己”“庚”“辛”“壬”“癸”以及“子”“丑”“寅”“卯”“辰”“巳”“午”“未”“申”“酉”“戌”“亥”的设计。而这 22 个字符，究竟应该作为文字，还是图形，这是笔者需要厘清的第一个问题。

从甲骨文到今天的简体，干支字符经历了多种形式的变化，虽然已与当初的象形相去甚远，但对干支视觉表现的研究，是否应该从汉字创造之初的形式入手？也就是说是不是应该将其当作图形来设计？

天干的篆体字形

地支的篆体字形

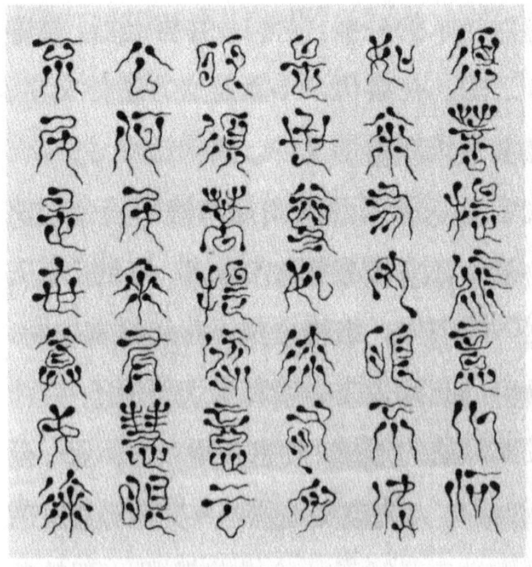

《金刚经文》蝌蚪书（明）

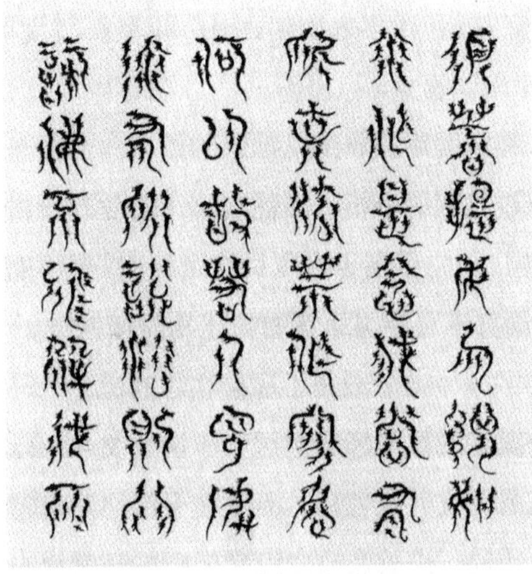

《三十二篆金刚经》麟书（明）

图形是与文字相对的一种特殊的视觉语言，所以一般而言，文字和图形是对立的。作为象形文字的汉字，其根源于图形，虽然在后来的发展中为了书写、印刷的方便与图形分道扬镳，但回归图形或者图形化再创造是可行的。图形化的文字，即为图形文字。

图形文字是区别于书写文字和印刷文字的，其最大的特点在于阅读的识别度不高。在我国古代，出现过如龙书、鸾凤书、麟书、鸟篆、龟书、蚊书、蝌蚪文、穗书、虫书等图形文字。在现代的平面设计教学中，图形文字设计也是字体设计的一个重要的组成部分。至此，笔者解决了关于是图形还是文字的问题：是文字，但是相对于书写、印刷文字而言的图形化的文字。所以，干支历设计的基础在于由 10 个天干和 12 个地支构成的 22 个汉字的设计。

干支汉字设计

对于天干和地支所指含义，有人说天干指树干、地支指树枝，有人说天干代表阳、地支代表阴，也有人说天干指天、地支指地。而天干表示天，地支表示地的说法与字面意思最为符合。且天与地，较之树干与树枝，寓意更加广博；较之阳与阴，更加具体形象。

从天干代表天，地支代表地的含义出发，笔者结合古人天圆地方的宇宙观来进行干支汉字的设计。

天干取“天圆”之意，以圆弧形结构作为天干图形汉字的基本架构。而地支取“地方”之意，以方块形结构作为地支图形汉字的基本架构。为了加强对比效果，突出各自的特色，天干汉字在圆的基础上，力求纤细灵动；而地支在方的基础上，力求粗犷敦厚。这样便形成了一圆一方、一细一粗的，具有强烈视觉冲击力的汉字组合。

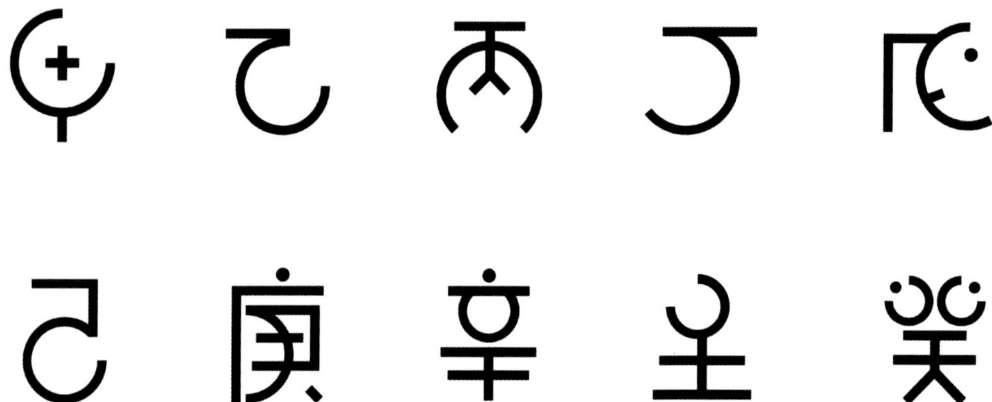

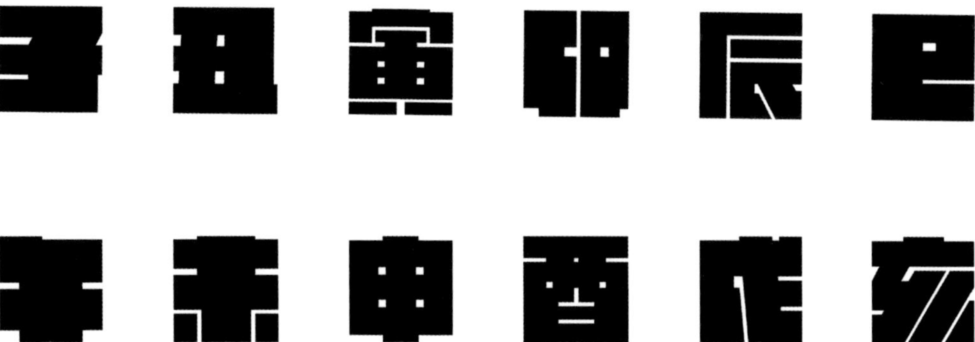

具体到每一个干支汉字的设计，却又是小字体大玄机。天干的汉字相对于地支而言是瘦长型的，每个天干汉字中都设计有一个四分之三的圆弧，其余笔画采用横竖等宽的矩形笔画，且矩形的宽度与圆弧的宽度是相等的。个别点的笔画用圆点表示，表达的是天空的星辰。根据每个字的笔形结构的不同，圆弧的大小适当调整，但宽度仍然保持不变。

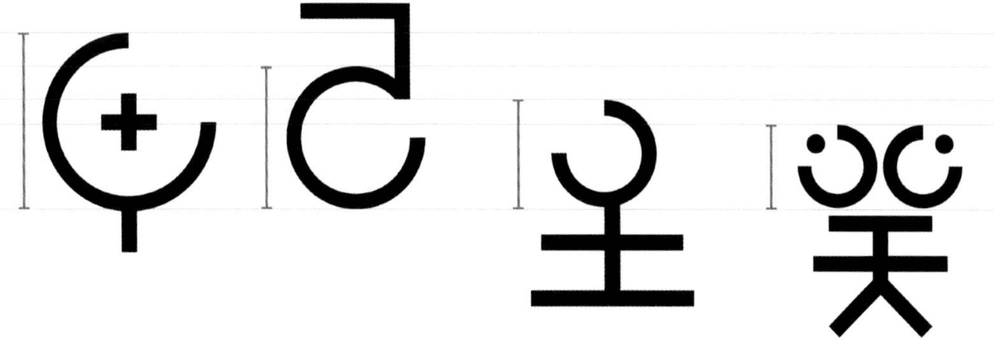

另外，为了保证每个天干汉字在视觉上等大，其绝对的长宽数值就不尽相同了。

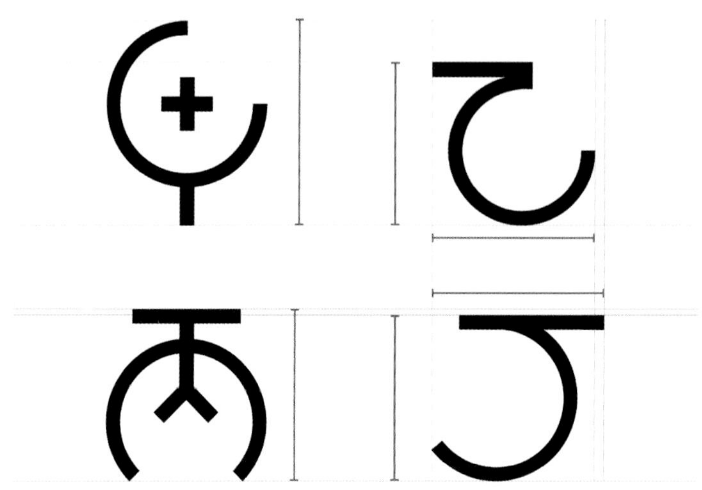

地支汉字，外形是正方形，绝对的方块字。每一个笔画都是由矩形堆砌而成。相对于天干汉字的零碎，地支汉字是整的、块状的，为了实现这个效果，在不影响识别的基础上，尽可能地减少笔画间的空隙，并保持外部方形结构的完整。笔画间留多宽的空隙，才能达到块状汉字的理想识别效果，这是需要反复调试的。为了满足各种字体大小的适用性，得在比较各种尺寸字体视觉效果的基础上，决定出一个笔画空隙的绝对值。另外，为了保证每个天干汉字在视觉上等大，其绝对的长宽数值就不尽相同了。

笔画少的汉字较容易形成块状，而笔画多的汉字难点较大。笔画多的字显得碎，而“碎”与字形的“整”是矛盾的，解决办法是“化零为整”——合并笔画。而哪些笔画需要合并，哪些需要分开，在每个具体的汉字中得具体调整。地支汉字“戌”的笔画较零散，字体内部留白空间大，故将左边的“撇”和内部“横”连为一体。

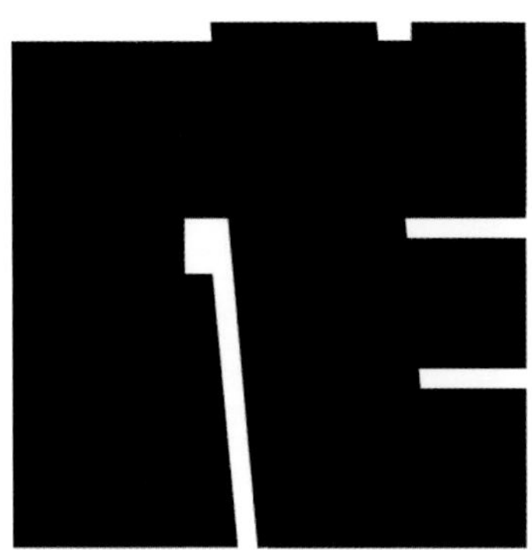

为了达到视觉上的和谐，有些笔画必须经过细微的调整：比如一个“竖”笔画，看似是一个简单矩形，但实际上是由宽窄不一的两个矩形组合而成。

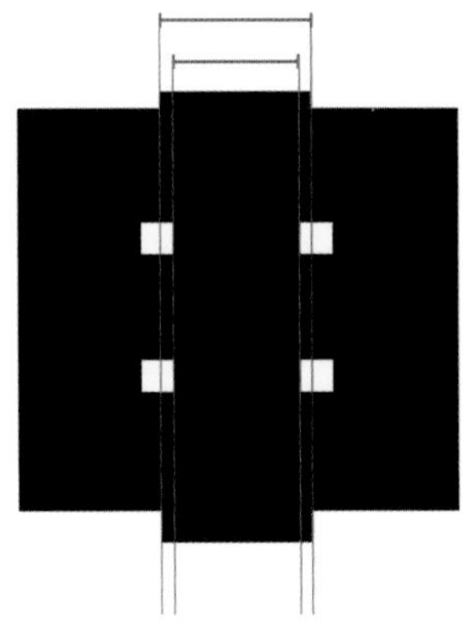

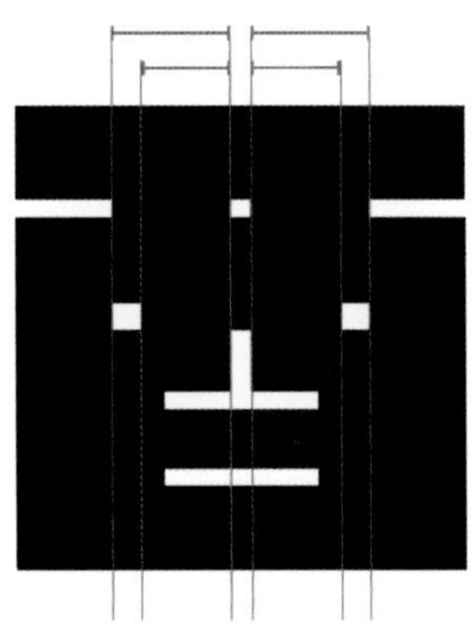

基于地支汉字外轮廓完整的特点，将其外轮廓提炼出来，形成一套新的线性汉字。为了力求完整的方形外轮廓和完整的内部空间，很多笔画被省略，以致辨识度下降，故只作为主要地支汉字的辅助字体，在特殊情况下使用。

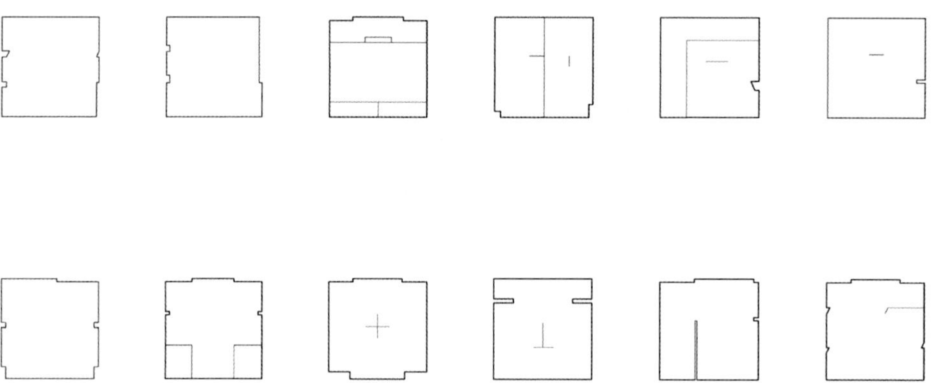

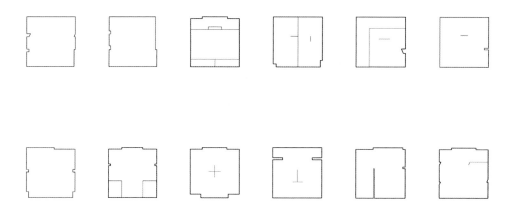

前面分别介绍了天干汉字和地支汉字的设计，但天干和地支两者要结合起来使用才完整。天干汉字与地支汉字的组合方式，类似上标或者下标的形式。而每对干支组合的具体位置并不确定，需要根据二者间的间架结构关系，以及排版形式来决定。

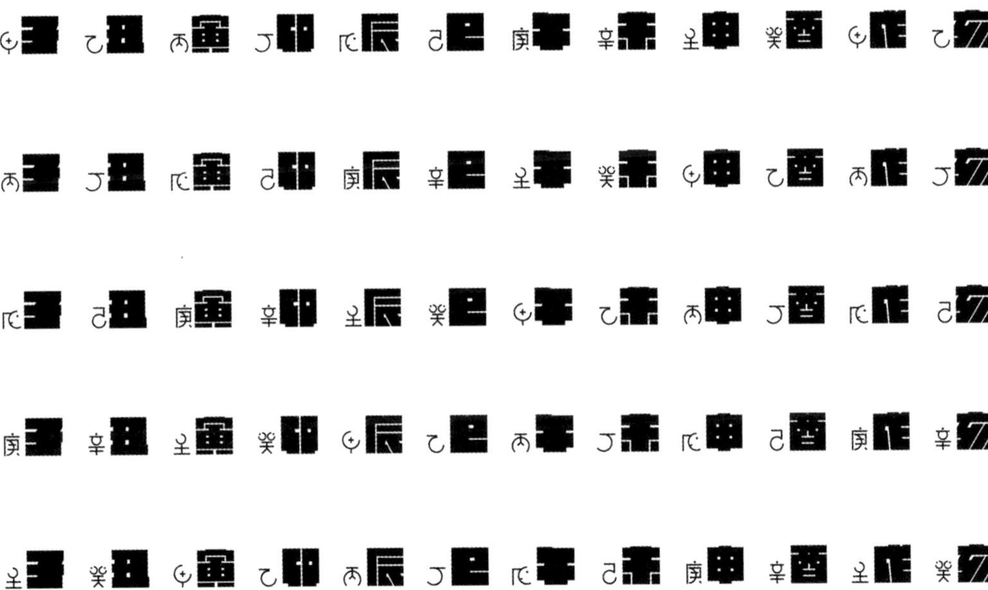

3 最终成果

日历设计其实是一种信息编辑的设计。设计师的工作就是把日期等日历相关信息以某种编辑方式传递给使用者，包括对日历版面信息的编辑以及物化形式的编辑等。对信息的编辑和设计，应充分考虑信息传递的清晰度、独创性和幽默感，且不应只囿于对表象的装饰，而应该是结合策划、分解、整理的综合性创造。

日历的信息是相对单纯的，且制式也是固定的，这两方面的特点使得日历设计既可以轻松获得结构明确、条理清晰的信息架构，又容易陷入程式化。同时，日历的信息不是冰冷的、机械化的数据，而是富含人文气息的：对时间、生命的感怀往往是许多艺术家设计师灵感的来源。而不同于其他艺术品，日历在人们的日常生活中具有具体实在的实用功能，因此对日历的设计可以说是对人们生活方式的设计。

干支历包括干支纪年、干支纪月、干支纪日、干支纪时，也就是说这 22 个汉字可以同时表示年、月、日、时的时间概念。不仅如此，干支历还有节气、候等的概念。一年有二十四节气，而二十四节气又分七十二候，各候均与一个物候现象相应，称为“候应”。“日”“候”“气”“时”“岁”的对应关系为：5 天为一候，三候组成一个节气，6 个节气（三个月）为一个季节，四季为一年。所以摆在笔者面前的问题是，该干支历的设计是用于纪年？纪月？纪日？纪时？还是表示二十四节气？抑或表示七十二候？

不论单独表现哪一个时间概念都是不完整的。干支历本身内容丰富、精神博大，唯有成系统的设计才能相配。

干支历之花甲

干支以 60 为一循环周期，60 年为一花甲。花甲是甲子循环所能表示的最大的一个时间单位，且人生几乎只能完整地过完一个花甲，故花甲也可以说是一生中最大的时间尺度。

理性的人，会做人生的 10 年规划、30 年规划；感性的人，会用信件、明信片等形式写给未来的自己。在清华大学百年校庆的活动上，我参加了“写给 30 年后的自己”的活动，即给自己写一封信存放在一个特定的信箱中，等 30 年后在校庆之际再回来母校取回这封 30 年前自己写下的信件。类似的还有“慢递”服务，慢递是相对快递而言，收件日期可能是三五年后，或者更长，它更像是一种呼吁人们敬畏时间的行为艺术。这些让我有了灵感：何不设计一款有 60 年跨度的日历呢?

这款日历记录的是 60 年的时间，而不再局限于一般日历以一年为单位。以经折装的形式装帧，以日历完全展开的形态来表示时间的延续性，真正意义上的人生长卷。一年一折，曲曲折折，正如漫漫人生路。

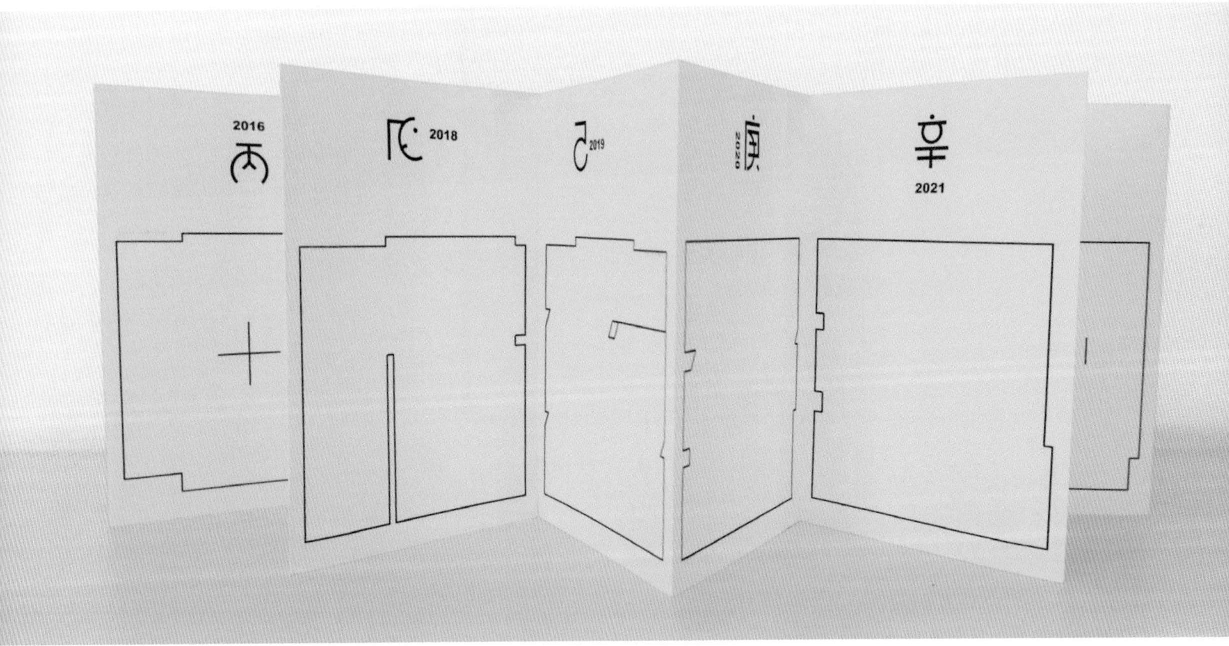

每一个页面上，由一个天干和一个地支组合成一个干支年 ，并配有公历年份对照。地支采用轮廓字的形式，是为了方便在字体内部空间书写。地支的位置是固定的，而每个页面中天干和公历的位置是变化的，增添了日历的流动性。

每个页面都可以在地支内部写下对未来某年的寄语，或是规划、愿望等任何想跟自己说的话。当未来某年来临，可以在背面予以回应，或是贴上此时自己的照片。

日历的开本尺寸为 98mm × 144mm。

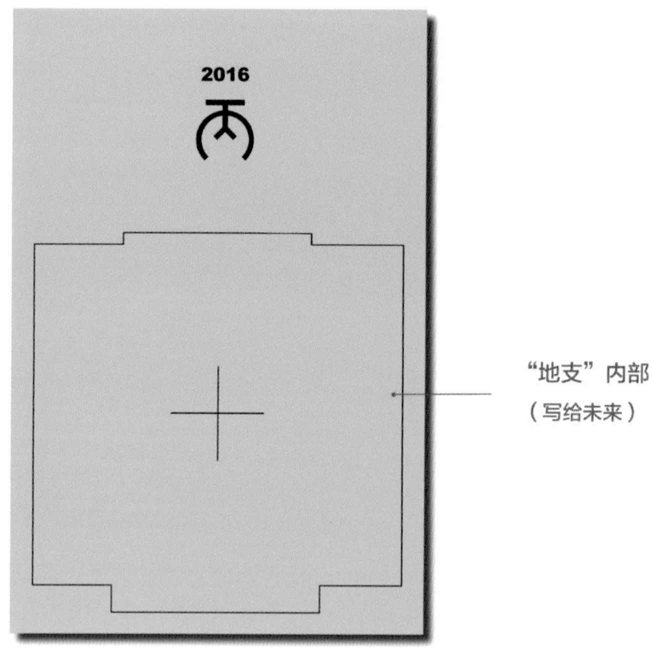

干支历之候

一年有七十二候，一候约为五日，这款以候为单位的日历，实则有点类似周日，一候一页。每个页面的中心位置是5个干支日的组合，并对照有公历日期，外围对应每日的十二个时辰。其上方显示该页的候应信息。距离页边的最外圈，标注了二十四节气，以及该候所对应的位置。中间的空白区域，是自由书写区，可以记录日程或者随笔。

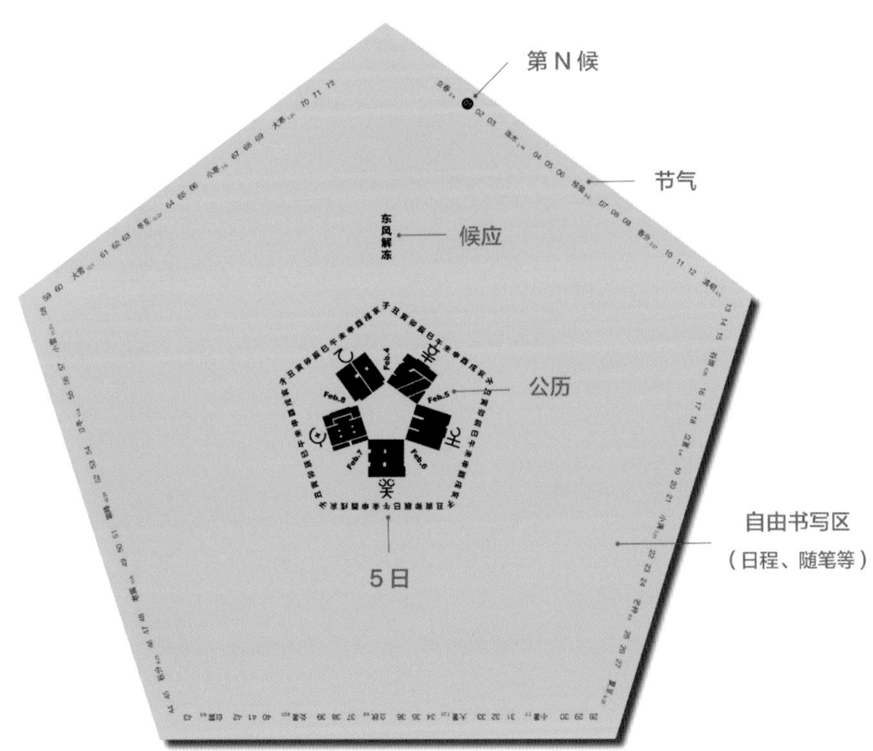

每个月有六候，所以每月开始都会有一个章隔页。最突出的是干支月信息，并有公历月份对照。以时间轴的形式显示该月所包含的六候应。

平均 5 天一候，偶尔出现 4 天，或者 6 天一候的情况。据此，会出现不同的构图和排版形式。

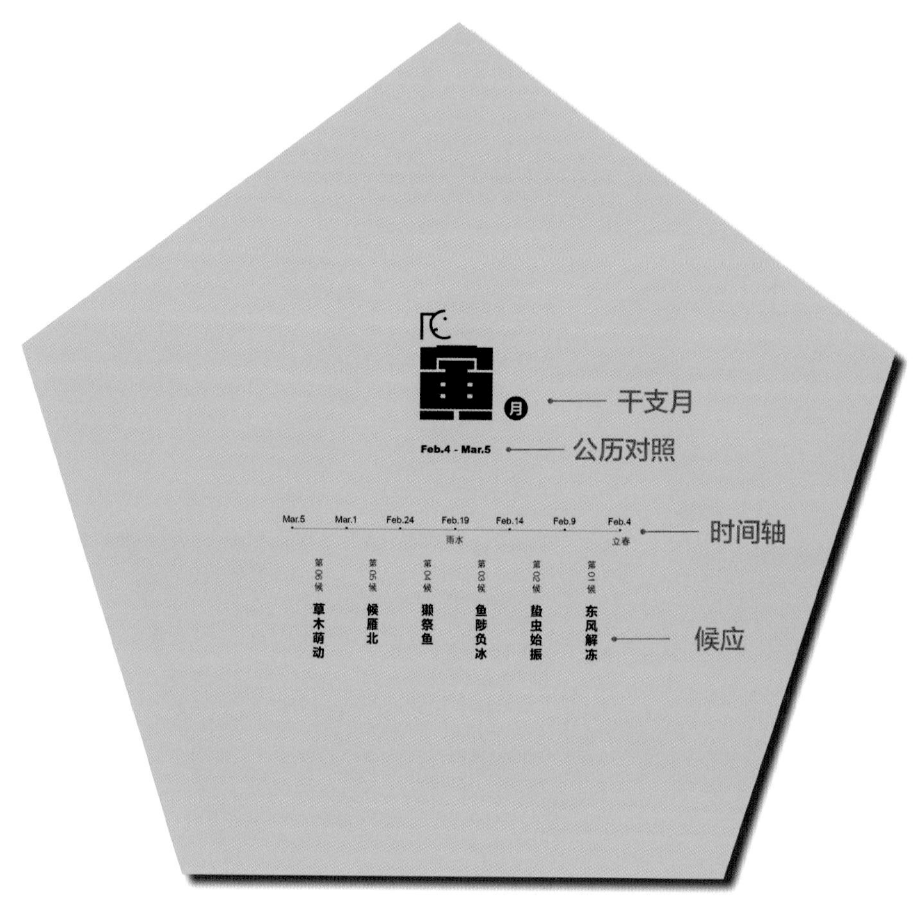

开本尺寸为 230mm × 242mm，以穿钢钉的形式装订。此外，还有 100mm × 105mm，133mm × 140mm 两种小尺寸版本。

干支历之日

这是一款可撕的日历，一天一页一撕。每个页面中天干和地支的组合，以及对应的公历信息，都有不同的版式设计。每天都是独一无二的，每天都是新的一天。

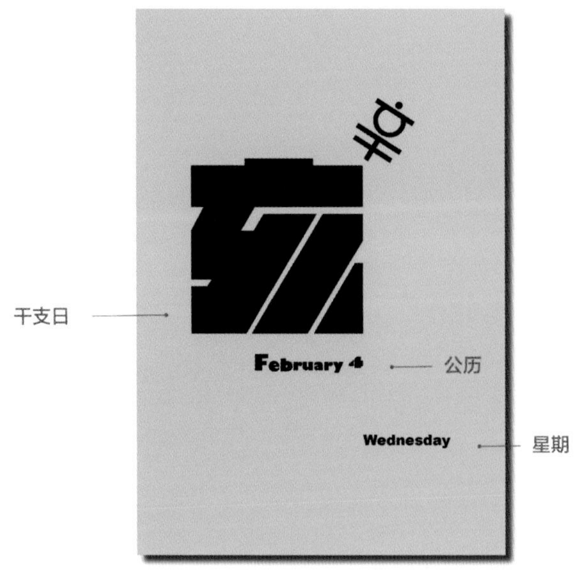

February 4
Wednesday
干支日
公历
星期

干支历之时辰

这是一款具体到每日时辰的结合日程记录的日历。页面中心是干支日，周围环绕着十二个时辰。十二时辰与十二小时交叉排列，既是对照也是补充。页面的最上方标注的是对应的公历，而页面最下方表示的是当日在当年的第多少天，提醒人们关注时间的悄然流逝：一眨眼，今年过去了 43 天。

开本尺寸是 180mm × 180mm，装帧形式分为两种。一种是整本显示全年日历；另一种以骑马钉的形式装订，每月一册，全年十二册。

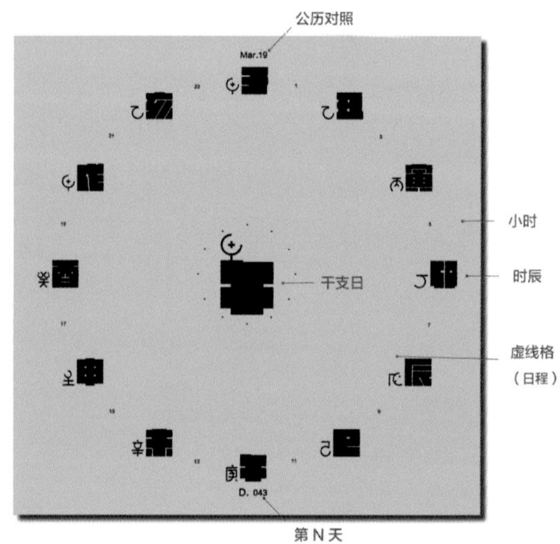

干支历之钟表

以上都是平面纸质的日历形式，对于时间概念的表达，有一个动态的设计是很有必要的。于是，笔者设计了一套十二地支的钟表。该钟表以 3mm 厚的亚力克板雕刻而成。秒针滴答的声音是提醒人们时间流逝的最好方式。十二地支钟表围绕的是一个全年的星图，图中显示了每个月份对应的中国古代星宿。

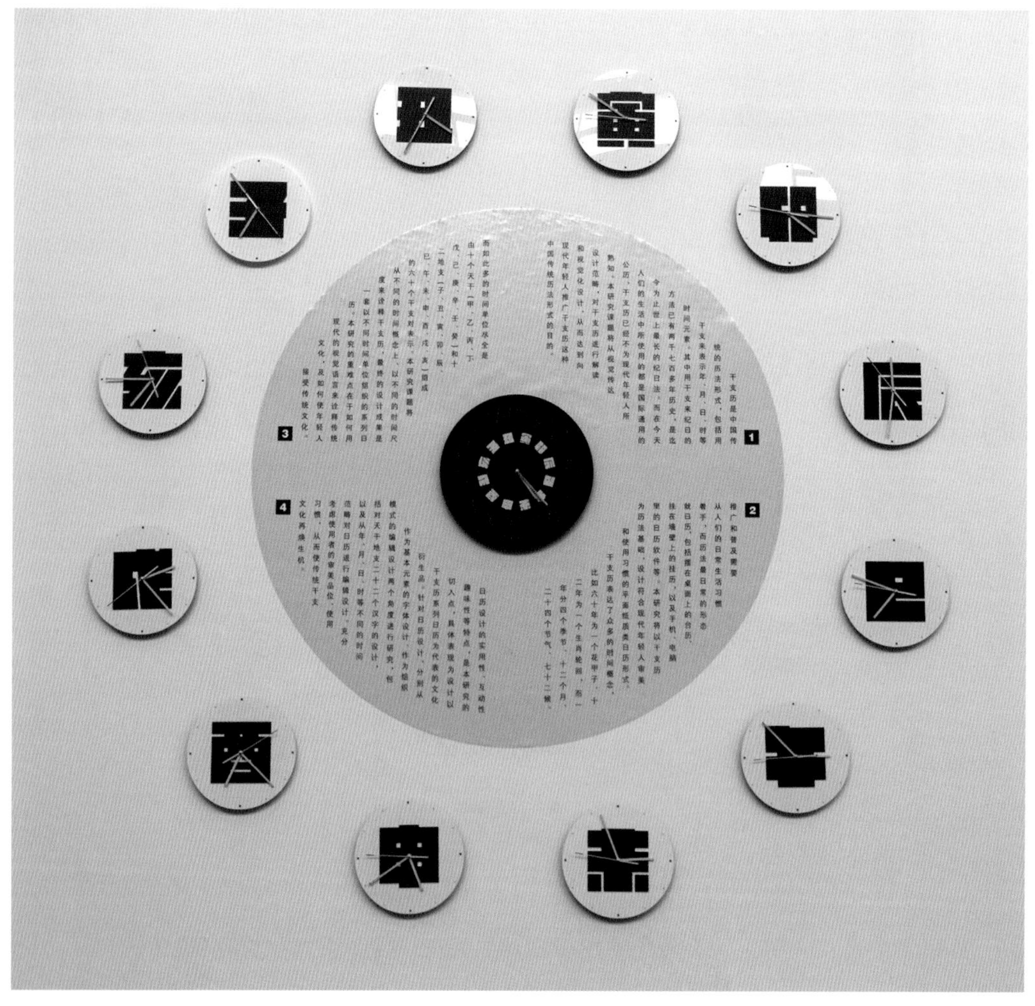

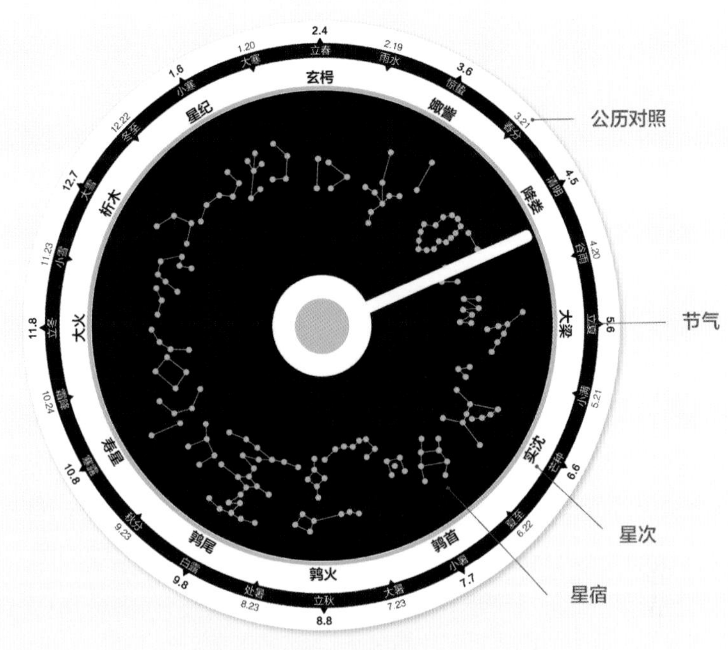

2.4
立春
1.20
大寒
2.19
雨水
3.6
惊蛰
1.6
小寒
玄枵
星纪
娵訾
12.22
冬至
3.21
春分
公历对照
12.7
大雪
析木
降娄
4.5
清明
11.23
小雪
4.20
谷雨
11.8
立冬
大火
大梁
5.6
立夏
节气
10.24
霜降
小满
5.21
寿星
实沈
10.8
寒露
芒种
6.6
9.23
秋分
鹑尾
鹑首
夏至
6.22
星次
白露
鹑火
小暑
9.8
处暑
立秋
大暑
7.7
8.23
8.8
7.23
星宿

4 结语

干支历是中国传统的历法形式，而在今天人们的日常生活中所使用的都是国际通用的公历，干支历已经不被现代年轻人所熟知。本研究课题从视觉传达设计范畴，对干支历进行解读和视觉化设计，设计符合现代年轻人审美和使用习惯的平面纸质类日历形式，从而达到向现代年轻人推广干支历这种中国传统历法形式的目的。

本研究课题在不同的时间概念上、以不同的时间尺度来诠释干支历，最终的设计成果是一套以不同时间单位组织的系列日历。

本研究的重难点在于如何用现代的视觉语言来诠释传统文化，以及如何使现代年轻人接受传统文化。考虑日历设计的实用性、日常性、互动性、趣味性等的特点，是本研究的切入点，具体表现为设计以干支历系列日历为代表的文化衍生品。针对日历设计，分别从作为基本元素的字体设计、作为组织模式的编辑设计两个角度进行深入研究，包括对天干和地支 22 个汉字的设计，以及从年、月、日、时等不同时间范畴对日历进行编辑设计。并充分考虑使用者的审美品位、使用习惯，使干支历系列日历达到好看、好用、好玩的境界，从而达到使传统干支文化再焕生机的目的。

一套图形汉字的设计与一个单一的图形符号的设计相比，最大的难点在于如何处理系统的规范性问题。而有效的解决途径是将每一个符号单元分解为最基本的构成元素，对构成元素进行规范化管理，即将每一个干支字符拆解为基本笔画，对基本笔画进行统一规范化设计。干支字符又不同于一般的符号，它还是个汉字，而汉字就存在识别性问题，如何对汉字进行图形化设计而又保留其原有识别度是一个难点。这其实是一个“度”的把握，汉字图形化应该以保持汉字原有的基本框架结构为原则。

对于传统文化的传承，通常需要解决一个问题：如何让传统文化适应现代生活需求。具体到视觉传达设计领域，用现代流行的视觉语言和传达方式对传统文化进行诠释和传播，是一个探索方向。在此基础上衍生的相关文化产品是对传统文化潜在价值的开发。创新文化衍生产品的初衷是继承和发扬优秀传统文化，而以距离现代人生活久远且几乎被遗忘的干支历来开发文化产品，实用性问题是影响该方案是否可行的主要因素。只有从现代人的生活习惯和使用需求出发，才能真正使传统文化焕发生命力。

李艳艺与导师王红卫合照

老师评语：

作者根据中国传统民俗中几乎失传，记录日期的历法体系——干支历，进行视觉化的分析与解读，特别是根据其内在的功能设计了一套符合现代人审美的图形符号系统。该符号系统整体统一又各自独立，并将其开发应用在表述全年的星座盘上，形成于干支历的钟表上。

论文观点独特，概念准确，深入浅出，结构合理，形成系统化的图形符号，可读性强，强调应用的价值，填补了当下用干支历视觉化应用的空白，传承了传统文化的精髓，对汉字视觉化表现具有指导意义。毕业设计有效地佐证了论文的观点。

设计新的干支历图形符号在视觉上还有进一步完善的可能性，开发钟表也还在很多细节中有改造的余地和研究的空间。

5 后记

我毕业后就职于工商银行业务研发中心，主要从事银行线上产品的视觉设计工作，尤以手机银行、网上银行等的 UI 设计为主。

在校期间图形、字体、版面等专业课程为工作打下了扎实的基础。毕业设计尝试了成套图形汉字的设计，初探了图形系统的规范性，这为应对手机银行中大量相似而又有区别的业务功能图标设计工作提供了经验。

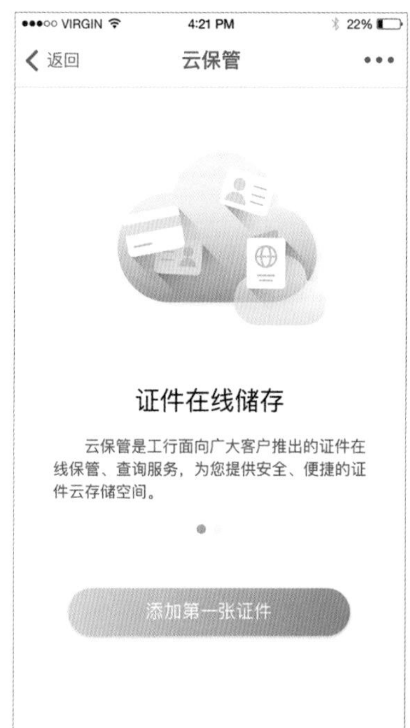

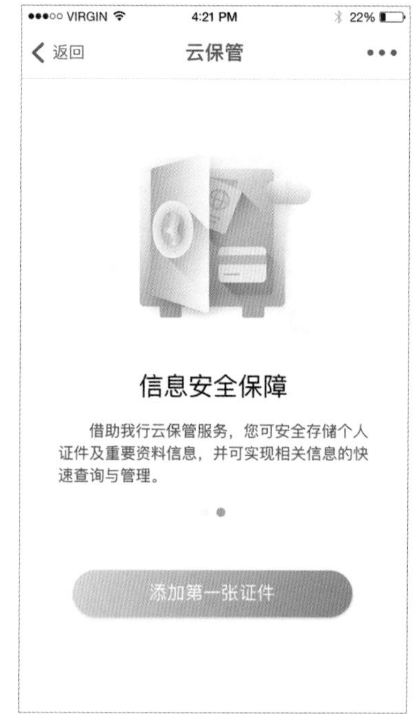

融e行手机银“云保管”功能介绍页

代发工资

每月发工资
竟可以如此简单！

个人账户托管

老板忙不过来？
公私账户集中管 轻松！

小微专属理财

闲置资金怎么办？
专属理财 随买随赚！

可视化分析

看报表头疼？
资产收支 看图就懂！

工行企业手机银行启动页

意象·燕京

2015年

作为一位土生土长的北京"80后"，我的毕业设计创作选题结合我自身的成长背景，选择情感记忆中最熟识京味儿人文历史与传统文化，通过立体纸艺作为载体，用意象的手法表现这座老城的精气神儿和我的思念之情。

王 琛

1985年7月5日生于北京
2015年毕业于清华大学美术学院
曾任北京城市学院艺术学部讲师
清华大学美术学院博士生在读

1 前期准备

选题与构思

自多年前从书展购得第一本立体书起，立体纸艺就从未脱离我的生活。从收藏到制作，再到重回大学校园学习深造，我对立体纸艺一直抱有较高的兴趣和热情，吸引我的不仅是它的立体美和不可预见性，更多的是通过人与纸张的互动传递信息的过程。二维的平面空间延伸成为奇妙的三维世界，纸结构的精巧构思和逻辑也启发了我学习和钻研这门艺术的积极性。

作为一位土生土长的北京“80 后”，我的毕业设计创作选题结合我自身的成长背景，选择情感记忆中最熟识的京味儿人文历史与传统文化，通过立体纸艺作为载体，用意象的手法表现出这座老城的精气神儿和我的思念之情。

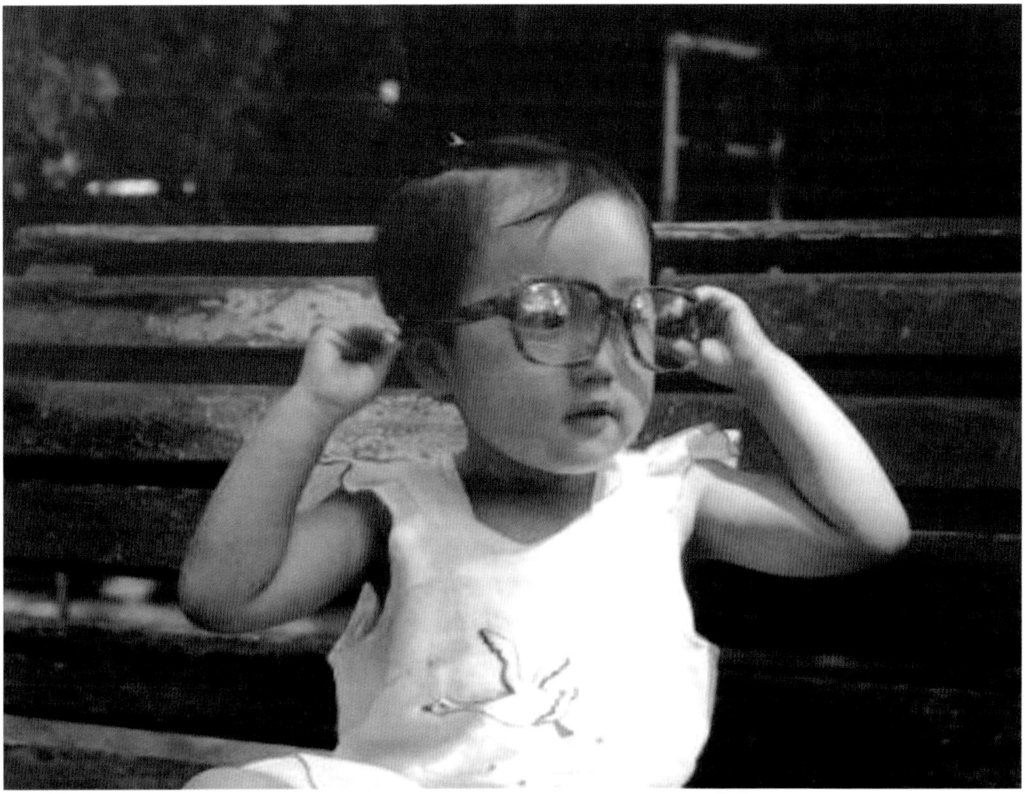

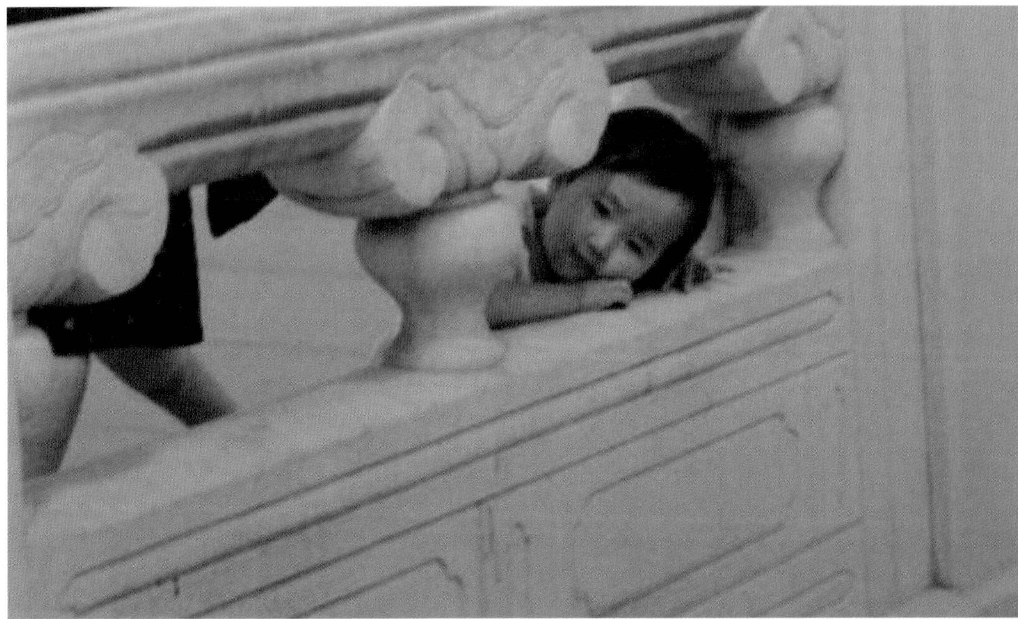

2 中期实验

结合前期调查研究，进入到创作实践阶段后分别运用镜面折射、虚实对比、投影原理和转轴等原理，做出以下 4 个实验。

1. 方位篇：主要运用了镜面的折射反光和中轴对称原理，以“四九城”的城垣规划为题材，设计了 5 个完全对称的字体来明确北京的方位特点。

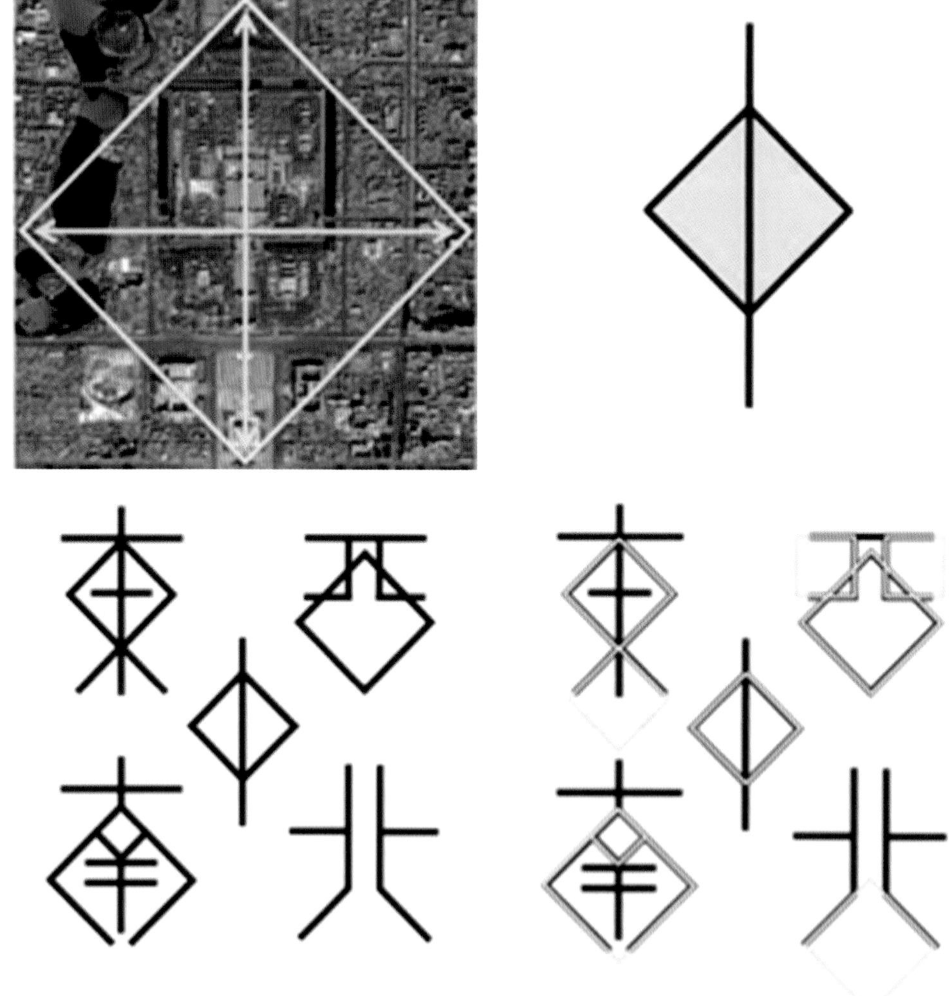

2. 地标篇：选择北京地标古建祈年殿作为创作主题，因其建筑结构符合以中轴对称原理，镂空旋转 360° 形成意象的虚实对比空间。

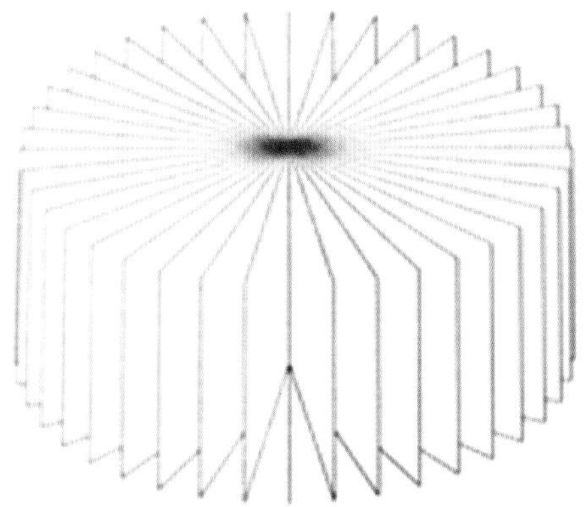

3. 人文篇：运用投影原理，随着翻动动作配合光影运动感的立体纸艺。

4. 其他篇：题材来自北京古建藻井，归纳出色彩及图形规律，用镂空、透叠、转轴的手法重新组合成新的立体纸艺。

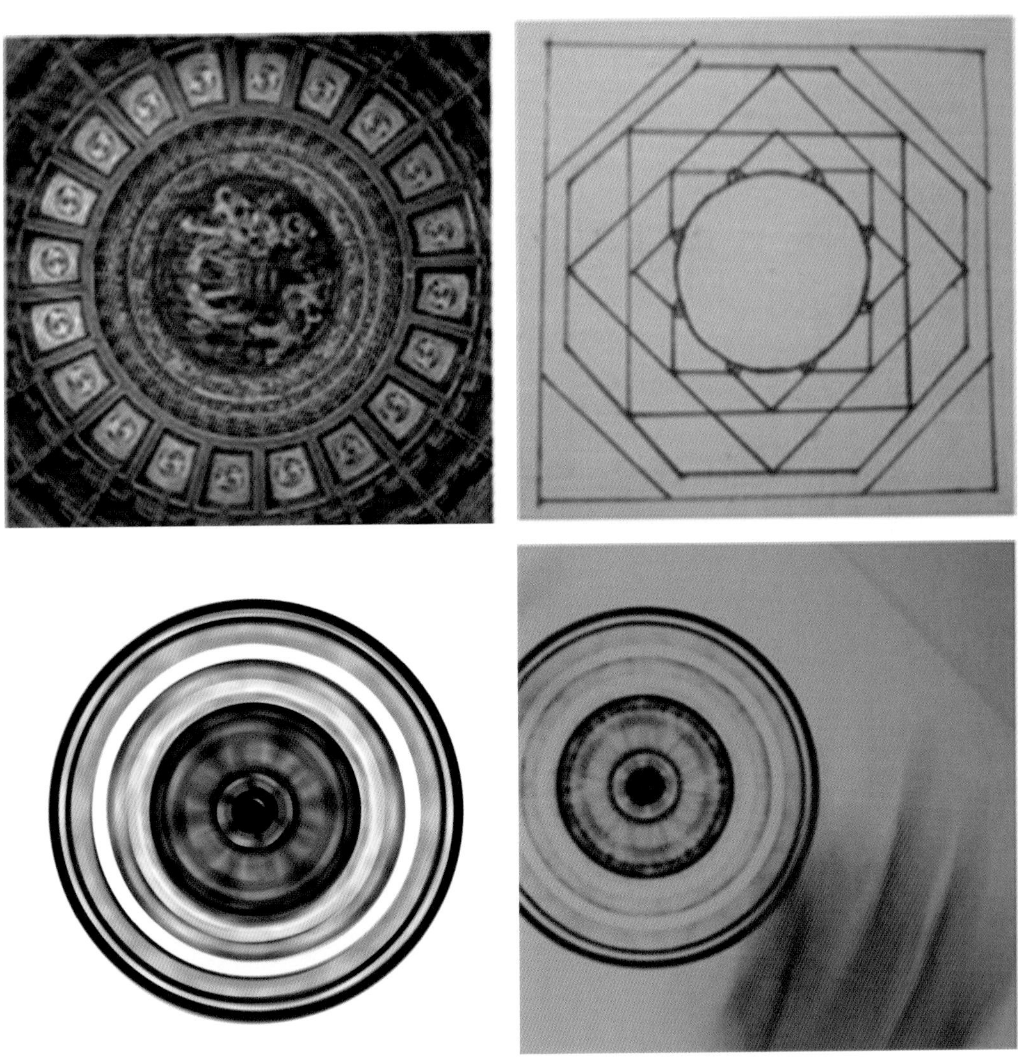

3 最终呈现

通过实践实验，对纸张的选择、体量和重心、立体形式的表现与组合以及趣味性呈现等问题进行了总结和归纳，摒弃了皇城主题的表现，选择更接地气的市井民俗作为创作题材。

作品一：
立体纸艺《意象·燕京》360° 全景书

全景书的设计制作经历了漫长的过程，通过反复实践经验总结，最终设计出 40 页场景。分别通过时间的推移及时空的转换，描述儿时记忆中京味儿文化的历史变迁，每页都有故事情节且章章呼应、前后关联，部分页面可与人互动来完成信息传达的过程。全书巧用韧性极好的合成纸作为主材，避免了纸浆烧边。通过镂空，丝线连接，转轴等辅助手段来体现立体纸艺的动态效果，用激光雕刻与手工制作相结合的手法制作完成。

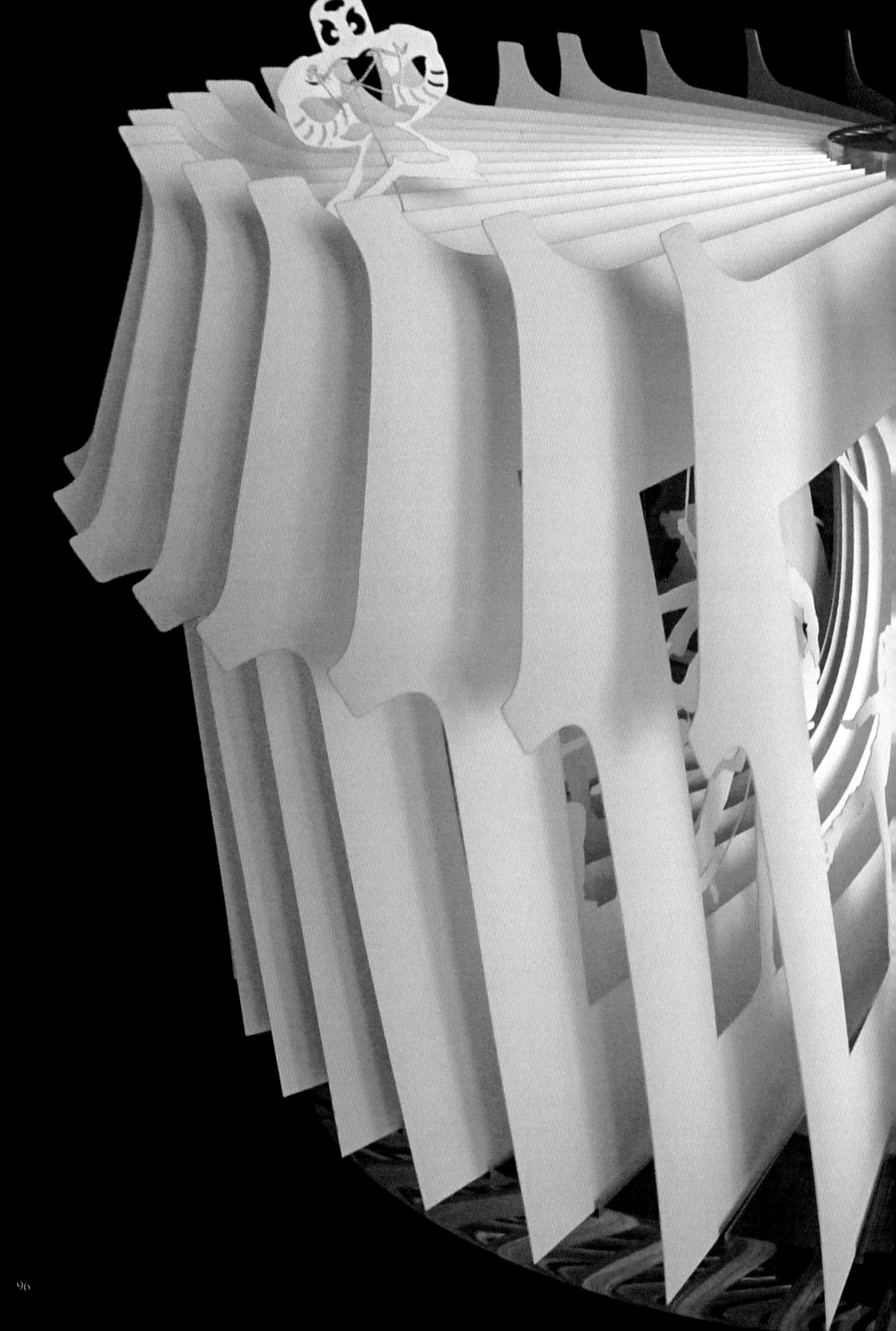

作品二：
立体纸艺《意象·燕京》京味儿小品互动画四则

选择老北京的响鼓纸风车、竹编蝈蝈笼、蜂窝煤和弹弓这 4 种老物件作为创作元素，全手工制作旋转，推拉，抽离等可动机关，通过人与纸的互动，用动态的变化生动表现京味儿民俗文化的趣味感。

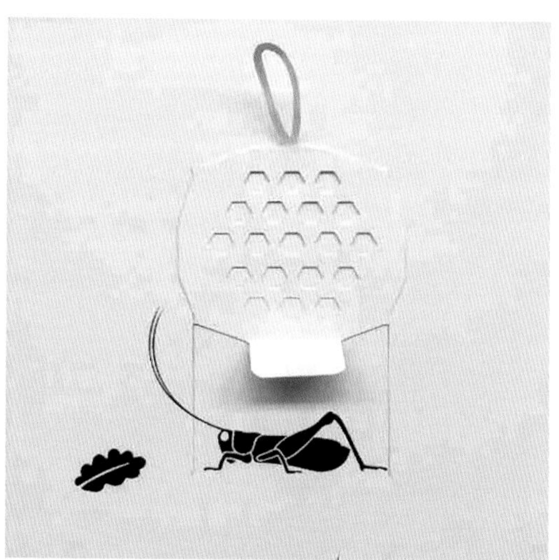

作品三：

北京话书签

为了突出语言文化特征，用众所熟知的 15 句老北京话作为内容设计书签，分别标注了注解和拼音，并配以复古版式，与名片设计相结合。

4 结语

就本次对全景立体书的视觉表现研究，主要结合自身的生长背景，选择记忆中最熟识的老北京风土人情，集历史、人文底蕴与传统文化于一体，通过立体书作为信息表现载体，展现北京这座城市近一个世纪的发展变迁，用意象的视觉手法去抒发笔者对老北京的独特情怀表现这座老城的精气神儿。

立体书的构思制作经历了数月的修改和完善，对过程中不断出现的问题进行了总结和改进。首先是纸张的选择。起初选用了300g~500g的黑色及白色卡纸，但由于激光雕刻中纸边被烧损，导致成品效果不理想，而后选择了具有较大韧性且不易燃烧的塑料合成纸张。其次是对体量和重心的考量。需要计算好镂空的比例，平衡视觉中虚实空间的对比，调整规划纸张的承重能力。再次是立体书结构和可运动形式的搭配结合。以360°全景书作为主要的立体结构，同时将内页中及页面之间的虚空间作为三维的构思空间，把多种立体形式相辅相成地结合在一起。最后在视觉呈现方面，运用白描剪影的艺术表现方式，每一页分别勾勒出故事情节以及人、事、物的剪影，再与设定好的四合院建筑外形轮廓相辅相成。翻动立体书的同时，纸结构通过与读者的互动运动起来，以动态生动的方式呈现主题，激发出观者的阅读想象空间。全书用精密激光雕刻机与手工制作相结合的方式去制作，通过镂空、丝线连接、转轴等辅助手段体现出立体互动式动态效果，动静结合，雅俗共赏。

· 立体书内页细节（后页）

· 书籍设计立体纸艺作品《意象·燕京》参展第二届“钻石之叶”艺术家手制书展主体展 及巡回展
· 左图为王琛与导师王红卫合照

老师评语：

作者的毕业设计重点针对立体纸艺及立体书的视觉表现展开，探讨未来多种可能性开发应用以及立体纸艺可以营造出不同的视觉氛围和更多情感化的表达。前期对立体纸艺做了大量的调研，根据儿时记忆用蒙太奇的手法展现出老北京的繁华景象，其立体纸艺作品《意象·燕京》体现了作者的个性特点和设计理念，结合激光雕刻及纯手工精工细作，用动态立体纸艺的手法表现老北京人文情怀，人物事物景物全部剪影处理，惟妙惟肖，通过立体书风格简约大气，动静结合，全景式营造出唯美怀旧的情怀，仿佛通过时空隧道回到了北平之秋。

作品具有当代性和纸艺术的探索性，符合当代人审美观。三分钟的展示影片通过极简的蒙太奇剪影手法，充满黑白虚实的空间表现，配合动情的音画和视线流，为作品增添出一幅老北京人文画卷。立体书中心轴的旋转自然形成有节奏的变化，传达出具有老北京“精气神儿”文化底蕴的风俗画卷，达到了一定的艺术品位。该作品工艺复杂，经过严格的数学推理计算，难度较高，每一个细节处理都恰到好处，制作周期长，有充分的实践试验性，在立体纸艺设计开发市场具有一定指导借鉴意义。

5 后记

2015 年夏末秋初，我来到北京城市学院艺术学部视觉传达设计系担任专业教师，主要教授平面和商业插画专业班级：“插画设计”“手绘连环画”“信息可视化设计”“包装设计”等课程。对我来说，传道授业的确是全新的挑战，向懵懂的学生时代告别，走上讲台，面对一张张渴求知识的脸，来不及反应便快马加鞭地开始了神圣的教师使命。这种转变，使我倍感责任和压力，从王老师的学生到如今我也被学生称为“王老师”，知识由此传承和延续着。

转眼间，我也从一个社会新鲜人慢慢适应了自己的角色，三年来不断学习研究，与学生共同成长。除了自身专业的精进，学生们的创造力和想象力也时刻激发着我的工作热情。我在工作期间获得教学督导授予的“优秀教师”称号及学生投票“最受欢迎教师”等殊荣，教师这份工作带给我很多挑战、快乐和收获。

2018 年 9 月，我暂别工作重回美院开始了博士阶段的学习，猎取看不见的“兔子”……

・上图为我所指导的本科毕业生作品之立体书部分，分别为李雪梅的*Hi,My Princess*（《嗨，公主》）、边靖懿的*LOST*（《迷失》）和程玮楠的《感染》。

土神仙

2015年

民间美术是最朴素的、自由的表意形式，有其独特的魅力，正因为来源于质朴单纯的日常生活，才生出鲜活动人、不拘一格的艺术生命。挖掘黄土高原独特的视觉符号“抓髻娃娃”，探索其所蕴含的民俗文化信仰，发掘其传统的民间精神，并通过自己对抓髻娃娃的解构和再造，创作出新的抓髻娃娃形象并用符合当代审美需求的视觉传播语言重现，体现自己对传统生命观的再阐释。

杨 柳

1987年2月24日生于陕西延安
2011年毕业于中央美术学院，获学士学位
2015年毕业于清华大学美术学院，获硕士学位
研究生毕业后，在《中国日报》从事设计工作

1 前期调研

“抓髻娃娃”是以黄河中上游黄土高原为分布中心，流传民间的一种多为正面站立、圆头、两肩平张、两臂下垂或上举、两腿分开、手足皆外撇的人物形象，以剪纸居多，作为驱病、招魂、镇宅、禳灾等巫俗活动的精神载体和婚俗喜花而存在。抓髻娃娃作为黄河中上游地区民间剪纸中常见的视觉元素，流传在几千年的民间风俗文化中，融入人们的生活之中。在这片贫瘠的土地上，它承载了人们对生命的追求，寄托着人们延续生命的理想，以及对美好生活的向往，是这一地域的 “神”的化身。

通过实地考察和调研，我发现，随着经济的发展，文化环境的改变，以及当地农村与城市越来越多的接轨甚至转型，“抓髻娃娃”这一民间的保护神已经淡出了黄土高原人们的日常生活。要使抓髻娃娃在现代生活中复活是不可能的事情了，但作为独特的民间视觉符号，其蕴含着丰富的民俗文化信仰有待我们去挖掘。通过对现存的剪纸民间艺人以及保护机构的走访调查，了解到他们在对剪纸艺术如何介入当代生活并带来影响和价值的问题上，也在困惑与探索中前进。民俗美术馆的成立、民间非遗传人的培养、剪纸艺术的产品化开发等多元化的实践方式都起到了一定的推动作用，但是也急需一些新思路、新方法来解决传统剪纸文化与当代生活嫁接这一课题。

2 资料搜集

“抓髻娃娃”的系统分析

要创作关于“抓髻娃娃”的故事，首先需要分析其叙事方式。陕北民间剪纸一般以图形为主，极少叙事，这是与剪纸早期承担的巫术功能分不开的。每一次焚烧，都是作为神灵祭品使命使然。每一次粘贴，都是作为祈求神灵保佑、消灾除魔的神符而存在着，都具有典型的功利目的。所以从剪纸中归纳故事有一定难度，不过对于功能多样的抓髻娃娃剪纸由于其流传时间久，适用范围广，可以从它包含的民间符号以及根据它在民间口头传说中的作用总结出故事情节。

创作抓髻娃娃的故事需要将它看作一个整体，只是充当守护神的过程中根据人们的需要不管变化自己，才能从一幅幅分散化、碎片化的信息中整合出故事情节。

抓髻娃娃看似种类繁多，但将其形象解构后，总结出一般规律：抓髻娃娃可归纳为一个单纯的主题形象，根据功能复制或添加不同纹样。

抓髻娃娃的功能分析：守护生命

保障生存（出现在巫术礼仪中）

招魂娃娃——驱病

抓钱娃娃——驱鬼

纸幡娃娃——镇宅

五道娃娃——驱邪送病

扫天娘娘——驱阴雨

拉手娃娃、簸箕娃娃——招魂

祈雨娃娃——祈雨

延续生命（出现在婚俗喜庆中）

喜娃娃

抓髻娃娃的视觉形象归纳分析

抓髻娃娃的总体造型为正面，形体左右对称。

头饰双髻或双鸡。

呈蛙形站立，双臂张开或上举，双腿张开外翻或坐莲花。

抓髻娃娃的造型规律

单纯形象或复制多个

与动物结合

与植物结合

吉祥图案自由组合，一形多意

3 创作过程

抓髻娃娃的形象系统归纳

在创作新的抓髻娃娃故事时，需要重新归纳整理，创作一套新的抓髻娃娃视觉形象。这套形象应当依据一定的视觉组织规律，将抓髻娃娃的形象当作一个完整的系统来设计。设计一个不变的主体形象和一系列与之相关的辅助图案，归纳为动物类、植物类和云气类。将这些辅助图形与主图形进行排列组合，变换出根据故事情节的需要，运用剪纸中“异物同构”的造型方法衍生出一系列全新的形象，组成新的抓髻娃娃形象系统。

制定新形象系统设计规范的途径，是找到抓髻娃娃剪纸中潜在的视觉规律。我国古人对于圆形的审美崇拜，导致了圆形意向渗透到民间剪纸的造型规则中。与剪纸老大娘交谈中，对于抓髻娃娃头的形状她告诉大家一定“要剪成圆的，不能剪成扁的，扁的就把福气压没了”。由于象征生命繁衍的母腹也为圆形，人们的认识中对“圆”多了一层神秘的解读，认为“圆”具有“神力”。抓髻娃娃身体尤其是腹部以及四肢也多为圆润饱满的形态。

再者，民间艺人的剪刀在纸上一起一落的动态，均可概括为对圆的相切、相割、相交。在剪刀的转动下，生动的植物，动物造型都诞生于千变万化的圆形中。

在这种传统的尚圆思想以及剪纸造型规律的引导下，重新设计抓髻娃娃形象系统时将整套系统的所有形象归纳概括在标准的圆形中。

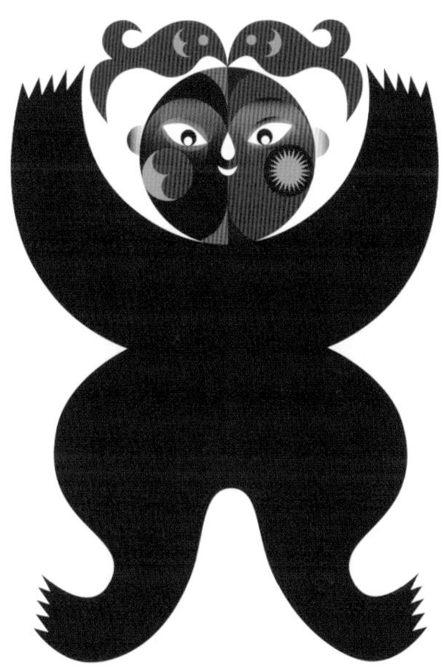

关于抓髻娃娃性别的问题，年长的剪纸艺人都认为它是阴阳共生，不分男女的。为了体现这一观念，在设计抓髻娃娃脸部的时候明确了这一特征，将代表阴阳的日月融入其中，并且同样一张脸左右拆分来看又会出现分别代表阴阳的两张脸。抓髻娃娃的剪纸之所以使人产生审美的效果，是由于其整个造型充满了视觉的张力与饱满的形式。在设计抓髻娃娃身体的造型时，用极尽饱满的曲线塑造其四肢，四肢保留其蛙形的正面形象，赋予身体生命的活力。

植物、动物、云气的设计

动植物等其他辅助图案通过视觉符号的重组、复合丰富了抓髻娃娃形象系统，并使之具有了繁复神秘色彩的原生态美学效果。选择的植物动物均为剪纸中经常出现的物象，植物类主要有代表生命繁衍的莲花、艾草、金瓜、葫芦、石榴、生命树等，还有黄土高原常见的农作物玉米、糜子、小麦；动物类主要有鸡、鱼、虎、龙、凤、蛙、兔、狗、猴子等；云气类主要有云气纹、风、雨、雷、电、太阳和生命旋转纹等。

不同故事情节中抓髻娃娃的形象设计

在出生时出现的抓髻娃娃头顶莲花，莲花中又生出新的抓髻娃娃不断重复，代表子子孙孙无穷尽的繁衍。

祛病挡灾的抓髻娃娃长着尖角，伸出8个臂膀拿着弯刀武器，身体嵌有火图腾，意味着奔赴火海的故事情节。

过年的抓髻娃娃身体与猛虎合体，头顶也变成凶猛的怪兽，震慑年兽，御守家门。

嫁娶的抓髻娃娃最为活泼喜庆，身体变为莲花，手举金鸡和玉兔，头顶双鱼。

劳作的抓髻娃娃头顶和脚底均长出云雾，胳膊变为翅膀，象征腾云驾雾的本领，手拿扫把禳灾避害。

将两个抓髻娃娃共用一个头部，身体载有生命旋转纹，表现生命轮回。

《土神仙》民间故事创作

出生

金鸡打鸣东方红，远山婴啼破长空。
婴落世间历艰难，呱呱哭声惹人怜。
抓髻娃娃现身边，紧紧相随护平安。

生病

风动阴云覆屋院，魑魅惑蛊娃重病。
抓髻娃娃来救命，合体火神袚妖孽。
刀山火海有威力，邪气散尽疾病去 。

守岁

夕夕岁除年兽扰，室室秉烛守通宵。
抓髻娃娃一声吼，变身猛虎与天狗。
御凶挡灾镇宅门，更始万象岁复新。

嫁娶

良辰吉日忙嫁娶，抓髻娃娃更喜庆。
手抓金鸡和玉兔，脚踩鲤鱼和莲花。
吉祥美满送新人，多子多福家兴旺。

劳作

面朝黄土背朝天，一年收成全靠天。
阴雨连天日连晒，抓髻娃娃显神通。
呼风唤雨请艳阳，风调雨顺五谷丰。

死亡

生而到老不可逆，驾鹤西去亲人泣。
孤魂野鬼难轮回，抓髻娃娃来招魂。
家族神灵齐引路，投胎重生周而复。

民间故事创作的基础是尊重民间风俗习惯，才能使创作的故事亲民，面向大众，并且跟当下人们的生活产生关系。千百年来，民间生活中最重要的片段莫过于新生命的出生、肉体的病痛、节日的喜悦、婚嫁的喜气、劳作的艰辛以及不可避免的死亡。

根据民间口头民谣的特点，将抓髻娃娃的故事创作为朗朗上口的民间民谣，押韵的语调和切合口语化的表达更有利于故事的传播。

插图创作

只有通过想象才能将“神”与“人”的关系融入故事并制造新鲜神秘感，“抓髻娃娃”作为一个形象可变的守护神，对人们不离不弃的“追随”以及必要时的献身和永生永世的轮回是故事的主线，也使故事情节有起伏变化和节奏感，这也体现了中国古人的圆道观。故将“抓髻娃娃”的故事设计成一个从生到死的轮回，融合了民间人们对于“灵魂不死”和“生命轮回”的朴素生命观，创作一个民间的守护神追随保护人们一生的故事。

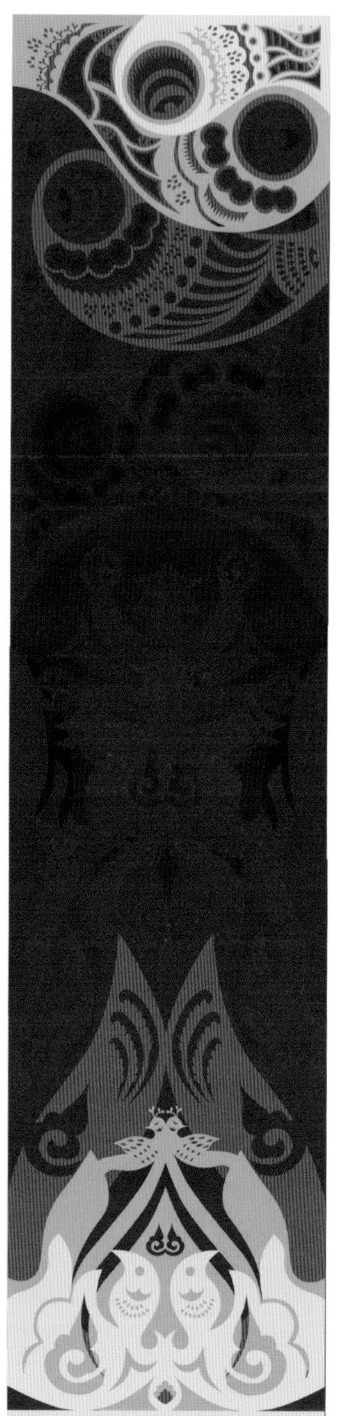

4 最终成果

展览效果

展览内容主要有三部分：7 层纸艺装置、雕塑立体形象、多媒体视频。

7 层纸艺装置

展现形式上突破剪纸平面化的局限，采用多层纸艺的方式拉开空间纵深，用 6 幅连贯的多层纸艺展现故事情节。让人们在主动获取信息的同时融入整个故事空间，体味故事更迭变化。

雕塑立体形象

依据抓髻娃娃的形象创作了雕塑摆件，探索多元化的传播方式。

多媒体视频

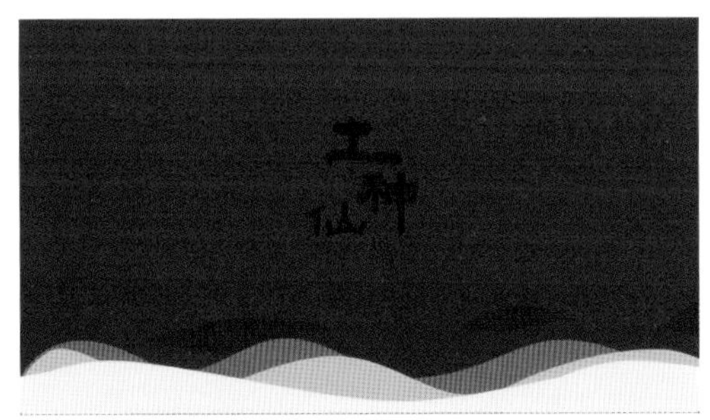

根据多层纸艺的方式制作了《土神仙》动画视频，更好地向大众传播故事，普及当地特色民间文化。

5 结语

在挖掘“抓髻娃娃”这一民间符号所涵有的碎片信息的过程中，我们屡屡从黄土高原人民“畏天命”的单纯信念及“民胞物与”的质朴生命观中，感受到民间艺术的淳朴厚重之美。随着对“抓髻娃娃”故事重构与现代艺术诠释的展开与深入，我们更为清晰地意识到历经千百年岁月积淀、凝结着祖辈智慧与想象的“瑰宝”散落于民间，亟待发掘与整理。也即意味着，将更多的目光投向民间艺术，是设计界延续与弘传民族艺术命脉、提升民族自信心的迫切之举，有益设计界走出长期以来盲目抄袭西方设计理念与形式、缺乏民族特色及思想深度的困境。民间艺术中仍留存着众多独特的视觉符号亟待我们以多元化的视角与方式进行解读和重塑。

在漫长的岁月里，“抓髻娃娃”为先民贴在窑洞的窗户上、黄土的泥墙上、温暖的炕头上、土色的瓦罐上……在一代代人的口中、手中诞生、延续，带着先民对生命与生活质朴的祈愿，陪伴着人们走过一个个贫瘠苍凉的日子。它富于张力的身躯以及极具视觉冲击力的浓烈色彩曾是黄色大地上跃动的希望之脉搏与不挠之精神的集中体现，却在现代化的冲击下一如潮退般行将消失。发掘“抓髻娃娃”等文化传统孕育与涵俱的质朴生命观感、素朴民族精神，对于审视当下人们的生存状态、反思现代生活中缺失民族信仰的现状大有裨益。我们希望，通过对作品的体味以及理解，因其与生活的切近性，能够激起心灵的共鸣，引导现代人在精神上回归原始，以一种更纯粹、简捷的心态面对越发纷繁复杂的生存环境和社会关系。

对“抓髻娃娃”剪纸的系统化梳理及连贯性解读是一次探索，旨在通过实验性的尝试为剪纸这一非物质文化遗产的保护与开发拓展新视野、新思路。

- 《土神仙》荣获清华大学美术学院优秀毕业作品奖
- 清华大学优秀硕士学位成果奖
- 参加2016中美高校学生设计作品交流展
- 右图为杨柳及2015年硕士毕业生与导师王红卫合照

老师评语：

“抓髻娃娃”是陕北民间艺术中最典型的图腾吉祥符号，是黄河流域人们口口相传“神”的化身，设计者利用从小生长在这块土地的优势，首先是在前期做了大量的实地考察与调研，拜访了当地有名的民间剪纸等艺术家，非常清晰梳理出“抓髻娃娃”民间传说的来龙去脉，并对其身上每一个符号进行归纳分析，并深刻领会赋予其造型本身的精神内涵。特别是设计者在理解其缘由的基础上，将“抓髻娃娃”想象重构，和当代的审美观相结合，探索“抓髻娃娃”形象再设计的可行性，并就剪纸的视觉符号做本源的提炼。

毕业设计作品分为三部分，分别由新“抓髻娃娃”系列（出生、生病、过年、嫁娶、劳作、重生六大主题）的立体纸雕、成品雕塑和综合视频三部分组成六大主题系列作品整体统一又相对独立，造型上既继承传统又兼容当代审美习惯。整体气韵贯通，一气呵成。细节丰富又有变化，作品中包含植物、动物、云气等设计，特别是纸艺采用7层不同彩色纸手工雕刻表现，制造出神秘的空间感。该作品后期工作量大，材料运用恰当，整体视觉上气势磅礴，把新“抓髻娃娃”的“精气神”表现得淋漓尽致，并传达出独特的审美情趣和较高的艺术品位。立体雕塑和视频也和作品形成呼应。六大系列作品中局部的很多处理还有进一步表现的空间和可能性。

6 后记

自毕业之后，有幸进入中国日报社从事报纸版式设计及信息可视化创作，得以将在学校所学更好地延伸到工作中。

《中国日报》作为中国国家英文日报，是中国颇具影响力的英文媒体，承担着国际传播重任。在新时代背景下，时政新闻比以往更能引起国际关注，如何用信息可视化这种方式创新化的展现严肃的时政要闻，全方位、广度、深度传播中国故事，是笔者之后研究的重点方向。以时政类信息可视化为切入点的研究与实践，也为同类型党报的时政报道工作提供了新的思路与可能。在更广阔的意义层面上，亦是促进纸媒传播的有益尝试。

一个好的信息可视化作品需要具备信息梳理能力，插图基本功，熟练运用不同形式的图表制式，以及审美和创意功底。这些能力与书籍设计又相互关联。虽然在大数据时代背景下，新媒体在报道新闻方面更具优势，但报纸上精巧构思的信息可视化和大尺寸的呈现效果让报纸也具备了收藏的价值。

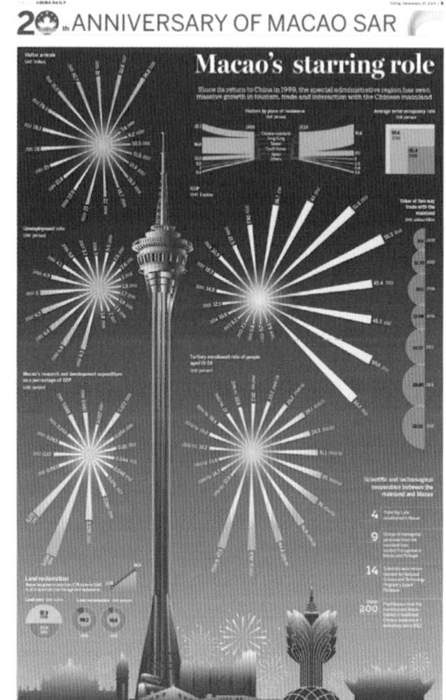

工作后作品荣获：
- 2017美国平面设计协会（SND）信息设计优秀奖
- 2018中国新闻奖二等奖
- 2018中国新闻奖三等奖

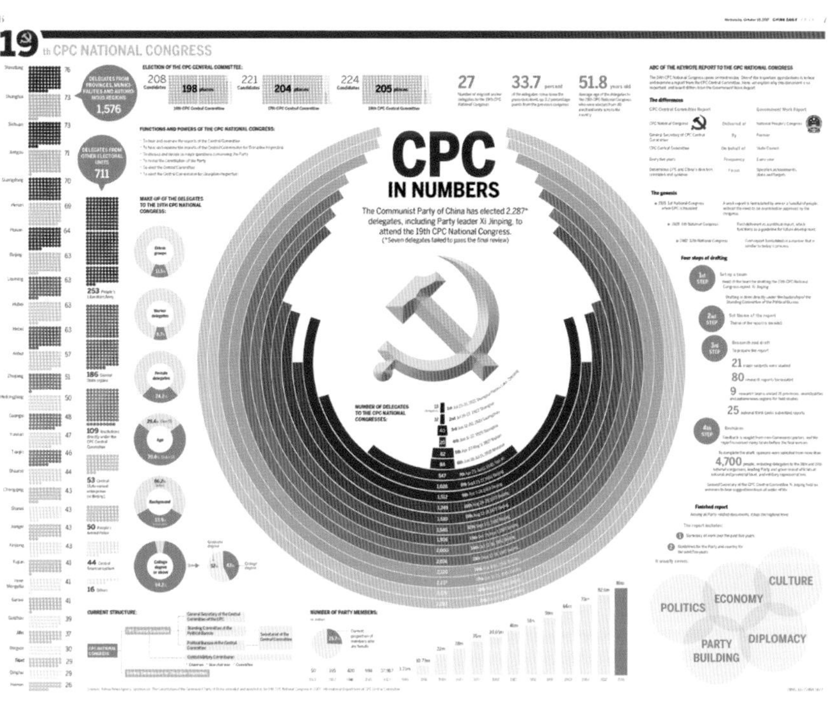

19th CPC NATIONAL CONGRESS
CPC
IN NUMBERS
The Communist Party of China has elected 2,287* delegates, including Party leader Xi Jinping, to attend the 19th CPC National Congress.
(*Seven delegates failed to pass the final review)
DELEGATES FROM PROVINCES, MUNICIPALITIES AND AUTONOMOUS REGIONS
1,576
DELEGATES FROM OTHER ELECTORAL UNITS
711
POLITICS
ECONOMY
CULTURE
PARTY BUILDING
DIPLOMACY

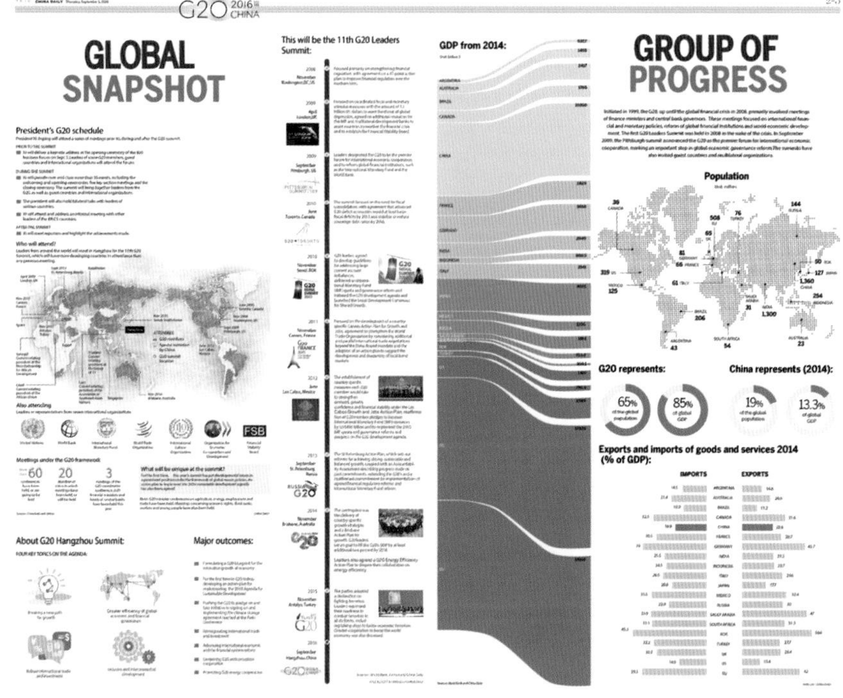

G20 2016 CHINA
GLOBAL SNAPSHOT
President's G20 schedule
Who will attend?
Also attending
Meetings under the G20 framework
About G20 Hangzhou Summit
Major outcomes:
This will be the 11th G20 Leaders Summit:
GDP from 2014:
GROUP OF PROGRESS
Population
G20 represents:
China represents (2014):
Exports and imports of goods and services 2014 (% of GDP):
IMPORTS
EXPORTS

当代艺术家画册设计　2015年

随着信息时代的发展，纸质书和电子书的功能逐渐分化，原本主要作为信息载体的纸张正在被解放，人们开始正视纸张媒介作为语言的魅力。在这种背景下，艺术家书籍从材料、技术、形式到设计观念和身份，都正在迎来新的变化和发展契机。

郝望舒

1990年6月19日生于辽宁锦州
2015年毕业于清华大学美术学院
研究生毕业后于中国金币总公司从事纪念币设计工作

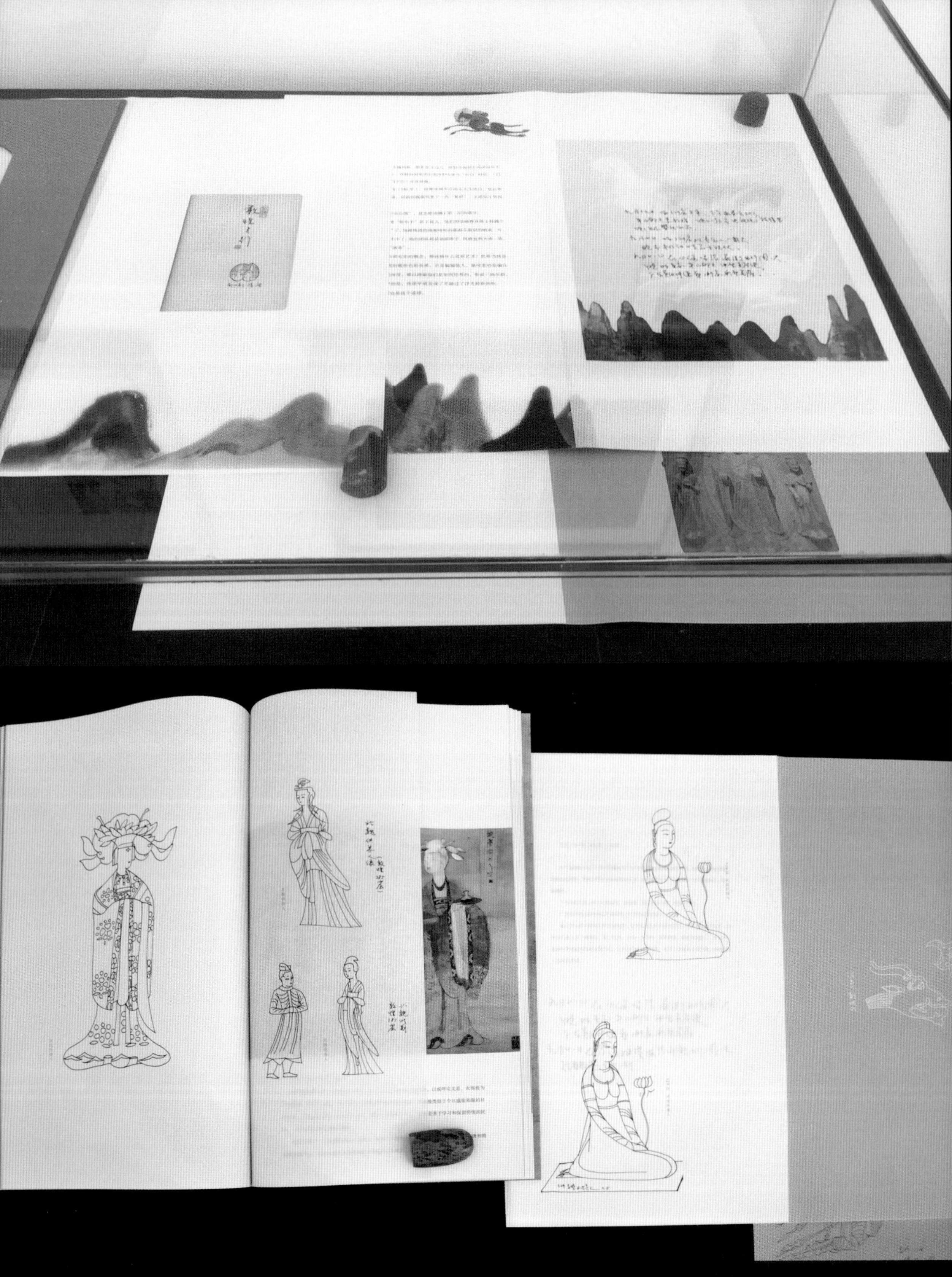

1 前期准备

前期调研

相对于当代艺术题材的画册设计，目前传统水墨绘画题材的画册设计形式稍显单调，大多是将作品简单地放置在页面上，或者简单地将水墨的韵味处理为线装形式，传统的水墨精神和东方意境难以通过画册设计表达出来，因此针对这类题材作品的画册个性化设计探索是有必要的。

我的毕业设计大量素材来源于王玉良老师本人，属于真实的一手资料，同时，我在前期的调研中多次采访了王玉良老师进行沟通，了解到艺术家在创作时的思想和经历，在当时的文化背景中受到其他艺术形式的影响，以及创作风格的发展和变化。这些准备工作是进行个性化的编辑设计，准确、充分表达艺术家观念和作品风格的基础和先行条件。

毕业设计的核心概念是以个性化的设计手法，展现画面呈现出来的笔墨韵味和空灵澄澈的意境，将王玉良先生20世纪70年代在敦煌临摹壁画和进行创作的经历与佛教造像的作品形成两条阅读结构，二者互相呼应，呈现出过往艺术经历对当前创作的影响，以及艺术家思想发展变化的脉络。

通过搜集扫描王玉良先生的手稿、字迹、日记、老照片等珍贵素材，我从中梳理出与敦煌写生、佛像创作相关的内容，以视觉日记的形式呈现，使之与水墨佛像作品相呼应，互为注解，增强读者对作品的理解，引发情感触动。

少量定制的收藏级画册以及手工制作是艺术家画册设计的趋势之一，这也是毕业设计的定位，希望最终设计完成两本有收藏意义的、高品质的艺术家画册。

王玉良老师日记手稿

2 创作过程

《澄明之境》水墨佛像作品画册

第一部分是《澄明之境》水墨佛像作品画册。这一部分作品以黑白为主，在书籍形式上采用传统的经折装，传达出中国画的意境和书卷气。使画册既可以在手中翻阅，也可以以长卷的形式完全展开。读者将画册从左至右一页页完全展开的过程，是一个花费时间进行阅读的过程，也是将观者融入作者所描绘的境界中的过程。这种形式可以使读者以线性的、连贯的方式进行阅读，使观者更多的注意力和时间沉浸在画面中，随着时间的推进和画面的不断展开，观者得到的是不同层次的阅读感受，从而加强对画面背后蕴含的精神世界的关注和理解。

我了解到《莫高月》是王玉良艺术经历中非常重要的一件作品，是他在第一次感受到敦煌的苍凉、空旷和寂静的情境下创作的。他在创作时觉得色彩难以言尽那种纯粹的意境，因此放弃了以往临摹敦煌壁画时使用的色彩形式，也由此开启了以水墨表现佛像的创作和研究。因此封面和封底选用了这件作品，展开并置时如两扇门一样打开，以表达由此开启创作历程的理念。

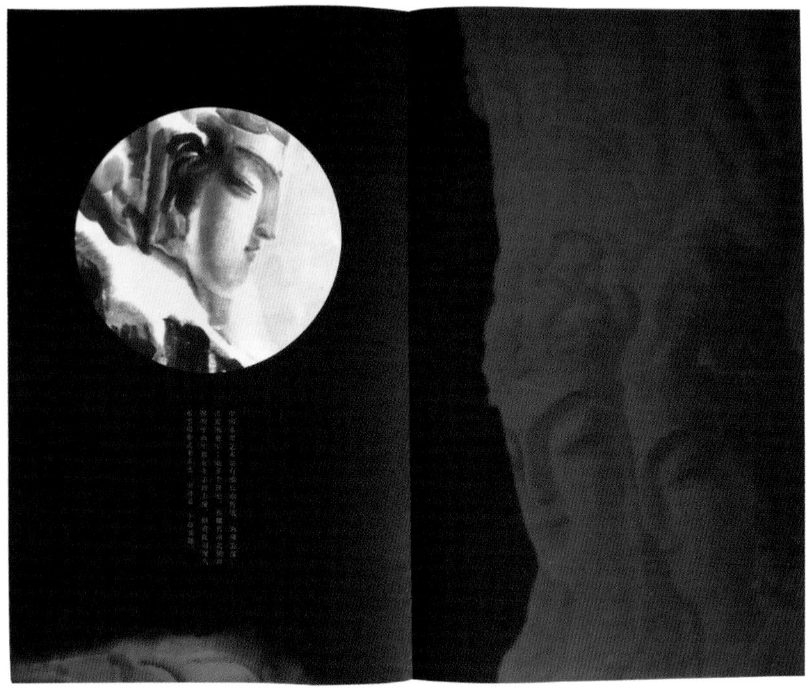

在内文的设计中，构建了几个不同的空间层次——佛像的局部特写、印章、文字和朦胧模糊的佛像背景，传达艺术家作品中神秘、空灵、禅静的意境，也将艺术家创作的诗、书、画、印这几种不同的艺术形式展现出来，从不同维度诠释作品，丰富读者的阅读感受。

在印刷制作上，采用了接近原作纸张质地的宣纸，同时使用高仿印刷技术，使作品原貌得到最大程度的还原，尽量接近原画的质感，较为充分地展现原作的笔墨意蕴和层次，使画册具有收藏价值。

《敦煌之行》——在敦煌写生的视觉日记

毕业设计的第二部分是《敦煌之行》画册，题目来源于王玉良先生一本写生日记的标题。其中包含了他 1978 年、1979 年在敦煌临摹的壁画作品、写生作品和手稿、笔记、日记等内容。我阅读了王玉良先生当时的四本日记手稿，发现日记中记录了大量当时的写生日程、创作时参考的资料、临摹壁画的体会、与其他艺术家的交流以及对造像和其他艺术形式的独到见解。这些内容与他的艺术创作有着密不可分的关系。因此我以他写生日记的时间为线索，将其中提及的内容一一整理出来，将文字中涉及的内容与其图像对应起来，将王玉良先生当时的创作经历以视觉日记的形式还原给读者。

正如日记中所写："既为日记，必有私密性。写生入真处，尤其于忘我之时，必存有心理的率真微妙之感于笔下。"我的毕业设计的资料有王玉良先生的四本私人日记，其间夹着他的一些零散的票据、照片和随手的涂鸦，有很强的私密性和随意性，日记中记录着当时的感受和情境，真实生动，给读者以很强的代入感。因此在这套画册的设计中，我着意呈现这种私人性，将票据、照片、速写以原大的形式夹在书中，并选择与原物材质相近的纸张，将阅读王玉良先生手稿时的感受传递给读者，尽量摆脱过分模式化的画册给人的距离感，让读者面对画册时，有一种像和作者深度交流的亲切感。

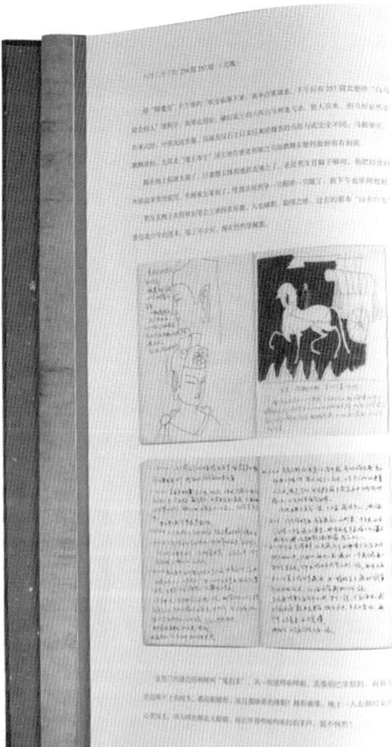

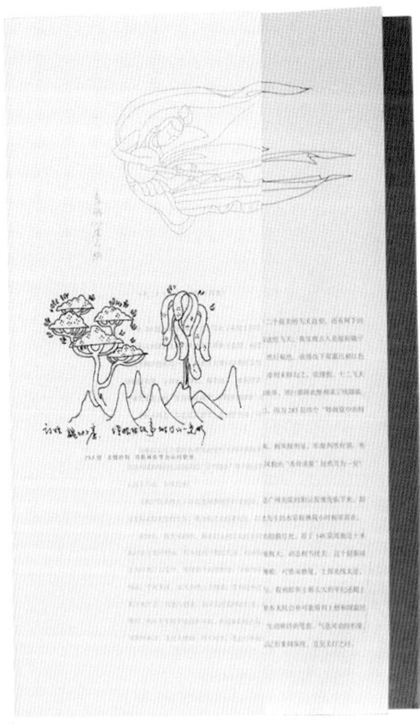

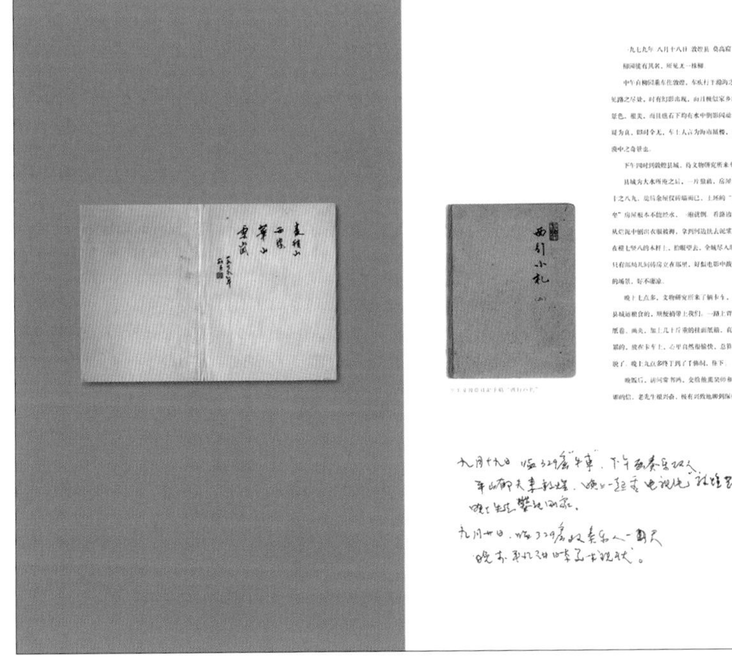

在设计中，我尝试通过使用半透明的丝绵质地的纸张，部分遮挡或透叠出下面的文字，图像内容与文字互为补充，在书籍中构建了两种不同的空间，使阅读时的节奏有所变化，增强阅读的趣味性和神秘感。

八月二十三日 254窟257窟（北魏）

将"降魔变"中下部的三妖女临摹下来，基本还算满意。下午后在257窟北壁的"白马赴会仙人"很顺手，效果也很好。赭红底上的六匹白马神逸飞动，使人目爽。但马形显然是外来式的，中原无此形象。汉画及汉石上以及后来的魏晋的马形与此完全不同：马腿细长，飘飘欲仙，尤其是"鹿王本生"国王和告密者所骑之马如踏舞步般的曼妙而有韵致。

跪在地上临画太累了，巨德都五体投地趴在地上了。还是贺友直脑子够用，他把宿舍的木脸盆架拿到窟里，作画板支架用了，管理员居然睁一只眼闭一只眼了。我下午也依例泡制。

贺友直晚上在资料室笔会上画得真有趣，人也幽默，聪明之极。过去的那本"山乡巨变"曾是我少年的范本，临了不少页，现在仍然很佩服。

这里门外路边的杨树叫"鬼拍掌"，风一吹就哗啦哗啦，真像拍巴掌似的。而最奇的是树干上的疤节，都是眼睛形，而且像睁着的佛眼！越看越像。晚上一人走路时觉得心里发毛，因为四处都是大眼睛，而且伴着哗啦哗啦的拍掌声，能不悚然？

3 最终成果

设计展示

将画册展开，以长卷的方式展示，使观者感受空灵寂静的意境，获得层次丰富的阅读体验。

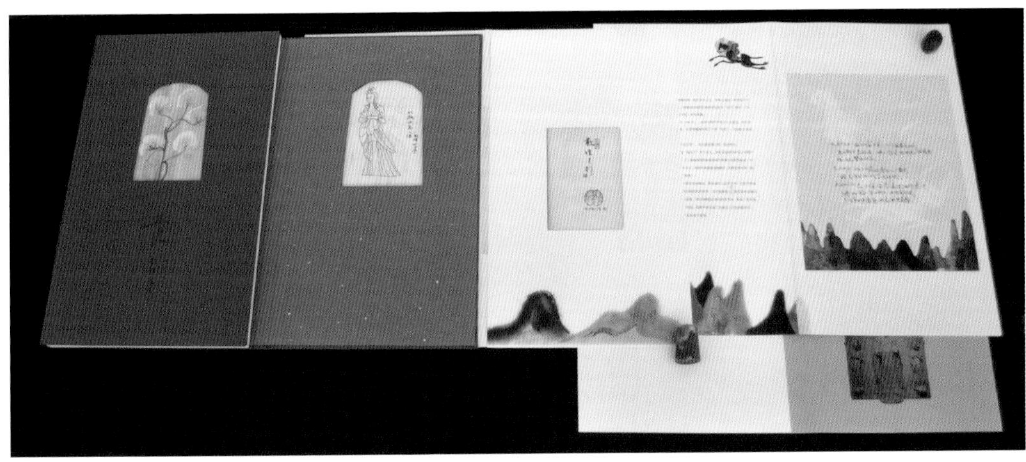

以敦煌壁画典型的几种色彩搭配——赭色、土红、石绿、白色为主。采用中国传统色彩以色相对比为主的方法，力求达到绚丽浑厚而又质朴含蓄的效果。采用盒子的形式承装这些珍贵的资料，盒子表面上有镂空，采用敦煌莫高窟洞窟的形状，透出画册封面的作品。

4 结语

信息时代下，电子书和纸质书的功能逐渐分流。纸质书将越来越成为人们个性和情感表达的媒介，其收藏价值在艺术类画册中具有更大的潜力。相对于纯文字的图书，读者也更倾向于花相对高的价格来收藏设计印制精良的艺术画册。

在这样的时代背景下，书籍就更需要通过提升其视觉设计的水平来提升整体的阅读品质。设计师也需要充分了解艺术家及其作品，挖掘每一件作品背后的思想、灵感，以及艺术家与此相关的经历，才能对作品做出准确的描述和视觉传达，丰富读者的阅读体验。越来越多的艺术家画册在设计中加入了个性化的互动设计，让读者在与作品的互动中自然地产生情感共鸣。

激光雕刻、立体印刷、烫印、纸电路、感光和感热材料等新技术和材料被越来越多地融入制作中。将传统纸质媒介上的图像和文字转化为声、光、电等信号与读者进行互动，画册成为艺术家的一件装置，也是艺术家画册设计未来可能的发展方向。

传统书籍的媒介语言吸引着艺术家，成为他们表达观念和个性的手段。设计师、艺术家和出版人的身份界限逐渐模糊。个性化设计发展到极致，或许会以强烈的手工感和观念性的状态呈现，有一部分艺术家画册开始与艺术家书籍相融合，演化为纯粹的艺术品。

在数字媒体飞速发展的今天，纸质书走向小众、艺术和情感性的方向，读者更多地要求在纸质书中体验到艺术性和个性。在这种诉求之下，高端、少量、定制正是目前艺术家画册正在出现的趋势之一。

特别感谢导师王老师三年来的悉心指导，以及在毕业设计和论文写作过程中给予我的启发和帮助，使我对书籍设计有了更深的理解和新的思考。

· 第八届全国书籍设计艺术展“优秀作品奖”
· 第三届中国大学生书籍设计展“优秀作品奖”
· 右图为郝望舒与导师王红卫合照

老师评语：

作者前期对国内的艺术市场和出版市场做了大量的调研分析，同时发现涉及艺术家画册以及其个性化的理论研究较少，因此该选题有特别的意义和价值。

论文对概念的界定，当代艺术家画册设计的概况和现状分析，主要问题是忽略设计导致模式化与均质化，过度设计与内容脱节等。其次就当代艺术家画册的个性化特征，艺术作品的独特性、观念性在设计中自由性与试验性的发挥，以及小众、小量和高附加值的体现。特别是艺术家画册的个性化设计方式，从直觉、逻辑、情感层面进行论述。对于艺术家画册的个性化趋势总结很到位，如新观念、新技术和新材料的使用，向书籍艺术品的转化，以及少量定制与藏品趋向等

郝望舒的毕业设计精选王玉良教授的水墨佛教造像和敦煌手迹，完成两套对应的书籍整体设计，传达出较高的设计品位和设计水准，也有效佐证了其学术观点。

5 后记

毕业后，我进入中国金币总公司设计部从事贵金属纪念币的设计管理工作。曾设计孙中山先生150 周年诞辰纪念银币、大足石刻纪念金币等。参与团队设计中国工农红军长征胜利 80 周年纪念金币。设计作品曾获中国钱币学会币章艺术委员会“最佳金币”“最佳银币”奖等。

孙中山先生诞辰150周年纪念银币图稿设计

宁波钱业会馆设立90周年纪念金币浮雕制作

除了设计纪念币图案外，我还学习了制作纪念币的浮雕，尝试了在贵金属上不同的工艺效果。

世界遗产大足石刻·日月观音纪念金币图稿设计

中国熊猫金币发行35周年纪念银条设计

火猴祥瑞

2016年

中国设计如今正在迅猛发展，一批批优秀的设计师逐渐在国际舞台上崭露头角，但是，在一味追随“现代艺术”发展脚步的同时，却往往忽略了传统的民族艺术。

周园园

1984年2月16日生于辽宁省营口市
2016年毕业于清华大学美术学院
独立设计师

1 前期准备

前期调研

猴作为中国十二生肖之一，是融入中国传统文化、知识、信仰、习俗的十二生肖文化得以深化发展的一部分，同时也是中国传统纪年、生肖动物与人相应结合的十二生肖文化深入发展的一部分。杂糅综合多种中国文化因素相伴历久的生肖文化对中国人们有着重要的影响。正如 19 世纪人类学家、人类学界泰斗泰勒所强调的一样：“生肖文化是‘知识’‘信仰’‘习俗’的综合体，也是一种纪年、生肖动物与人对应结合的文化。”

我们可以从生肖文化对我们的重要影响中看到猴文化对我们的影响，那么生肖文化对我们的影响可归结为五个方面：一、对纪年与纪时的影响；二、对人的属相与性格的影响；三、对思维方式与价值取向的影响；四、对生活习俗的影响；五、对文化艺术的影响。

本题研究的目的：

1.探索关于中国生肖“猴”的新的视觉表现语言；
2.丰富中国吉祥猴的灵魂和更加优越的表现力；
3.传达中国民族精神、气节。

2 资料搜集

资料搜集

前期调研类别宽泛，主要涉及的范围有：石刻、石猴、瓷器、民间木刻版画传统玩具、传统文字、传统图案、敦煌猴纹样、年画系列、文学作品电影、国内外生肖猴邮票、非物质文化文物、山西民间陕西凤翔泥塑、水墨绘画、民间剪纸、logo 设计。

生肖猴是中国十二生肖之一。丙申猴年为 60 年一遇的火猴年。这个是根据干支年纪计算得出的结论。系统设计，是指关于猴子的不仅仅是形象，更包括关于猴子其他延伸设计。

根据整理的信息资料，提取出 2016 年丙申猴年的核心概念、核心内涵、核心文化点，并进行梳理。以此为出发点设计视觉形象主图形；在主要图形基础上提取象征性元素进行发散式其他物类的设计。

整合上文所提到的方法，一、从造型出发，发掘符合现代审美意义的造型。二、收集民间关于猴子的素材，进行提取，以猴子的灵魂、文化素养、情感为中心进行信息传递。

此阶段的预期成果：一、符合“当代审美”形象设计。二、造型审美性具有“家族性”的系列衍生品。三、编辑形象故事。

此阶段的关键难点以及拟采取的解决措施：一、造型意义概括总结；二、如何从传统纹样中汲取营养，表现到现代设计中去；三、关于设计方法的研究创新。

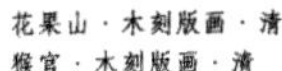
花果山·木刻版画·清
猴官·木刻版画·清

3 创作过程

设计方法归纳——线的形式体现

综合传统元素现代视觉表现手法:几何化处理图形。

解构

把各种元素以抽象线的形式表现归纳,进行打散处理。

重组

把各个元素按照构成以及形式美的法则逐个相加，由少渐多，或者从大到小，或者从小至大，或者由繁到简的互相叠合，会出现不同设计画面，与此同时根据本课题研究对象以标准进行衡量设计效果。确定研究方向为四款猴子：分别概括为男女老少。

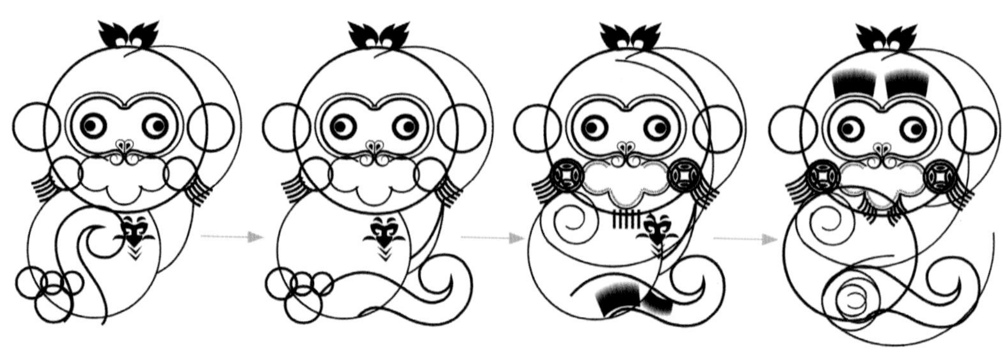

设计公猴过程稿

设计母猴过程稿

设计老猴过程稿

过程中设想喜庆款式

猴头部样式及对应辅助设计元素

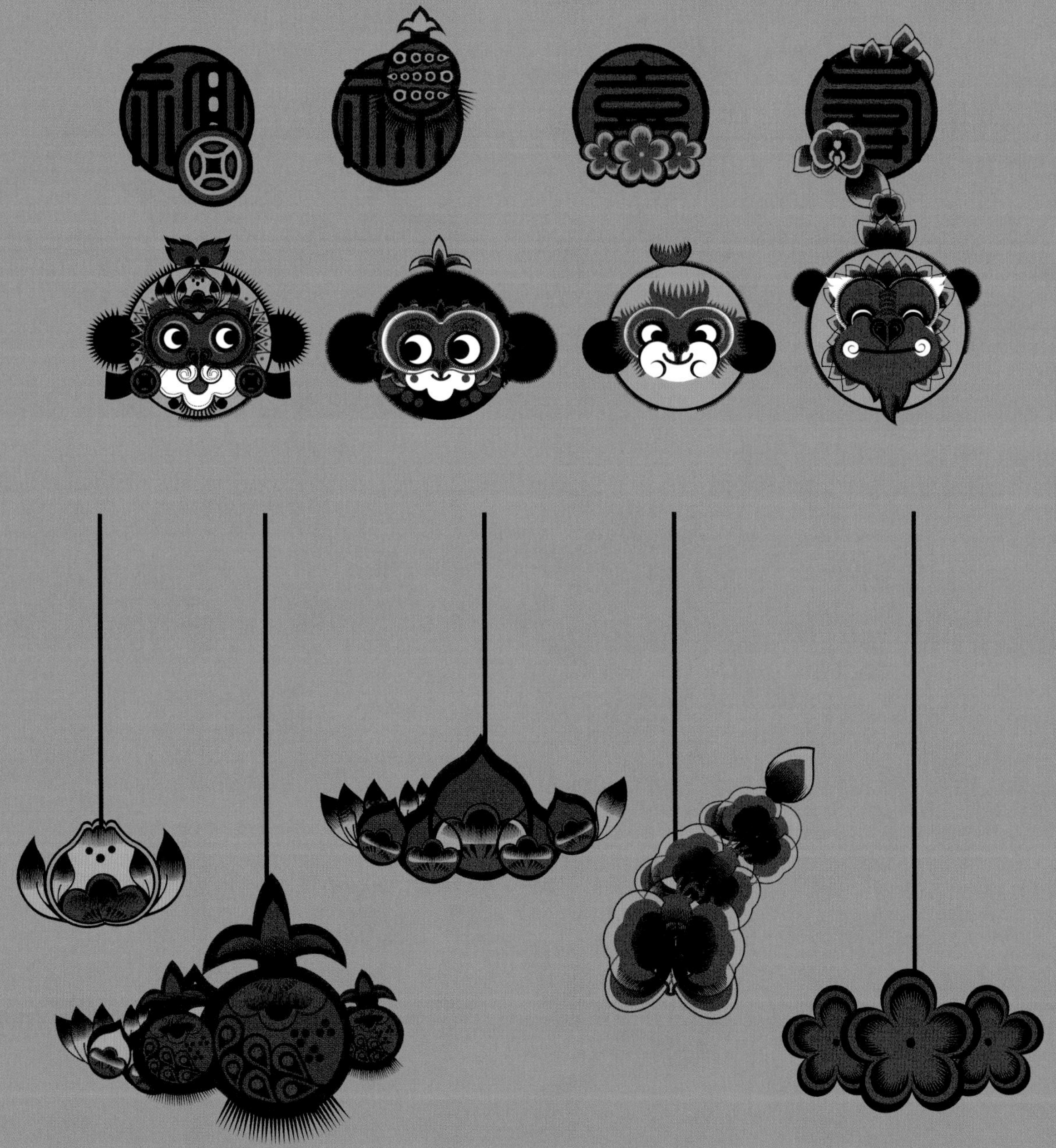

4 最终成果

设计展示

丝巾四方纹样

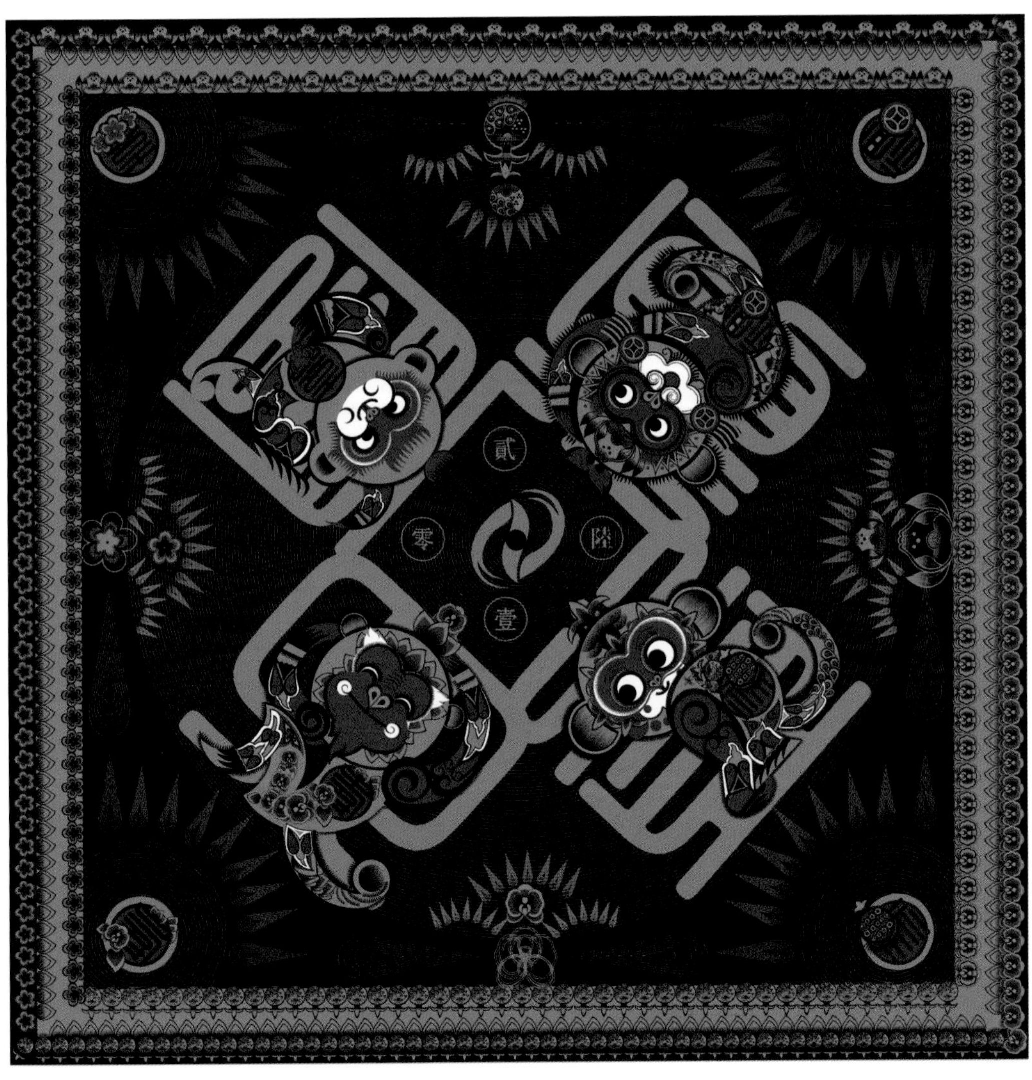

展览效果

展览内容主要有三部分：丝巾画框装置、苏扇展示、中式吊灯。

丝巾

“火猴祥瑞”丝巾的设计初衷是将中国传统文化带到普通大众的日常生活中，做到传统与现代相结合。将设计普及到日常生活中，被大众接受并喜爱，是设计师最大的快乐。如同“道不远人”，艺术也不远人。最想表达的是传统与现代的相得益彰。同时，设计师的用心也体现在每一个细节上。

苏扇

选择团扇（圆扇）则是由于苏扇制作精巧、风格雅致正好契合本课题“火猴”的设计风格和设计理念。苏绣作为我国的非物质文化遗产，其艺术底蕴很强，用苏绣诠释本课题的设计，在探索本课题造型设计的表现形式上以全新形式给予该设计的设计内涵以新的定义。

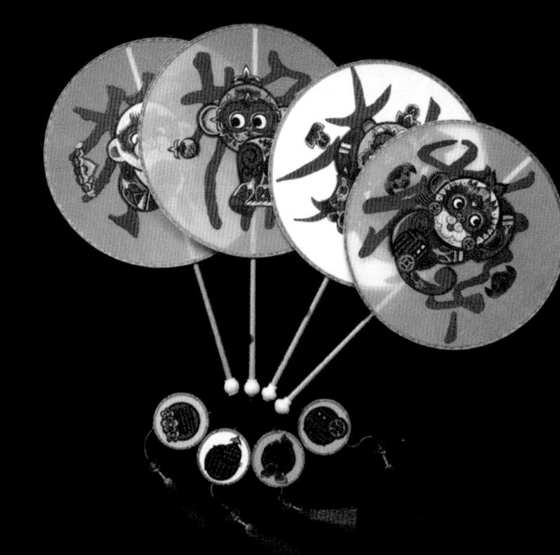

5 结语

通过本课题的研究，过程中吸收学习了很多知识，与此同时也总结出一些浅显的认识和方法。

一、衍生品方面：把该课题设计的“火猴”扇子转化为文创产品的定位——精品化、收藏性、小众化。核心着重在人文知性的文化层面探索。

二、造型设计方面：着重文脉感设计——基于中式思维、雅致、静谧愉快、圆融感。包含造型的设计和装饰纹样的设计上。

把“火猴”扇子转化为文创产品的定位着重核心在人文层面探索。在人文层面的深入学习、潜心文化修养、人文素质是文化创意产业具有创意性的源泉，永葆创造力、原创力的源泉，永葆上游内容的源泉，也是文化创意产业愈发活跃、不同类型格局愈加斑斓的源泉。

整个创作过程中，收获的不仅仅是相关的知识，还有在这期间研究总结到的设计方法、摸索规整的设计思路，以及在最后阶段衍生品设计中牵扯到与本设计相关的某些行业的了解。归结起来，不断学习了归纳、解散重组，在调整、技术、知识积累方面成长许多，同时也提高了耐心、工作效率等，也是心智的磨炼。总之，这种成长的过程可以说是每个设计从业者所必不可少的环节吧。

周园园与导师王红卫合照

老师评语：

作者选用生肖猴作为毕业设计的方向，前期做了大量的调研和分析研究，梳理从早期的传统的纹饰，唐代石刻、瓷器、玉器、民间石猴造型到中国各地的木版年画，及各个时期的生肖猴的邮票设计等。在造型设计上，基于中国人习惯上对猴的喜爱，以传统的美学为基础，强调生肖猴独有调皮与趣味特征，突出猴的灵动性。经过对造型的多个阶段不断调整和完善，最终形成以猴的家族为主体的设计，和吉祥文字相结合，形成一套系统设计。在造型的基础上，在火猴生肖衍生品的设计中，大胆选用“苏扇”为载体，请苏州最著名的绣娘、中国非物质文化传承人按照最传统最地道的手工艺方法制作成一套四把以生肖猴为主体的“苏扇”艺术品。另外，也尝试了将火猴造型运用在丝巾和传统的灯笼上。

此套毕业设计是对当下以生肖为主题的文创产品的一次试验与尝试，将传统手工与当代设计相结合，符合当代人的审美价值和流行趋势，打破了一般意义上以纸质为主的生肖文创产品，寻求更高的审美价值和附加值，将生肖文创产品转化为艺术收藏品。

生肖猴和传统文字相结合还有调整的余地。此外，和手工绣品结合在色彩上的表现还需进一步深化。

· 《火猴祥瑞》成为与日本札幌艺术学院交流作品
· 《火猴祥瑞》参展于深圳关山月美术馆举办的中美艺术设计高校作品展览

6 后记

对于传统式样研究，在毕业后一段时间也做一些拓展项目相关实践。譬如，与《三联周刊》合作具有中国意蕴的传统生肖礼柬“吉祥双鸡”设计，吉祥双鸡设计风格体现中式精巧雅致、华美逌然、韵蕴含蓄；神态上拒绝矫情、憨趣可爱、博得一笑；造型上圆融饱满；色彩用了中式传统色榴花红、妃红、辰沙、橘等，透质朴拙雅，脱民俗现含意。

除此外还设计中式新意文化品牌“萬憬”以及混合中式装订技法书籍等。

生肖鸡产品衍生品设计

梦幻苗语——蝴蝶妈妈 2017年

关于中国民族图案符号设计应用的课题，既是一个老问题，也是一个新问题，更是一个难题。它需要我们的设计既要保持原民族文化基因与气息，又要具有走进现代社会生活的融入性。这就要求设计师掌握好一定的新技巧与度的分寸，才能完成理想的设计表达。

贾煜洲

1992年1月19日生于北京
2017年毕业于清华大学美术学院
研究生毕业后，在北京服装学院任教
清华大学美术学院博士生在读

1 前期准备

前期调研

《梦幻苗语——蝴蝶妈妈》的作品创作，是以贵州苗族最为浪漫、最为感人的生命始祖“蝴蝶妈妈”作为图案符号再设计的重点，将苗族的蜡染图案作为设计灵感，进行设计创作。

从本科到硕士近 7 年时间，我通过对民族图案的田野考察，深入广西、贵州、云南、海南等地的农村之中，拍摄了近两万张的一手图片和影像资料，在过程中深深被少数民族图案的意向美和形式美所打动。然而在考察的过程中，我也发现，这些美丽的图案、传奇的故事、精湛的技艺都随着社会的快速发展，在渐渐地消失，很多非遗技艺传承人都是年过古稀而后继无人。

因此，我通过视觉传达的设计语言，将苗族传统图案符号进行现代化转化，将传统的贵州苗族图案之美，和现代艺术设计相结合，从全方位多角度，立体展现了贵州苗族神秘、梦幻的意境，引发观者情感的互动、文化的认同和心灵的触动，使这些即将消失的美丽为更多的人所知所感。

美丽的苗族服饰

资料搜集

我从贵州苗族图案符号研究与图案符号设计应用两个方向入手，大量阅读和解读相关资料，从图书馆书籍、专业领域著作、国内外期刊文章、硕士及博士学位论文，以及网络及其他渠道获取相关领域的理论研究信息，了解现阶段国内外在民族图案符号设计与应用这一领域的研究现状，为课题研究打下坚实的基础。

田野考察

我还进行了大量的田野考察，主要分为两方面，一个是苗族图案符号考察研究，一个是民族图案符号的设计应用考察。前者的考察，涉及3个省、6个族群，历时35天，采集照片5062张，通过录音、笔记、录像、拍照等方法，对课题进行全方位、多角度的田野考察调研。后者的考察，涉及5个省份，包括旅游景点、艺术市场、博物馆、书店等地，共12个地点，历时15天，采集照片911张。获得设计动态和最新的市场信息，及非常多的一手图片资料。在研究课题范围内，结合文献调研，使研究尽可能的真实、立体、全面、深入。

相关文献调研书籍资料

海南田野考察记录

贵州田野考察记录

2 创作过程

再设计思路的探索与确立

经过田野调查、文献研究、符号设计应用方法分析与研究，我发现在贵州苗族服饰图案制作工艺中，使用频率最高、使用面最广的是三个工艺，一是刺绣工艺制作出图案；二是蜡染工艺制作出图案；三是金属工艺制作出图案。三种工艺所呈现出的苗族图案符号各具特点。刺绣工艺呈现出的图案符号，色彩强烈而艳丽，图案常常以块面造型为主，风格张扬粗犷；蜡染工艺呈现出的图案符号，色彩明快而清新，图案常常以点线造型为主，风格清秀细腻；金属工艺呈现出的图案符号，金属本色浮雕立体造型，风格深沉而厚重。

经过通盘考虑以及分别的设计尝试，最终觉得蜡染图案符号的线造型，以及明快清新的色彩更符合我的想法。蜡染图案符号的线造型，其蝴蝶图案造型形式丰富多样、细腻精湛，可挖掘、可变化、可提炼的空间很大。而刺绣艳丽的块面造型不太适宜精细的表达。因此，我的作品设计以蜡染图案符号研究为核心，寻找灵感，探索形式，展开设计。

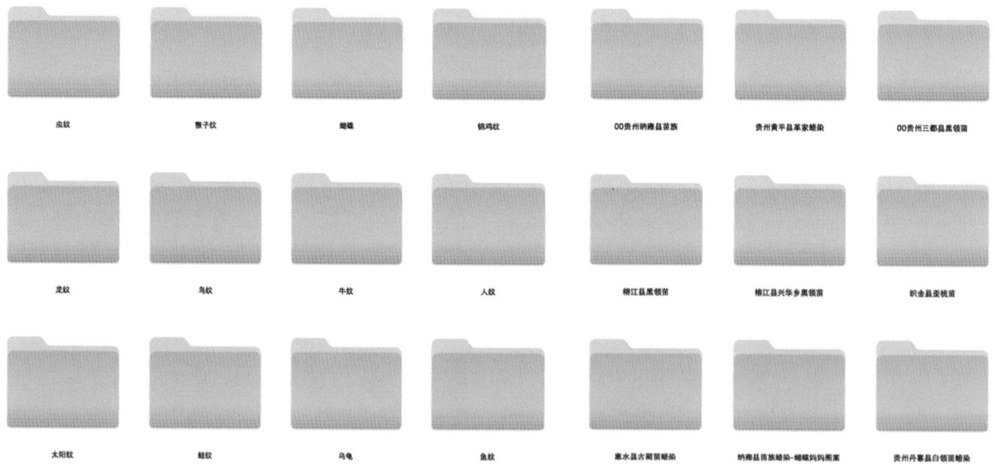

苗族铜鼓图案

苗族刺绣图案

苗族蜡染图案

提炼显性的图案符号语汇

以龙图案造型提炼为例

一个个可视的苗族图案符号，如同一个个可听的苗族语言词汇（语汇），这些可视的显性图案符号需要通过设计，形成现代的、新颖的新图案符号。此外，还要根据我的主题，提取出最能反映“蝴蝶妈妈”这一故事的图案符号元素，如与故事情节相关的蝴蝶、鹡宇鸟、龙、蜈蚣、鱼、牛、虎、蛙、姜央等符号。

龙、鱼、蜈蚣等形象的提炼

我对图案进行适度的提炼，力求保持原有符号的民族文化气息不丢失，保持人们心中已经固化的视觉符号惯性。如果变化太大，尽管感觉上有了巨大创新，但是将会从根性上破坏了原来原生态的民族文化气韵与审美。因此，我采取慎重提炼与适度变形原则。这个度的把握，也是我在苗族图案符号设计应用过程中极为审慎而为之的。

重构显性的图案符号语法

玻璃艺术装置设计《梦幻苗语——蝴蝶妈妈》

在《梦幻苗语——蝴蝶妈妈》的作品中，苗族原图案符号的设计，更多的是以重构显性的图案符号语法展开故事叙述与形象传达的。作品中图案符号语法构成于直径 1.4 米的圆形之中，选择符号适用的圆形。圆可以象征圆满、完美，也有自在的含义。通过图案符号语法结构——图案符号（语汇）组织与构图，以“图文并茂”“图文互衬”“图文共生”的陈述方式，将“蝴蝶妈妈”的故事直观性、视觉化地传达出来。整体的图案符号语汇构成，采用了“方中有圆”“圆中有方”构图，即隐形的方形与显性的圆形，力求体现出刚中有柔、柔中有刚的阴阳变化。

展览现场效果

“图文互衬”“图文共生”的陈述方式

“方中有圆”“圆中有方”的构图形式

在作品表现形式上，我采用了上下6层符号语法形式——既有显性图案符号，又有隐形图案符号，构成了图案符号新构图、新语法。另外，作品在图案符号色彩、灯光、旋转、配套吊灯设计方面，也在尝试以显性的重构图案符号语法，以及立体呈现、动态旋转的形式，尝试与探索设计作品中故事叙述的生动性、形象传达的新颖性。虽然尝试与探索可能有风险，会失败，但在导师的鼓励下，我还是进行了新的尝试与大胆的探索。

3 最终成果

展览设计

展览主要由四部分内容构成：玻璃艺术装置设计、配套吊灯设计、考察日记书籍设计和衍生产品设计。

玻璃艺术装置设计

主要以苗族图案符号为素材进行再设计，以重构显性的图案符号语法展开故事叙述与形象传达。作品在象征着圆满、完美的圆形之中，以“图文并茂”“图文互衬”“图文共生”的陈述方式，将“蝴蝶妈妈”的故事直观性地视觉化传达出来。并采用动态旋转的方式，结合LED光效以及玻璃激光3D内雕工艺，使作品内部图案符号形成丰富的层次感，以及变幻莫测的效果与神秘的艺术意境。

配套吊灯设计

配套吊灯设计以“蝴蝶妈妈”故事中的形象作为素材进行再设计，6 个一套，与玻璃装置形成呼应关系，构成上下一体的立体装置艺术，共同传达贵州苗族悠远梦幻的意象之美。

考察日记书籍设计

考察日记收录了作者从近 2 万张田野考察照片之中，精选出的 478 张珍贵的一手图片，包含图案、服饰、制作工艺、生活日常等内容，非常丰富。在设计上，选用贵州苗族蜡染布料作为书籍封面，保留贵州苗族蜡染风格的原汁原味，体现苗族自成一体的审美与文化。

衍生产品设计

衍生产品设计包含 10 张一组的装饰画、手机壳、明信片、名片等，是图案和水彩效果的结合，利用水彩自由晕染的特性，衬托出梦幻苗语之境。文创产品的设计与开发，将贵州苗族图案元素引入现代人的生活之中，使这些即将消失的美丽为更多的人所认同。

展览效果

《梦幻苗语——蝴蝶妈妈》系列设计作品在清华大学艺术博物馆展出，展期一个月。展览期间，很多参观者都主动参与到展览的互动中来，作品受到广大参观者的喜爱与好评。

Nikon

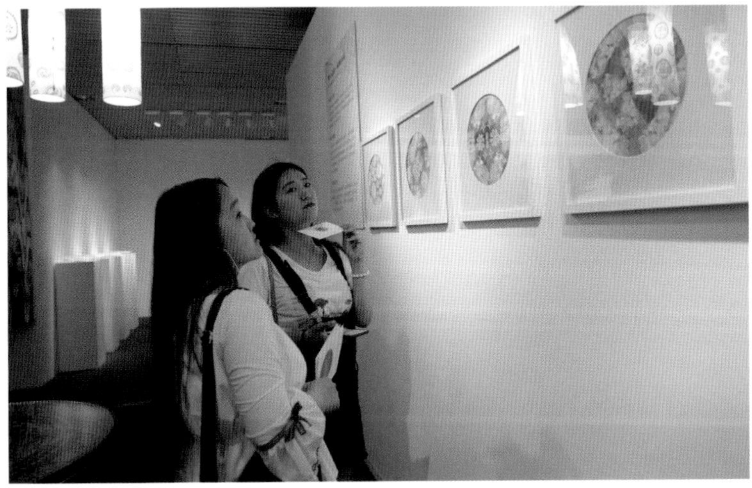

4 结语

在中国56个民族大家庭中，贵州苗族服饰图案是中华民族传统文化宝库中的一笔宝贵财富。苗族图案符号是他们记录本民族文化、历史、宗教、习俗、审美的重要载体，并在织锦、刺绣、蜡染、乐器、银饰、民居等的图案符号之中得到突出的体现。苗族支系众多，民族文化保存完好，图案造型丰富、多样、精美，这为我们研究苗族图案符号设计智慧、艺术审美、文化个性提供了最好的资源，也是我们研究民族图案符号设计应用最有价值的资源。

论文以贵州苗族图案符号设计应用研究为核心内容，分析了贵州苗族图案符号设计应用的研究现状与研究成果，对贵州苗族图案符号概念、符号类型、符号特征进行了系统的分析与解读。对苗族图案符号进行设计应用的可行性分析，从理论上的研究空间与可行性、实践上设计应用空间与可行性、社会上的应用空间与可用性进行系统论述与论证。

我的毕业设计作品，以贵州苗族图案符号设计应用的实践探索，来寻找设计应用中的一些原理与规律。在整个毕设完成的过程中，我可以说是经历了一波三折。为了达到预想的设计效果，中间经历反复的推翻再尝试，以及各种提前想都想不到的意外。通过大量的打样实验，才解决了新材料运用中的问题，最终达到最满意的视觉效果。当毕业设计完成之后，再回想起来，真的非常感动，一方面是为自己7年当中的坚持不懈与积累进步而欣慰，另一方面是特别感谢王红卫老师的鼓励、支持以及耐心辅导。从本科到研究生的7年时间里，王老师见证了我一点一滴的进步与成长，给予了我太多太多的关怀、指导与帮助，真的非常非常感谢！

贾煜洲与导师王红卫合照

老师评语：

《梦幻苗语——蝴蝶妈妈》系列作品是对少数民族图案符号语言进行的设计应用研究。作者注重设计作品形与意的融合，结合民族性与当代性进行独立的设计思考，在充分的专业调研与田野考察的基础上，进行实验性的设计探索。作者以贵州苗族祖先“蝴蝶妈妈”作为图案符号再设计的题材重点，将传统图案与现代艺术结合，利用新的超白玻璃材料，以及3D激光玻璃内雕技术，以实验性玻璃装置艺术的形式，并结合LED光效、苗族古歌等综合手段，立体展现苗族神秘、梦幻的意境。此外，作者通过配套吊灯设计、田野考察书籍设计、衍生产品设计等，利用多样化视觉语言载体的融合，以及传统文化与现代艺术语言的有机融合，引发设计作品对观者心灵的触动，从而使传统的苗族文化焕发新的活力。

- 作者荣获2017北京市优秀毕业生称号
- 作者荣获研究生国家奖学金荣誉
- 整套作品已被“贵州五彩黔艺博物馆”永久收藏

5 后记

硕士毕业之后，我进入北京服装学院，在视觉传达设计系任专业教师，教授字体设计、版式设计、书籍设计、信息图表设计、品牌传播等课程。

在教学过程中，我会利用自己的研究积累和专业优势，结合中国传统文化及非物质文化遗产相关的题材，引导学生通过视觉传达的设计语言，将中国传统文化和现代设计相结合，完成图案、品牌及文创产品等的再设计实践研究。引导学生从本民族优秀的传统文化中获得设计思考及创新灵感，同时也为非物质文化遗产的保护、传承和推广，尽自己的一份力量。

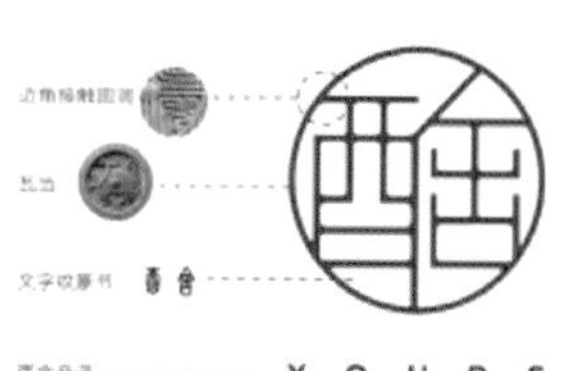

形：

整体以瓦当的圆形为主，参照瓦当文字纹特征，用篆书作为字形，加入了现代感简洁的直线，给人简约、优雅，却又不失淳朴的感觉。英文用酉舍的音译，寓意“你的”，融合专属的意思。

纹样规范

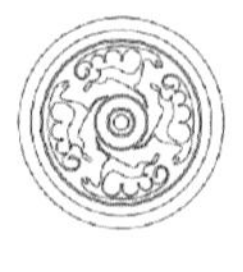

“福禄如茨”

“如茨”是很多的意思，形容福气财富会越来越多。

“步步生莲”

传说佛祖出生时，一步一个莲花。形容自性清净，有净土、吉祥的含义。

“平步青云”

指人一下子轻易登上很高的官位。寓意官运，事业顺利。

纹样线条化，增加其现代简约的感觉，与 logo 保持一致。

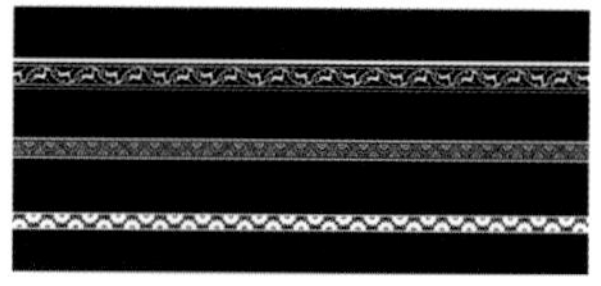

以上分别是纹样的四种不同样式。分别以线条为主，组合重复，循环，单一的形式组成，应用于不同环境下的不同方式。

酉舍自酿酒礼盒系列

上图为酉舍自酿酒礼盒包装，礼盒内包含自酿酒、干花、蜂蜜、酒盏。主要目的是为用户提供一个完整的品酒体验，首先可以用我们送的酒盏，品尝自己或朋友所亲自酿的酒，在酒上撒一把干花，可以增添酒的口感与品酒的意境，感受着一份心意，同时如果小酌微醺，可以充一点蜂蜜，解解酒。收图右侧，是该礼盒的包装，精致的同时也考虑到了便携性与安全性，保证就可以安全地送到您手上。

酉舍自酿酒祝酒组合系列

下图为酉舍自酿酒祝酒组合系列包装。分别将“平步青云”、“福禄如茨”、“步步生莲”三款酒，把三种祝福组合到一起。“话不多说，都在酒里。”也是我们这套组合的宣传语，中国人不太善于表达自己的内心情感，家里聚餐、送人送礼又时有发生，所以可以将自己的心意、祝福，通过酒传递。

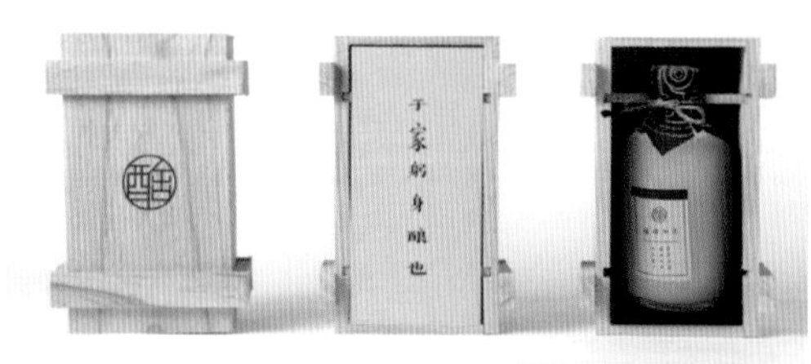

学生作品：《酉舍》 灵感来源：中国传统瓦当 作者：杨璐璐 白樱

学生作品：《彝然》 灵感来源：彝族民族图案 作者：周子琪 秦颖

学生作品：《祈年》 灵感来源：藏族唐卡 作者：王子岩 季天禹

汉字的表情

2017年

目前我国的表情符号主要使用的是颜文字及Emoji表情符号这两大类，而这两者均不是基于我们国家的文化创造出来的，作为舶来品我们在使用的过程中既没有属于创造者的自豪感也没有进一步创作的条件及热情。所以，我的毕业设计是从中国文化出发，通过研究中国汉字的造型理念对古汉字风格进行提炼设计，并且体会中国传统文化及民间文化中人物、动物生动的表情与形象特征，最终进行具有民族个性的表情符号系统的设计实践。

以“汉字造型理念”作为切入点的研究与实践，也希望能为汉语语境下表情符号系统的形成提供一种新的思路与可能。

靳宜霏

1990年10月29日生于陕西延安
2014年毕业于清华大学美术学院，获学士学位
2017年毕业于清华大学美术学院，获硕士学位
研究生毕业后，在中国工商银行从事设计工作

1 前期准备

前期调研

目前，使用表情符号较多的欧美、日本、中国、韩国这 4 个地区而言，主要使用的表情符号类型（先后顺序按使用率高低排列）分别是：ASCII 及 emoji 符号；颜文字、emoji 符号及图片式表情；图片式表情、emoji 符号及颜文字；图片式表情、颜文字及 emoji 符号。

我们可以发现，除了地域风格性不强的图片式表情外，我国的表情符号主要使用的是颜文字及 emoji 符号这两大类，而这两者其实均不是基于我们国家的文化创造出来的。在日本和韩国，人们对于使用由基于本国文字而来的颜文字进行再创作的热情很高，网络上琳琅满目的网站和应用无不在彰显着这一切。而作为舶来品，我们在使用颜文字的过程中既没有创造的自豪感，也没有进一步创作的热情，再加上非本国文字无法直接由输入法直接编辑创作，人们的使用频率和创作热情远远低于纯娱乐性的表情包。这样的情况促使我希望能够基于汉字及中国文化设计出一个能够和颜文字及 emoji 等比肩的具有民族个性的表情符号系统，或者至少为其出现抛砖引玉，提供一种思路。

提起汉字，大家都会被其背后 4000 多年的历史及汇聚着华夏文明的智慧所震撼，印象往往是神秘、传统、庄严，很少有设计师基于汉字进行娱乐性质的设计，更别说基于汉字做表情符号了。但是，如果你看过大量的甲骨文、金文、帛书等古文字就会发现，在汉字的初始，它就是由一种表形表意的图形符号演变发展而来。

所以我想，如果可以一个轻松的角度来看待汉字，基于其造型理念在现有符号的基础上探索出新的视觉表现语言，创造出一种新的表情符号体系——它不仅有趣，并且具有设计规律，能够不断衍生出新的表情符号，使大家都能够参与到创作中来。这不仅能丰富现有表情符号种类，也能因为其所具有的民族气质而呈现出更加优越的表现力。

既然要做表情符号系统，我首先对目前该领域国内外研究动态进行了调研。正如前文提到的，目前欧美、日本、中国、韩国这 4 个地区使用表情符号较多，对于这四个地区的表情符号我做了对比分析。

通过观察右图对比可以发现，这 4 个地区的表情符号都有着各自的发展状况。

地区	欧美	日本	韩国	中国
基本形状	:-)　:-(　;-) :-P　:-C　:-O 8-)　:-/　:-D	(╯°Д°)╯　(*°▽°)ﾉ ︿(￣ω￣︿)ゞ　(#ﾟДﾟ)! (PДˋq。)　(σ｀・д・)σ	o()o　><　ㅋㅋㅋ　~^o^~ =^_^=　Y(^_^)Y　\^o^/ *^o^*　*^◎^*　#^　^#	(:3｣∠)_　(╯°Д°)╯ (*°▽°)ﾉ　<(￣︶￣)> ╮(￣▽￣)╭　≧ω≦
组成结构	口、鼻、眼	口、鼻、眼、脸、手	口、鼻、眼、脸、手	口、鼻、眼、脸、手
基本形状特点	横向的、侧面的，注重嘴型的变化	纵向的、正面的，注重眼型的变化	纵向的、正面的，注重五官中脸颊的变化	纵向的、正面的，基本吸收韩国、日本的表情符号
符号系统组成	较单一，由字母及标点组成	丰富，汉字、平假名、片假名、符英文字母、标点、希腊字母、罗马字母、俄罗斯字母	较丰富，韩语字符、英文字母、标点、希腊字母、罗马字母、俄罗斯字母	较丰富，英文字母、标点、希腊字母、罗马字母、俄罗斯字母
输入方式	手打输入	手打输入，输入法自带，网站字典，平时自存，APP	手打输入，输入法自带	手打输入，输入法自带

各国常用表情符号之所以呈现目前的发展状态及视觉效果跟各自地区的文化有着分不开的关系。

就欧美地区来说，一是互联网发展较早，键盘从左至右的输入识别习惯直接影响到ASCII符号的最终成形；二是欧美主要网络社交平台（Instagram，Facebook等）并不自带动画及图片式表情，由此培养而成的聊天习惯使得他们网络表情的输入均以emoji为主，而在邮件里则常用手输ASCII符号；除此之外，以户外为主的社交习惯促使他们往往更喜欢实际社交，信息交流中对表情符号的需求不如亚洲大。

就韩国来说，一是韩语音标作为韩文文字本身的基本构成形式非常有趣，很多圈和弧形非常容易与表情局部产生联想。二是符号表情的应用习惯跟不同的输入法关系很大，不同的输入法直接影响符号表情的使用和创新。另外，也因为方便，韩国人习惯强调表情局部来表达感情状态，连续使用同一符号表示情感的加强。

而就目前颜文字发展最好的日本来说，一是日本民族“正面美”“平面美”的审美意识。不管是表情符号，还是“颜文字”，主要都是脸部表情的模仿。选择侧面，还是正面，在很大程度上会受到创造者对脸部审美观的影响。西方人脸部富有立体感，崇尚侧面的立体美。所以无论是西方油画中的人物像，还是钱币上的人物头像，大多是侧面或半侧面。然而在日本，人们反而更欣赏人面部的正面之美。专门研究脸部美的学者村泽博人指出，“日本人不喜欢侧脸，一说起脸一般都指正面的脸”“日本人传统的审美意识是避开，甚至是无视侧脸”。村泽氏的调查显示，与中国人、韩国人等其他同样脸部也不那么立体的东方人相比，日本人更倾向于正面的脸才是最美的。正面美的审美意识，换句话说就是减少凹凸的平面文化。如艺伎化妆的第一步就是把脸全部涂白，使脸部更加平面化，和服也是不遗余力地努力减少身体的凹凸感。日本的代表性绘画“浮世绘”也以它简练的线条、明快的颜色平面构成而闻名世界。此外，还有日本传统文化代表之一的花道，其最佳欣赏角度也是正面。这些都代表了日本人强调平面美、正面美的审美意识。

二是日语作为一种“电视型语言”，其符号系统比较复杂，除了汉字还有平假名和片假名。由于音素较少，造成了日语中同音异义词较多。因此，必须通过不同的文字书写来区别意义。所以，相对于听觉上的语音信息，日语更重视视觉上的文字书写信息。如果说英语就像收音机那样仅靠语音就可以充分表达和理解的话，那么日语就要像电视机那样需要听觉和视觉的结合才能准确表达和理解。因此语言学家铃木孝夫把日语称作是“电视型语言”，形象地概括了日语这种注重视觉信息并有异常丰富立体的视觉表现力的特色。“颜文字”正是利用了日语这个具有强大的视觉表现力的符号系统，另外再加上标点符号、英文字母、希腊字母、俄语字母等，在网络这个无声世界中用视觉信息表达出丰富而微妙的感情。因此，对于本身就擅长于利用文字符号进行表达的日本人来说，“颜文字”比图像更能发挥他们的创造力和表现能力。

最后还有一点值得提起，便是日本文化相对于其他国家的文化来说是更重视视觉信息的。“颜文字”虽然是一种网络语言，然而它表达的却主要是非语言信息。在以语言信息为主要交际手段的网络交流中，如何利用有限的文字符号创造出丰富的非语言信息是日本人最关心的。日本人的交际特征被描述为“体察文化”“以心传心”，即在交际中把语言化的信息降低到最低限度，通过观察对方的表情、眼神和身体动作等来猜测对方的意图，在无言和暧昧的语言表达中达到交流。因此，能言善辩、能说会道并不重要，重要的是要时刻能够从对方的只言片语和细微的表情中体察出对方的心情和意图，并做出相应的回应。换句话说，相对于语言信息，日本人在交际中更重视的是非语言信息。

另外，从颜文字符号的发展演变看，表情符号其实经历了传达表情、表达情绪以及陈述情节这几个发展阶段。各阶段表情符号的发展并非互相取代，而是叠加发展。表情符号最初的出现，是为了弥补网络交流中情感缺失带来的缺憾，但是在进一步的发展中，其象形意义逐渐淡化，象征意义逐步增强。动态视频及动画表情符号的出现，使表情符号更加脱离对真实表情的摹写，演化成为一种情绪性符号，甚或情节化符号。现在，除了脸部表情符号之外，颜文字还衍生出了很多大型表情符号，这些符号的过度设计会干扰交流的有效性，也并不具有普适性，很容易被人忘记。所以，未来符号设计应该也还是以简洁生动为主。

日本颜文字发展阶段图

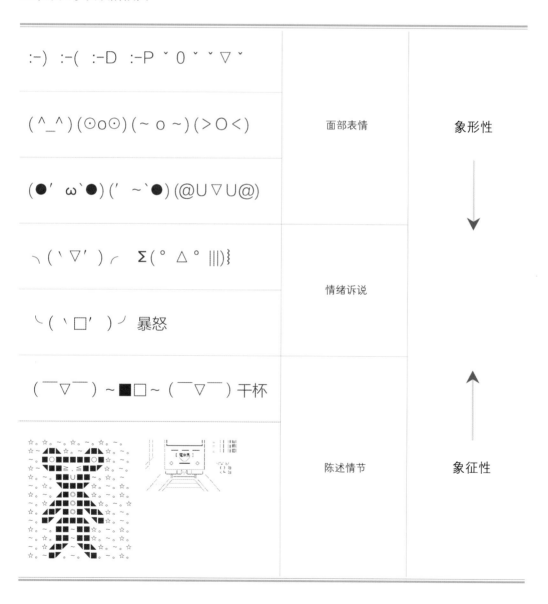

:-) :-(:-D :-P ˇ0ˇ ˇ▽ˇ	面部表情	象形性
(^_^)(⊙o⊙)(~ o ~)(>O<)		↓
(●′ω`●)(′~`●)(@U▽U@)		
╮(╯▽╰)╭ Σ(° △ °|||)︴	情绪诉说	
╰(╯□′)╯暴怒		
(￣▽￣)~■□~(￣▽￣)干杯	陈述情节	↑
		象征性

资料搜集

在对汉字造型规律有了基础的了解之后，我从两个角度出发进行了设计。

首先是汉字方向的可能性探索及资料收集。通过观察汉字表可以发现，汉字里其实包含有很多表示情绪感的单字，天然具有眼、鼻、嘴的字符及表示情绪情感的词语、成语组合。这些既是我们后期设计对应的设计对象，又是表情符号的来源。

有了设计对象，再结合前文，我便把甲骨文、金文、篆书等古文字中的元素提炼出来作为表情符号的来源，并以此作为基础展开设计。在设计的过程中，也无须追求每一个表情符号都要力图模拟出完整的人物形象，因为在表情符号设计中，往往只要展现出该表情动作的主要特点就可表达语义。

除此之外，我还可以从现有表情系统出发，选取现有使用率高的热门表情符号进行汉字意向的对应设计，体会汉字风格在表情符号设计过程中与其他表情系统在构成及视觉表现等方面的区别。

其次，我收集了民间及中国传统文化中生动的人物、动物表情。

除了构成形式可以借鉴汉字造型之外，基于中国文化设计出的表情符号其所呈现的形象应当是在普世的基础上也应当具有一定地域文化特色。那么，应该如何寻找并且归纳具有中国文化特色的人物、动物形象呢？

其实，中国民间和传统文化中的人物、动物形象十分丰富。包括民间刺绣、陶瓷、玉雕、国画等艺术门类中都具有各自强烈的风格，形象特征十分活泼有趣，承载着千年来百姓的精神生活和美好愿望。

传统文化艺术中的人物形象

通过整理中国传统文化中的人物形象，体会其形象特征，选取生动的人物、动物表情进行提取，再结合提炼出的汉字意象元素及风格进行综合设计，使得最终形成一套源自于汉字，像汉字却又不是汉字的表情符号系统。

归纳民间及传统文化中人物、动物的形象特征

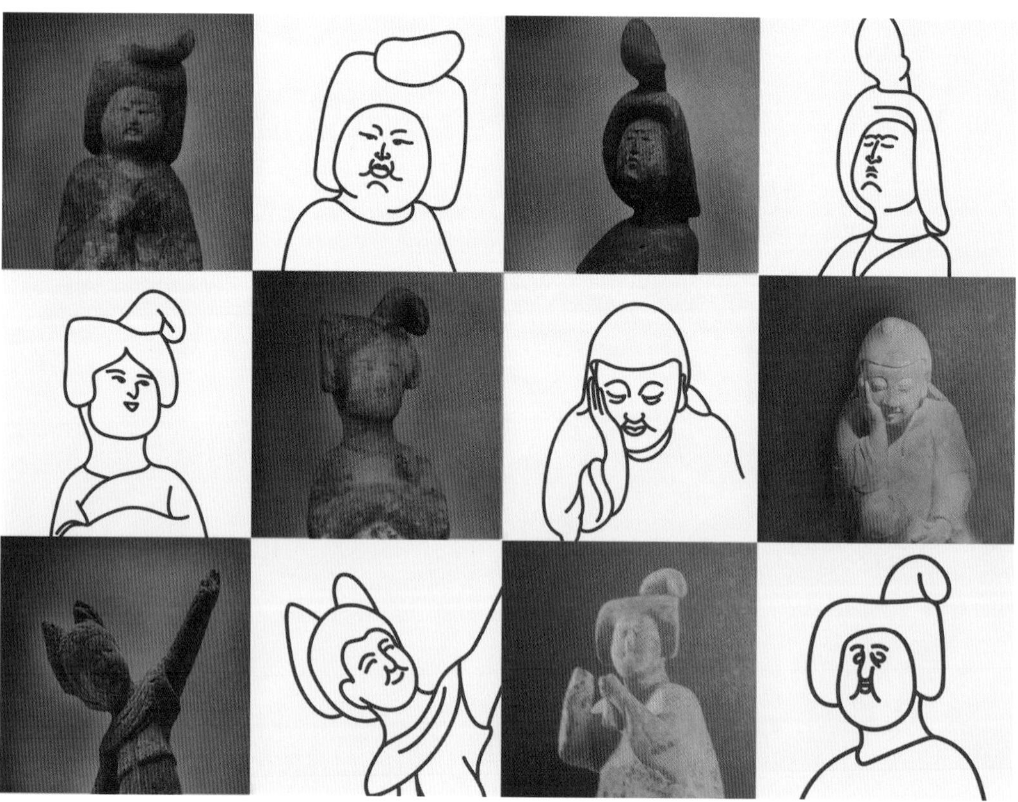

2 创作过程

汉字表情风格的设计归纳

如前文所述，古文字中有很多趣味元素可提炼简化为设计元素进行具体的表情符号系统设计。在这个过程中值得注意的是，若是从古文字字义的角度进行提取稍显困难。比如说火，一开始人们写作图形化代表火的符号，后来为火，接下来所有用到火的事物例如熏（字形里有两个火，意为熏）。烤等都是多个火叠加在一个字里，其实是人们开始从最简单的图形转变为符号后，又在符号的基础上利用其互相叠加实现对情景的描述，从图形这个角度上来说变繁复了（从字义和表述事物的角度上说当然是更加精确并且具有逻辑了）。所以更加恰当的方式是直接从图形上来提取，把古文字里的图形和现代人们对事物的印象进行结合，综合现代人的审美及阅读方式、口语习惯等进行整理、从而进行创作设计，使其最终形成一套源自于汉字，像汉字却又不是汉字的表情符号系统。

因为来源不一，所以基本构成元素在风格上十分多样，它们互相搭配形成不同风格的五官，配合外观元素可以形成不同的表情系列。

不同系列具有不同的风格特征，在这个阶段设计师可以先行创作出一些风格作为示例，后期人们可以参与创作，利用这些元素进行自由搭配，一起创作出更加有趣的表情。

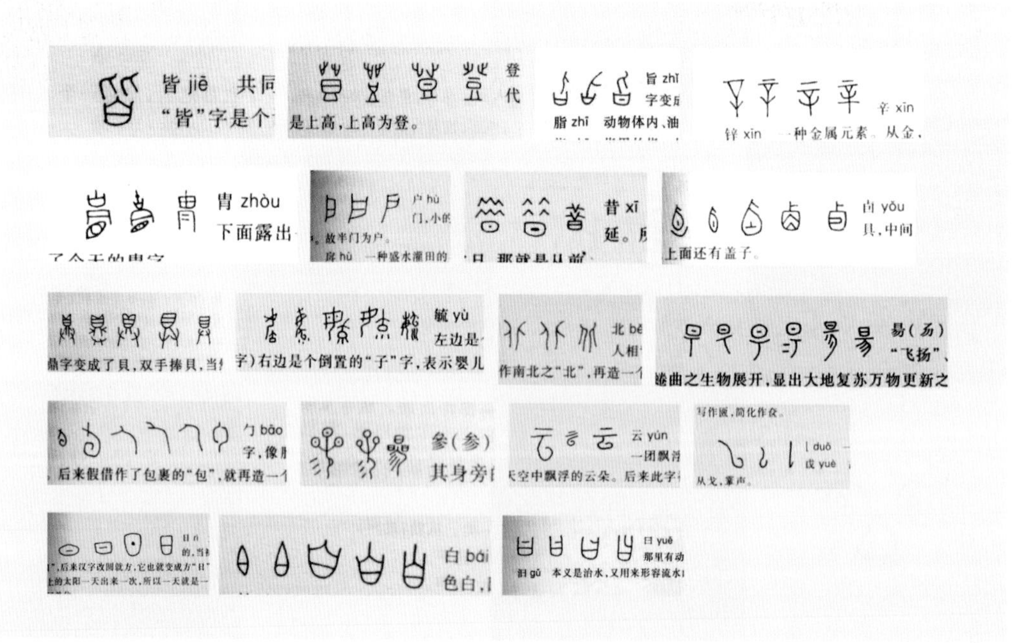

不同风格的表情五官设计

汉字的表情 / 系列化

在表情基本风格确定之后，便是整个系统性的设计了。我在表情符号每个大的风格范围内对基本风格一致的表情，以局部不变，改变其他细节来形成系列。

仔细梳理，这个过程存在一定的规律。首先是选取一个或两个局部为一组作为定点，局部保持不变。这个局部应当是个性化突出的五官局部（特点、记忆点强），或者是不广泛适配的局部。

系列化表情中定点局部的选取示意

在表情符号设计的过程中，我也为每个系列的表情进行了精调。每个系列的表情都有属于自己的一套网格系统来进行约束，以便其在接下来普及的过程中风格更加统一、规范。

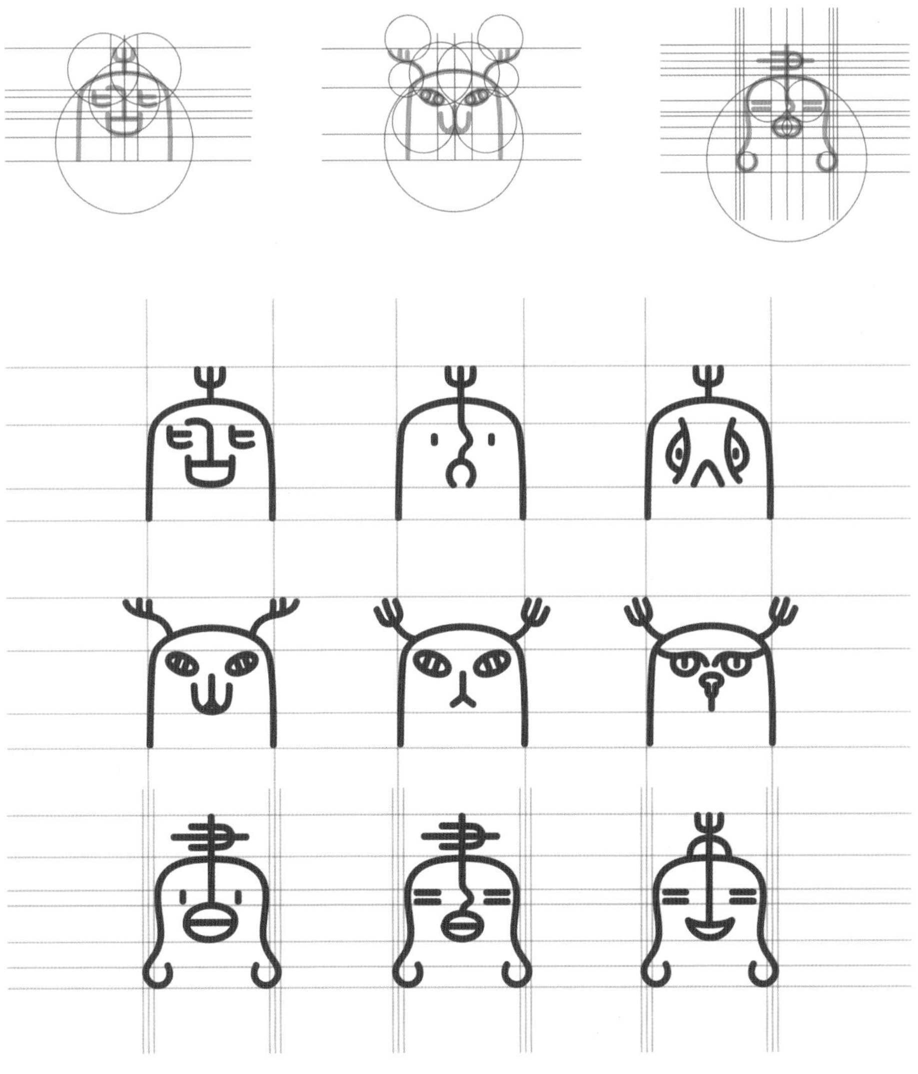

3 最终成果

静态表情系列

在表情符号形成系列之后，可以继续配合不同的边框元素进行新表情的延展设计，不同的边框元素也能为表情增添新的趣味点。

在整个设计过程中我都在不断进行删减，适当地删减掉那些情绪特征并不明显或者不符合审美的符号。

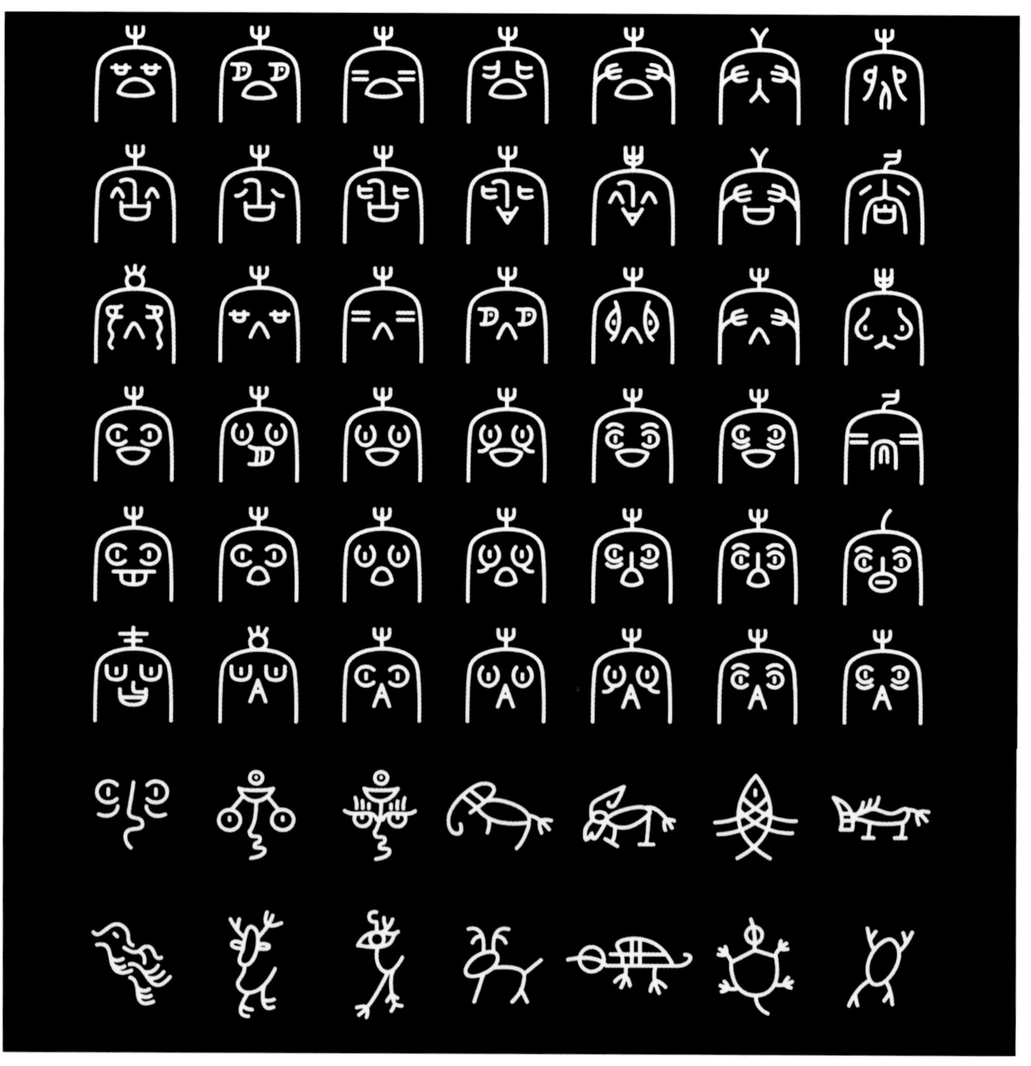

表情系列衍生设计

如图所示，在这个具有统一视觉语言的表情系统内不同的系列具有不同的风格特征。

在基于汉字造型理念进行的表情系统设计基本完成之后，为了丰富其在不同平台上的应用方式，笔者在静态表情的基础上对应当下人们使用率较高的热门短语进行了表情和动物、趣味元素等的动态效果设计，使得表情展示更加活泼有趣，以受到更多人的欢迎。

另外，衍生设计还包括运用新设计的表情符号对成语等场景情节的静态、动态组合再设计，既趣味地解读了传统成语，也向观者展示了表情系统设计与应用的更多元的发展方向。

《Oh My God！》动态表情关键帧展开图

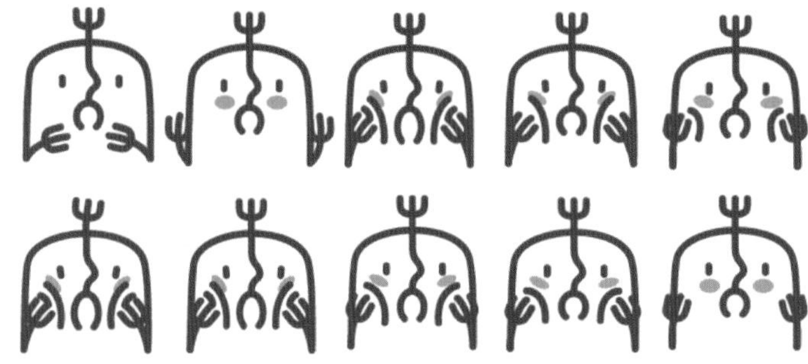

动态场景情节组合再设计

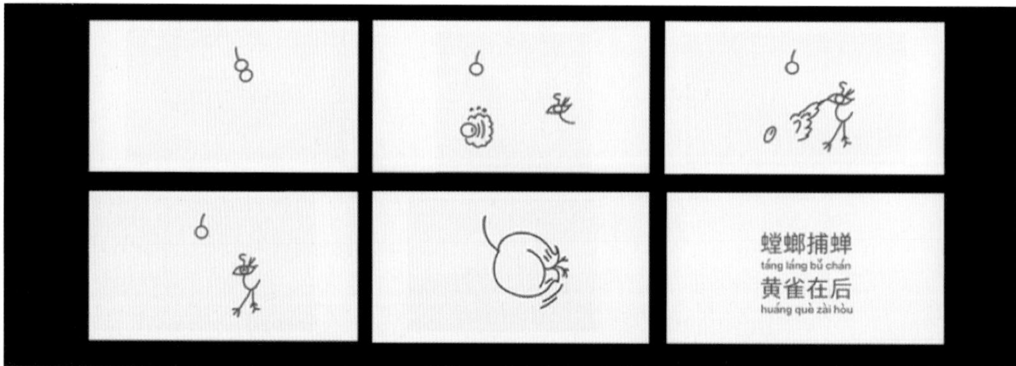

4 结语

随着网络的发展，虚拟社交在人们生活中所占的比重不断增多，网络表情符号也随之慢慢渗透到人们的生活之中，并且开始反过来影响人们的交流习惯，甚至会有人觉得如果缺少了表情，线上聊天便显得有些索然无味。

在人们对表情需求巨大的情况下，目前现有的表情体系却没有来源于汉字的部分，这不得不让人感觉稍显遗憾。在初期调研的时候，笔者大量的在微信等社交平台浏览各种不同的表情系列，可以说在现有平台上几乎所有的表情都是设计师个人的投稿作品。而没有经受过专业设计训练的大部分社交平台使用者因为无法亲自设计出精美的表情，只能通过简单粗暴的图片加文字即表情包的方式来创作出自己常用、喜爱的表情。但这两种创作方式都因为其没有一个简单的大众可循的设计规律而没有办法让更多的人参与创作从而不断衍生变得活泛起来。对于这两种方式来说，一旦个人创作者停止更新不再继续设计，这些表情便如同快消品一样被不断涌入的新的表情所代替，不再被人们记得。

而表情体系却不会这样，它像一种文字一样被人们始终喜爱并且大量使用。就例如颜文字这样已经发展较为成熟的表情体系在日本本国的使用量巨大，可以说，它的设计者并不是某一个设计师，所有使用颜文字的人都是它的设计师。因此，围绕其进行的设计创作直至今日依然地在不断地更新。可是作为舶来品的颜文字及 ASCII 符号在我国却因为来源并不是本国文化使得我们既缺少使用的热情也缺少再创作的条件。而 emoji 符号之所以在我国使用率较高也是因为以苹果为首的主流平台的强势推广，它们是既定的，以基本功能为主，人们在使用的过程中其实并不能享受到创作的乐趣。

所以，我基于汉字造型理念所做的表情符号体系一方面是丰富了现有的表情体系，使其以新的视觉语言来为现有市场提供更多的表情种类，另一方面也是想针对目前在中国还未形成一个源于本国文化类似颜文字的可供大家集体创作的表情体系的这一情况，为其最终的形成抛砖引玉，提供一种新的思路与可能。我希望促使人们可以以一种顺应当下汉语语境及使用习惯的非常简单的方式参与创作，从而让更多人来使用它。并且这套表情还是来源于本国文化设计而来，人们通过看、使用的过程中能够不断挖掘中国文化的趣味性，从而产生创作兴趣，这样也许能够让更多年轻人因此更喜爱、关注、关心传统文化。这也是我基于汉字造型理念所做的表情体系设计的重要价值之一。

- 《汉字的表情》荣获：清华大学美术学院深圳研究生院优秀毕业作品奖

靳宜霏与导师王红卫合照

老师评语：

近年来随着移动互联网与移动设备技术的蓬勃发展，人们越来越习惯通过手机沟通，并频繁使用汉字加表情符号，目前国内移动设备采用的表情符号较为单一，在此领域有较大的设计空间。作者前期针对现有表情符号体系做了比较研究，并分析不同地区表情符号背后的文化内涵即欧美地区、韩国和日本地区，继而以日本为例分析表情符号未来可能的发展趋势。接着基于汉字造型理念的表情符号展开系统设计研究，以中国民间表情造型、汉字造型理念的表情符号，从汉字起源，象形文字，梳理汉字从甲骨文、金文到大篆、小篆、隶书、草书、行楷等，最主要是和当下的审美追求简约明了的设计风格相结合，形成有自己独特个性，具备实用性、趣味性和娱乐性的汉字造型理念的表情符号，并将其开发成为独立系统风格。和现有的表情系统相比较，具备较高的可读性和应用空间，和现有的表情符号相比较，和汉字结合更加容易形成统一的风格和文化品位。

此学生毕业设计概念准确，深入浅出，结构合理，资料翔实，有典型性和深度，分析全面准确，并有独特的学术观点，在领域具备极高应用价值。

5 后记

毕业之后，我进入了工商银行业务研发中心，主要负责金融产品的用户界面视觉设计。

在工作中，我和团队的小伙伴们利用设计专业能力秉承以用户为中心的设计理念，深度理解互联网金融产品概念及设计方向，通过开展产品视觉风格定义、界面视觉设计，呈现出功能明确、具有设计品质的产品，并推动统一的设计标准的建立。

除了专业方面的坚持之外，工作中也需要很多设计之外的统筹能力，保证与不同业务、开发部门的同事顺利合作，确保设计稿件的落地实施效果，持续优化提升产品易用性。只有尽量完美的平衡业务需求与技术实现，才能成为实现优秀的用户体验目标的重要力量。

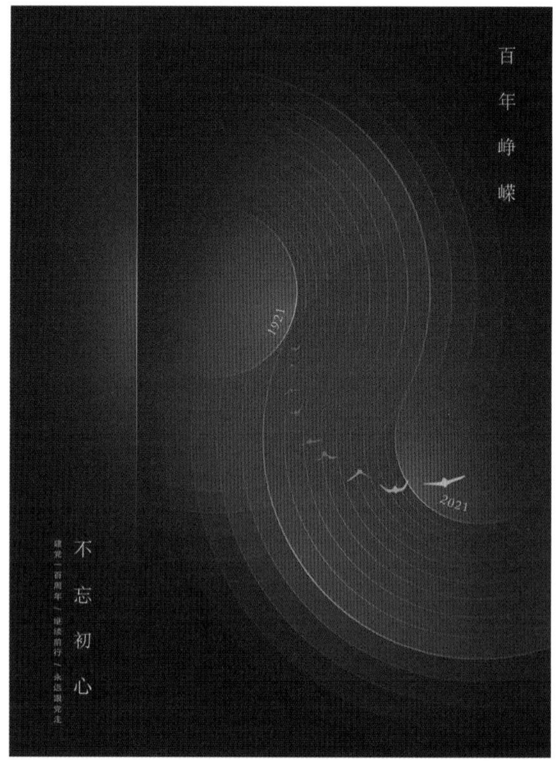

工商银行手机银行APP

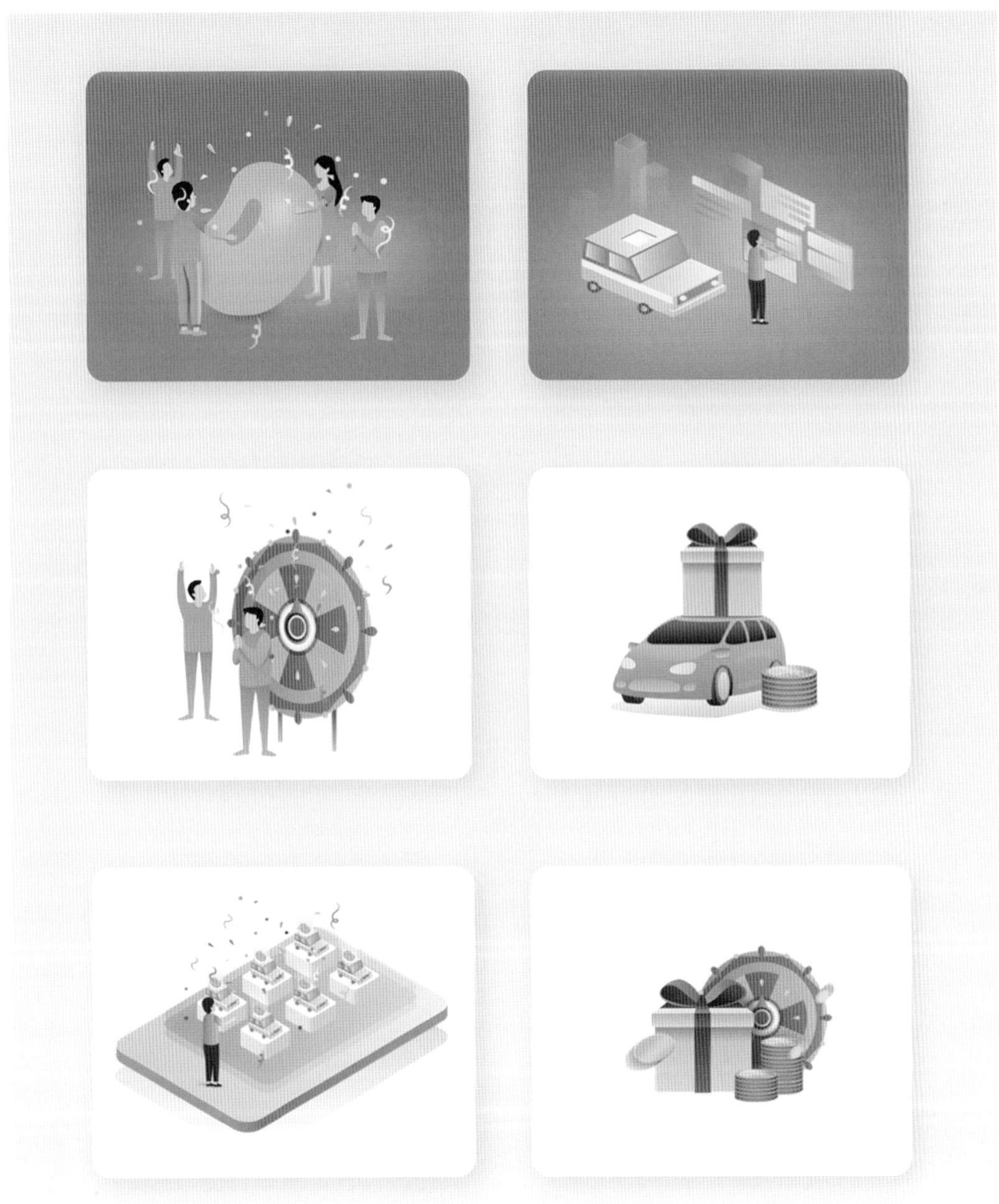

腔

2017年

“华阴老腔”是一种流行于陕西关中地区的古老民间音乐形式，由于其独特性和地域的封闭性一直在发展上面临萧条的境况。用“当代视觉语言”再现传统音乐之美是此次毕业设计的实践方向。

王宇昕

1992年8月18日生于陕西西安
2017年毕业于清华大学美术学院
研究生毕业后，在故宫博物院从事设计、策展工作

1 前期准备

前期调研

“华阴老腔”是一种流行于陕西关中地区的民间音乐形式，起源于明末清初华山脚下的华阴市双泉村，在那里华山高耸入云，陡峭险峻，而黄河、渭水、洛河三河交界，缓缓而流，独特的地理环境造就了这里曾经是汉唐京师粮仓的旧影，也因此形成了不同于其他剧种曲调的苍劲激昂的老腔。其唱腔高亢粗犷，苍凉中有柔情，唱词朴实直白，通俗易懂，他们唱征战剿杀，唱战败牺牲，也唱世间百态，这其中有对英雄主义的崇尚，对自然的敬畏，也有对人间百态的感悟。

据老腔国家级传承人张喜民说，是先有老腔再有皮影戏，后又有老腔的演变发展过程。从1994年张艺谋导演的《活着》，2005年的话剧《白鹿原》，2012年电影版《白鹿原》到2016年各类音乐类综艺节目、春节联欢晚会等播出，越来越多的人认识、了解到陕西关中地区有个唱腔独特，音乐感人肺腑的“老腔”。老腔通过与现代艺术形式的广泛结合，一方面作为内容需要辅助艺术作品的完整生动表达，另一方面，也为老腔的传承发展进行了多样的创新实践，从一定程度上推动了老腔的发展。而书籍作为传播优秀文化信息的载体，承载着弘扬民间文化、传递民族精神的作用，通过丰富、系统的编辑梳理、解构重建让更多的人有兴趣了解认识老腔，感受其音乐的魅力。笔者以“老腔”这一民间音乐的视觉化为切入点，探索音乐类题材在书籍整体设计中的应用实践。

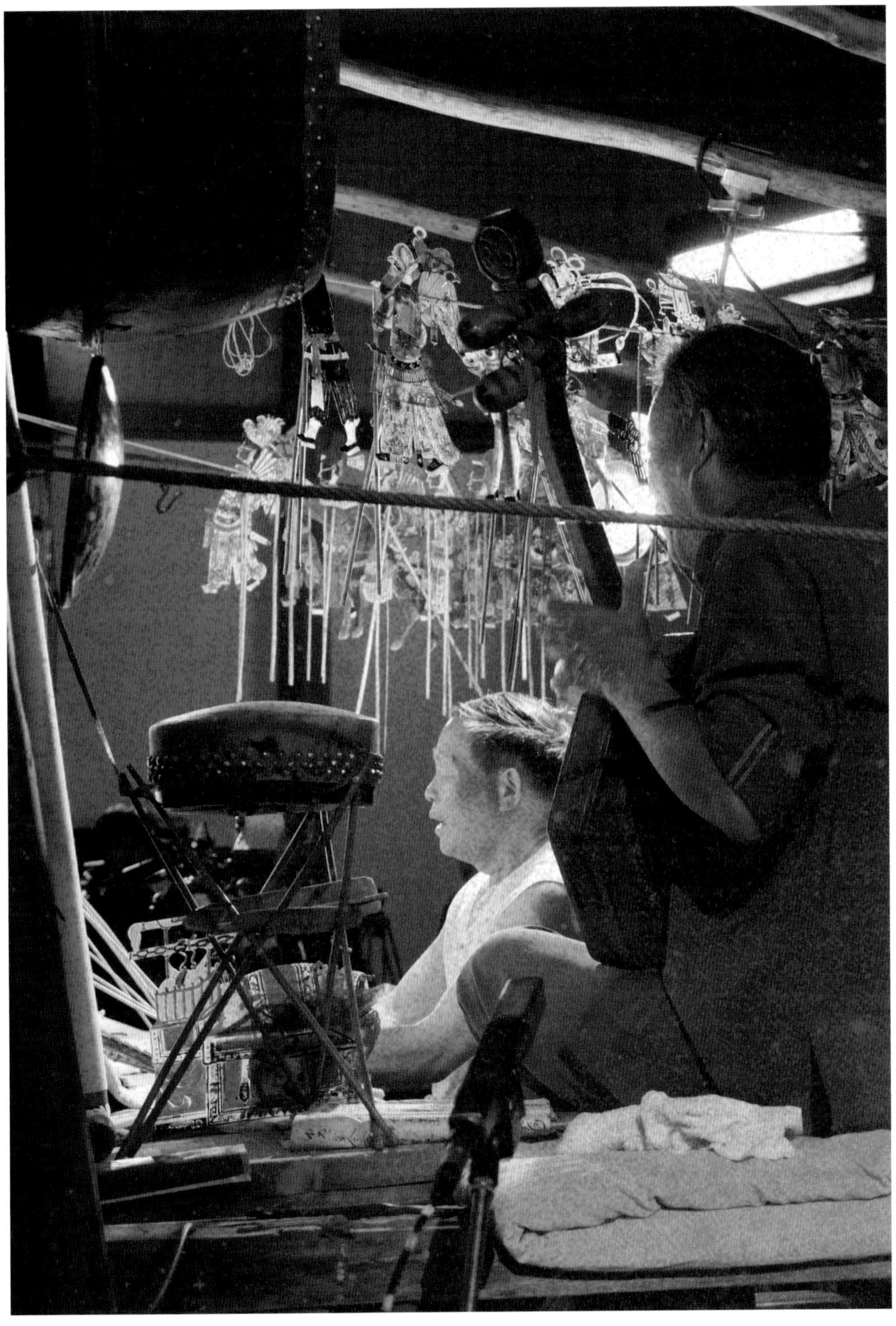

2 资料搜集

资料搜集

笔者用将近一年的时间对老腔的发源地陕西省渭南市华山脚下的碨峪乡双泉村进行了多次实地走访调研，探访调查华阴市文化局、老腔世家，在老腔艺人们的家中进行多次深入交谈，跟随他们到民间舞台演唱老腔，全程观察感受他们演绎音乐的全过程，在这其中搜集了近千张形象生动内容翔实的纪实照片以及自乾隆年间流传下来的老唱本、月琴琴谱等珍贵资料。

在 2015 年出版的《中国皮影全集》里总结归纳了老腔音乐的三个特征：一是沿用了过去说书用的惊木，在演奏中充当一种乐器来敲击板凳，激昂气氛；二是在乐曲的结尾处使用“拉坡”，全员附和吼起来；三是在乐器里没有唢呐，用锣鼓取而代之。老腔音乐属于板腔体，就是以节奏和节拍为基础，是一种程式性结构。

老腔艺人在为笔者演唱示范的过程中表示，老腔演唱比较自由，规矩在演唱人心里，可随着情感的变化处理音或长一点或短一点。因此，老腔在七声徵调式的基础上，在音乐性质上除了区分花音和苦音之外，大部分可随感性处理音律、高音等，丰富音乐微妙的变化。

脩多时。旦等圣駕来也。
一言未洛圣駕来也
玉帝上
书卫冇坐在灵肖。九天諸
神都来朝。金殿鐘樓白玉
柱。重排仙酒采肖謠。吾乃
玉皇大帝。今乃手神議事之
日。吾当展受参。哎呀。怎見
下界。金光一道。射入云肖。不
知何物放光。千里眼順耳风
何在。耳眼上 仝白 有。参見玉帝。玉白
你二人前去。南天门外。打探
下界。何物放光。二人仝白 領旨。耳眼仝上
報知玉帝。金光射処。是花
果山来的。有仙石化為灵猴。

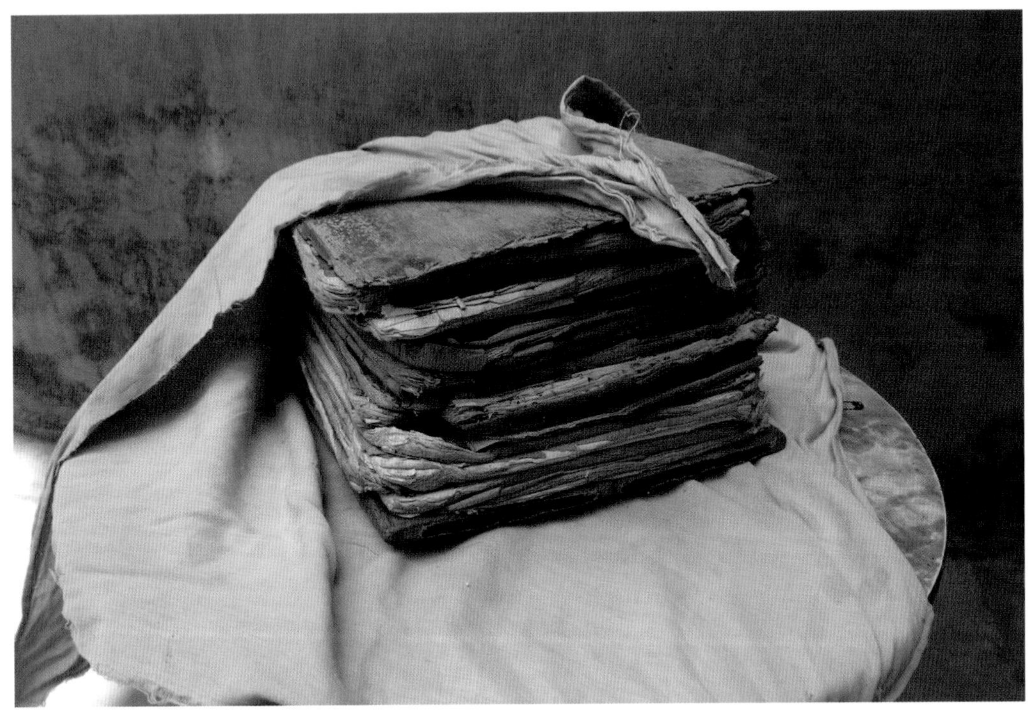

3 创作过程

《中国民间音乐概论》一书中对老腔音乐乐理有比较详细的理论介绍，一方面说明了音乐与唱词相辅相成的关系，唱词叙述，音乐传情，音乐能表达歌词无法描述的内涵精神，唱词又在人为的处理上丰富了音乐的起伏徐疾，这在老腔乐曲中有着同样的作用；另一方面从该书中了解到老腔音乐是以七声音阶为主，由于起源于劳工号子，因此音乐的节奏与劳动的节奏相似。音乐的整体风格铿锵粗犷，苍凉悠远，粗中有细，音乐旋律模拟宗声，常常把说、念、唱融汇在一句中，语言性很强，音乐幅度跳动比较大，其中多次使用重复、对仗、起平落、起承转合、循环、分而合、层递的乐曲结构。

老腔音乐组成部分

演奏乐器

演奏乐器

主音月琴琴谱

走场子

|儿 -|邦 -|56 i5|i 56|i5 i|66 66|66 66|

儿 -|邦 -|儿 -|邦 -|i6 55|i6 5555|52 2i|i5

5656 i65|46 54|2432 1221|51 15|11 11|55 5|

演唱

后槽

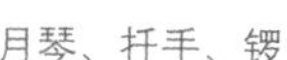

月琴、扦手、锣

板胡

老腔的音乐不光是单纯的音乐，还包含演出老腔的这些从田间走出来的普通农民们。但他们又不是一般意义上的农民，他们身上仿佛带着刚从地里走出来的汗水和泥土，带着常用的家伙什儿，连板凳都是他们歌唱的“乐器”。他们近十个人之间的情感传递，相互映衬附和，音乐在什么地方起承转合也在他们演唱的过程中富有感情的起伏变化。正是这种带着泥土般朴实厚重气息，有着生动形象演绎的方式，才形成了我们现在看到的原生态音乐——老腔。

音乐人物形象提炼

老腔的艺人们都来自乡村，他们在舞台上的动作朴实无华，没有一点点的修饰，好像刚刚从田间走出，身上扛着长条板凳、一手一个乐器落座就开始演了。表演作为老腔音乐的一部分，老腔艺人们质朴粗犷，动作不加过多修饰，源于他们在田间的劳作，随音乐的起伏抑扬顿挫。 为了体现老腔的原生态感，用崎岖的笔触勾勒出沧桑粗犷的外部轮廓，着重刻画艺人们的情态和神韵，人物造型充分体现西北男人的豪迈和粗犷，形成具有视觉张力的、抽象的、饱满的音乐人物形象。

老腔音乐的视觉化表现

老腔音乐的整体风格铿锵豪迈，苍凉悠远，在粗放中亦有细腻和柔情，音乐旋律模拟宗声，融合了说、念、唱，带有很强的语言性，音乐幅度跳动比较大，其中多次使用重复、对仗、起平落、起承转合、循环、分而合、层递的乐曲结构。整体采用一人领唱众人和之的演唱方式，在演奏的过程中有惊木敲击，伴奏比较丰富，在乐曲的结尾处采用“拉坡”的形式配以“哎嗨，哎嗨”的大拖腔合唱，腔调厚重、气势浩大。整体音乐的氛围有兵山将士的气魄，河水滔滔的气韵。由于老腔发源于华山脚下，地势的奇雄险峻，直上直下对于老腔音乐的整体气势有潜移默化的影响，因此老腔的音乐给人以“喊山”的气魄。笔者延用水墨的视觉语言，结合中国书法的提按顿挫，皴擦的笔法，配合音乐的整体气势，组合出山脉层峦叠嶂的实验性书籍形态。随后将乐曲节奏韵律的墨迹、老腔音乐人的形象与“山形”结合，依据老腔音乐的气韵节奏变化营造音乐的氛围和音乐意象的美感。将老腔音乐抽象的感觉物化成具体的图形、色彩、大小、节奏，并分成前后两层，立体表现其音乐的厚度和层次特点。

营造老腔音乐“喊山”的气势

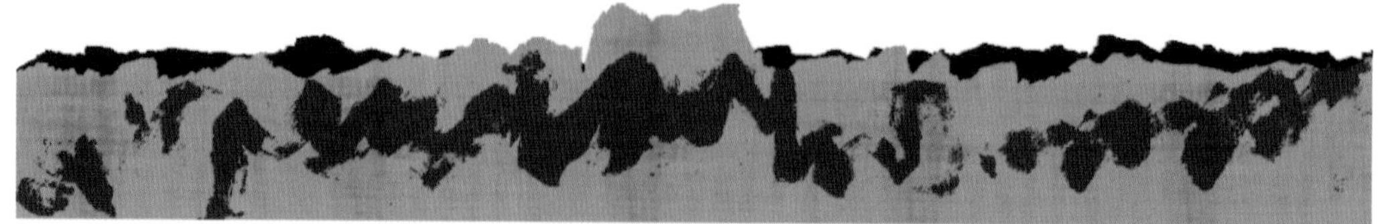

第一层 音乐人物
形象的节奏组合

第二层 老腔传统
唱词的表现

整体组合效果

文字注解：
在《腔》这个纸质装置中穿插老腔现代的唱词7首，文本的编排随山形、音乐的起伏而错落，与人形形成大小聚散的节奏呼应关系。

4 最终成果

设计展示

在将老腔音乐从抽象转化为具象的过程中，分为《腔》和《古乐、孤本与温存》两本书，一“虚”一“实”。《腔》是将看不见的音乐用现代设计语言转化成可见的“音乐”，重点是把握住老腔音乐最本质的核心，音乐的“魂”，表现老腔音乐整体的节奏、韵律、质感，同时画面中还融合了老腔艺人演绎关中地区人民生活场景的人物形象，借以表达老腔音乐的内涵，整体营造老腔音乐感人肺腑的“喊山”气势。

《腔》部分

另一本《古乐、孤本与温存》着重将丰富的田野考察、图文资料和研究内容做一个整体的编辑梳理，分成“山河地貌”“曲”“演奏人”“《大闹天宫》全本”“家伙什儿”和“聊聊天”六个部分全面地介绍老腔音乐。结合图文编排、文本节奏、逻辑结构、纸张材料工艺等环节辅助体现老腔乐曲的感觉。不同的章节，由于表现内容的不同，需要不同的阅读节奏，因此版式的变化，字体的大小选择，图文关系的变化等都进行了相应的调整。在不影响书籍整体关系、阅读舒适感的基础上来体现老腔音乐层次丰富，音乐跳度大起伏的节奏韵律关系。两个作品，用不同的表现语言，“一唱一和”，相辅相成。

《古乐、孤本与温存》部分

《古乐、孤本与温存》书籍设计
实物部分展示

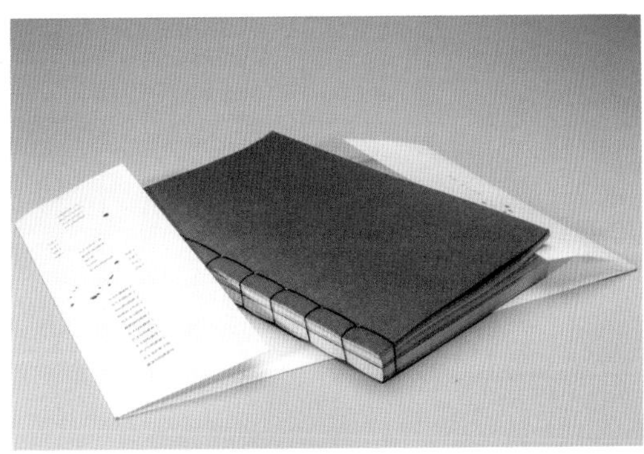

二胡手

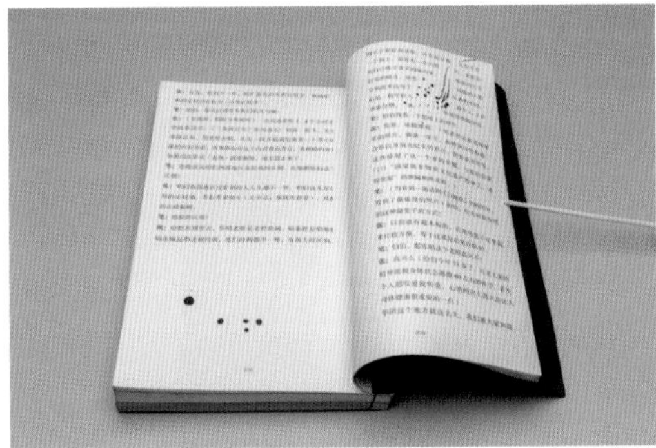

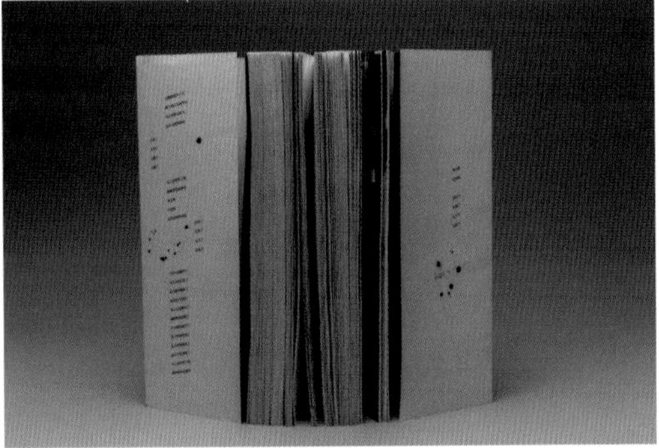

展览效果

展览内容主要有三部分：静态阅读书籍、老腔音乐视觉化纸质装置、多媒体视频。

老腔音乐视觉化纸质装置

将老腔音乐视觉化呈现在前后两层的纸质装置中，读者可以在观看的过程中通过装置的细节感受老腔的整体气韵、节奏韵律和音乐意象。

多媒体视频

在阅读静态书籍的同时观看音乐纪录视频，丰富读者对于老腔音乐视觉和听觉双方面的音乐感受。

静态阅读书籍

把深入调研的内容编辑成《古乐、孤本与温存》静态阅读书籍，读者通过阅读每个部分版式的变化，文本的节奏，触摸纸张不同的质感，结合视频“立体”而全面地认识老腔音乐。

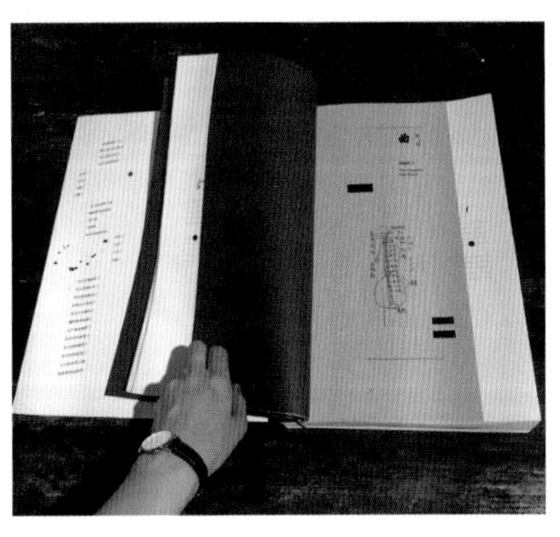

5 结语

在将老腔音乐从抽象转化为具象的过程中，分为《腔》和《古乐、孤本与温存》两本书，一“虚”一“实”。

《腔》是将看不见的音乐用现代设计语言转化成可见的“音乐”，重点是把握住老腔音乐最本质的核心，音乐的“魂”，表现老腔音乐整体的节奏韵律质感，同时画面中还融合了老腔艺人演绎关中地区人民生活场景的人物形象，借以表达老腔音乐的内涵。整体营造老腔音乐感人肺腑的“喊山”气势。

另一本《古乐、孤本与温存》着重将丰富的田野考察、图文资料和研究内容做一个整体的编辑梳理，分成“山河地貌”“曲”“演奏人”“《大闹天宫》全本”“家伙什儿”和“聊聊天”六个部分全面介绍老腔音乐。结合图文编排、文本节奏、逻辑结构、纸张材料工艺等环节辅助体现老腔乐曲的感觉。两个作品，用不同的表现语言，“一唱一和”，相辅相成。

在对于老腔音乐视觉化在书籍中表现的实践应用，一方面探索了纸质书籍发展新的可能，另一方面为老腔这一极具人文精神、文化感染力的音乐的创新和发展提供新的思路与设计空间。我的毕业设计前后进行了近一年的调研，在跟老艺人们频繁的交流中聆听他们和老腔的故事，也让我更加坚定要将这种对生命饱含深情的、沧桑但又不失激情和积极态度的民间优秀音乐曲种，用书籍的形式传递给更多的人。在这个过程中特别感谢我的导师王红卫老师对我毕业设计选题方向的指引以及创作全程的耐心指导。

王宇昕与导师王红卫合照

老师评语：

笔者以“华阴老腔”民间音乐为研究对象，通过多次走访调查，挖掘老腔音乐的特点，运用当代视觉语言和表现媒介，解构重建并且结合视听，将音乐的魂通过书籍载体淋漓尽致地表达出来，书籍分为虚实两部分，“虚”用长卷的形式，写意将老腔的北方彪悍的感受表达出来，“实”的部分则对老腔从历史的渊源开始对文本重新编辑，详细记录下老腔的发展兴衰史。将老腔独特的音乐形式用视觉化的手段表现，物化在书籍设计上。

毕业创作在探索具有鲜明地方特色的民间音乐视觉化表现的同时，也为探寻纸质书籍新的表现方式上做出新的尝试，为国家非物质文化遗产的传播与创新提供新的思路和可能。论文概念准确，深入浅出，结构合理，资料翔实，有典型性和深度，并有独特的学术观点，对音乐领域书籍具备一定的参考价值。

6 后记

从清华大学美术学院毕业后，我考入了故宫博物院资料信息部，在近三年的时光里，经常能够感受到母校、导师对我在专业领域、生活态度和精神追求上的诸多深远影响，正是这种潜移默化的滋养，才能够辅助我相对平稳的适应从校园到社会的过渡，很多在清华、在导师工作室形成的习惯一直默默在心灵深处给我以鞭策和动力，指引着我按照一个合格的清华人标准来面对工作和生活。

在故宫博物院工作期间，我主要从事的是数字展馆的

展览策划和设计工作，这是一项较为系统庞杂的工作，成果往往需要两三年的准备才能与大众见面，因此在这个过程中，需要在积累专业领域的知识信息以外，还要不断地学习包括博物馆学、文物历史、展览策划、展陈设计、空间设计、项目管理与统筹、设备技术等方方面面的知识，以扩展自己的能力，让自己在工作中更加全面地发展。

在生活中，我也还是喜欢画画，眷恋用笔头记录自己游历途中美好记忆的感觉。

每日故宫APP

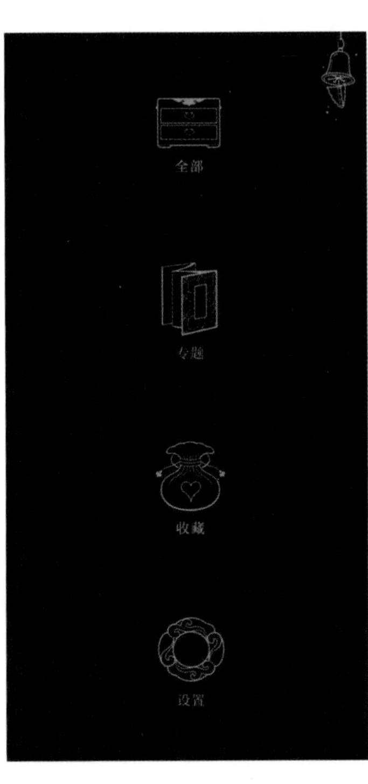

中国高铁

2017年

中国高铁的历史很短但其成长速度是惊人的。自20世纪90年代初的孕育到2008年的建成，如今俨然成了全球高铁中最耀眼的明星。随着京沪、哈大、京广、兰新、沪昆等重点线路相继建成通车，中国高铁四横四纵的骨架基本形成。

赵墨染

1991年11月21日生于黑龙江大庆
2017年毕业于清华大学美术学院
研究生毕业后，在出版社从事绘本创作、编辑工作

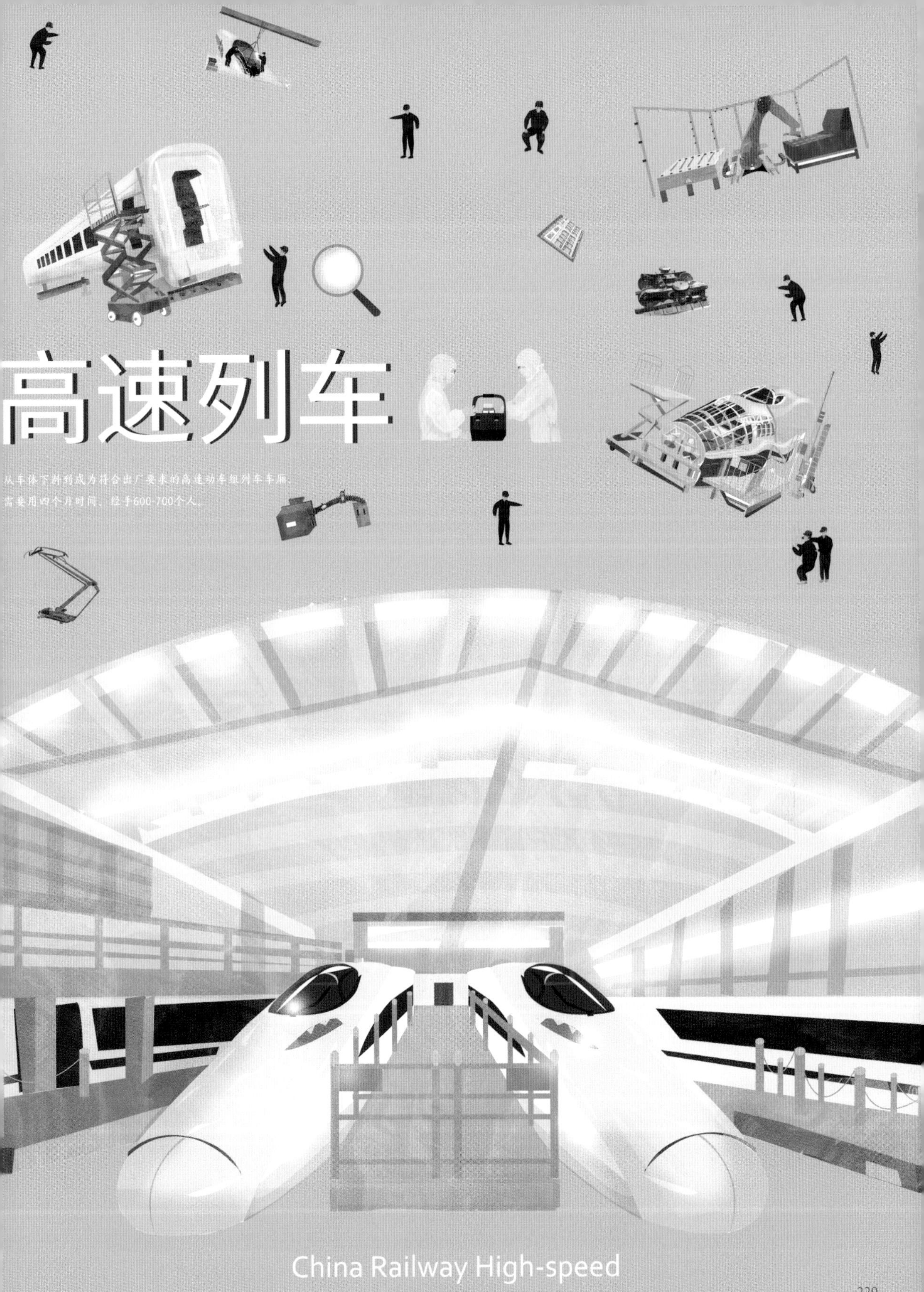
高速列车
从车体下料到成为符合出厂要求的高速动车组列车车厢，
需要用四个月时间、经手600-700个人。
China Railway High-speed

1 前期准备

前期调研

在确立了中国高铁这个选题之后，我第一步是做头脑风暴，将能想到的和中国高铁相关的信息列在纸上。再根据纸上的信息确定要去收集的资料方向：网络、书籍、报刊、实地考察。利用假期多次乘坐高铁，实地考察车站、车辆、乘务员等大众都能接触到但并没有仔细观察的细节，拍摄了大量的一手资料，并利用 2016 年的清明小长假，实地探访高铁兰新线中的部分路段，对古丝绸之路沿线的人文、历史、风俗和自然风光有了更清晰直观的认识。

和谐号

资料搜集

我对于中国高铁的实地探访仅仅算冰山一角，更全面的信息来源还是中央电视台播出的纪录片《中国高铁》《超级工程》等。这些纪录片带我走进普通大众看不见的高铁研发实验中心、生产车间、维修工厂等重要地点。在研究了多集纪录片后，我在清华大学的图书馆中借阅多本讲述中国高铁的书籍，因为有了之前调研的积累，这一次看书就可以清晰地看懂，且可以摘取出需要的信息。

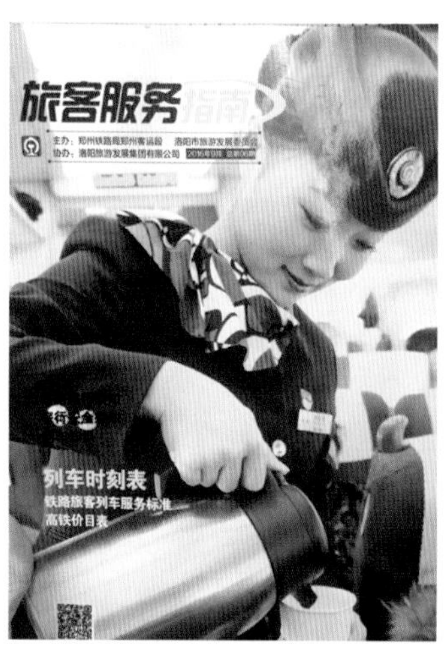

中国高铁大事记

年代	重要事件
1869年	中国人到美国修建铁路当廉价劳工
1909年	中国自主设计第一条铁路/京张铁路（詹天佑）
1949年	全国铁路长度1万1千公里
1952年	新中国成立后的第一条铁路/成渝铁路
1958年	宝成铁路（拉开中国铁路现代化建设的序幕）50~60公里每小时
1978年	邓小平访日坐新干线（ 高铁对中国来说只是梦想）
1990年	春运/大国之痛
1994年	广深铁路（自主设计新型铁路）160公里每小时
2004年	国务院批准通过中国历史上第一个《中长期铁路网规划》
	同年铁道部发布招标公告：拟采购时速200公里的铁路动车组
2005年	铁道部发布第二轮招标公告，拟采购时速300公里的铁路动车组
2006年	中国南车率先交出国产时速200公里的动车组
2008年	京津城际出现，时速350公里
2009年	中国正式提出高铁“走出去”战略（欧亚、中亚、泛亚）
2010年	CRH380A动车组下线，李克强总理出访推销，486.1公里世界运营实验最高纪录
2011年	京沪高铁，中国高速铁路代表之作
2012年	哈大高铁，世界上第一条穿越高寒季节性冻土地区的高速铁路
	京广高铁，迄今全球运营里程最长的铁路
2013年	匈塞高铁
2014年	兰新高铁，一次性建成里程最长的高速铁路/安伊高铁（土耳其）麦麦高铁（沙特）
2015年	李克强总理邀请中东欧16国领导人共同乘坐中国苏州开往上海的高铁（高铁外交新名片）
	“四横四纵”高铁骨架基本建成
2016年	沪昆高铁（云南段） 开始联调联试（中国东西向线路里程最长，经过省份最多的高速铁路） 《中长期铁路网规划》重新调整 运营里程达2万公里以上，占世界高速铁路运营里程的60%， 成为全球高速铁路运营里程最长的国家

2 创作过程

在进行详细的分析后，我对上述资料进行了精简，归纳、列表，摘选出想要表达的重点信息，加上关键词标记下来。这样有助于在海量的信息中，梳理出中国高铁信息内在的逻辑关系。

高铁各部位零部件说明

放下高深的技术，直观地简单地说，
高铁列车在制造中由四大部分组装而成：
车体、转向架 、车上下大部件、车内设施。

转向架	（动）高速列车的轮子（动力/非动力）	四个轮子、两根轴、一个框架	脚/飞毛腿
车体	“马蜂窝”钢材，即中间是空的	铝合金框架	躯干/骨架
牵引系统	跑起来（动力之源）	受电弓（能量收集器） 接触网、变压器、电流	心脏
制动系统	安全、可靠停车的保证	电——空复合制动 调速/停车	刹车
网络控制	指挥中心 对整车的逻辑控制 状态监视和故障诊断		中枢神经 大脑

关键词	说明内容
历史（起）	铁路历史发展概况
X光透视（承）	中国高速列车的结构部件介绍
流程（承）	中国高铁从制作、使用、维护的过程
兰新线（转）	以兰新线为例，展开一场高铁之旅
背后的人（合）	中国高铁背后的大国工匠们

这些关键词分别是铁路历史大事记、中国高铁的X光透视、中国高铁的制造流程、兰新线之旅以及背后的人。
这是一个从宏观到微观，从理性到感性的过程，整体的情节安排是起承转合。

列表完成之后，开始根据资料画草图。

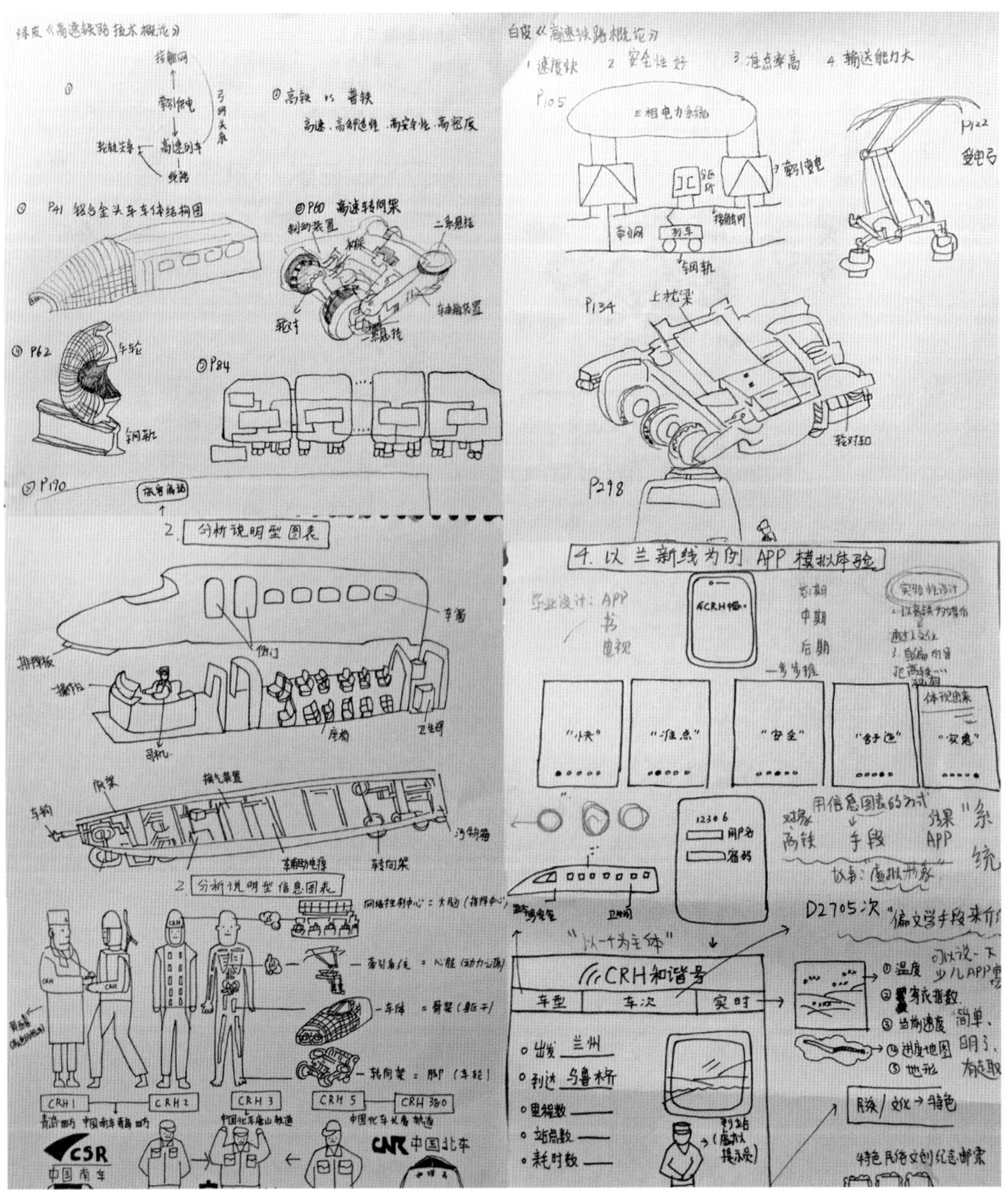

人物造型设计

我在创作时除了注意视觉图画的准确性之外，生动性和趣味性也是我所追求的。因而在人物造型上实验了多个方案。第一稿个性不足，且过于低幼卡通，虽然选择的呈现方式是绘本但目标受众群更广泛一些，经过多次尝试后改成的比例和风格较之前相比更加写实。因中国高铁乘务员的服装并不统一，且主要介绍兰新线，就统一选择了一种款式即兰新线上乘务员的服饰。同时在人物刻画上注重保留民族风情，加入具有辨识度的元素。

情感表现

在调研的资料中，为中国高铁辛勤付出的人们其实是最打动我的。我搜集了大量工作人员的照片，希望将他们的面孔刻画下来，同时在画面中配上他们说过的话或自己所做的工作。画面上的字是我手写的，希望营造出朴实的人情味，以此表达对这些可敬可爱的人的敬意和感动。

"我们干的是良心活！"

——中国中铁二局工人

色彩处理

由于创作对象是中国高铁，所以在色彩选择上以冷色的蓝、灰为主，辅以部分暖色。希望色彩符合中国高铁科技感和现代感的气质。书籍内页的颜色是从冷色到暖色，从理性到感性的过渡。

3 制作过程

China Railway High-speed
中国高铁
CRH
Illustrated by Moran Zhao

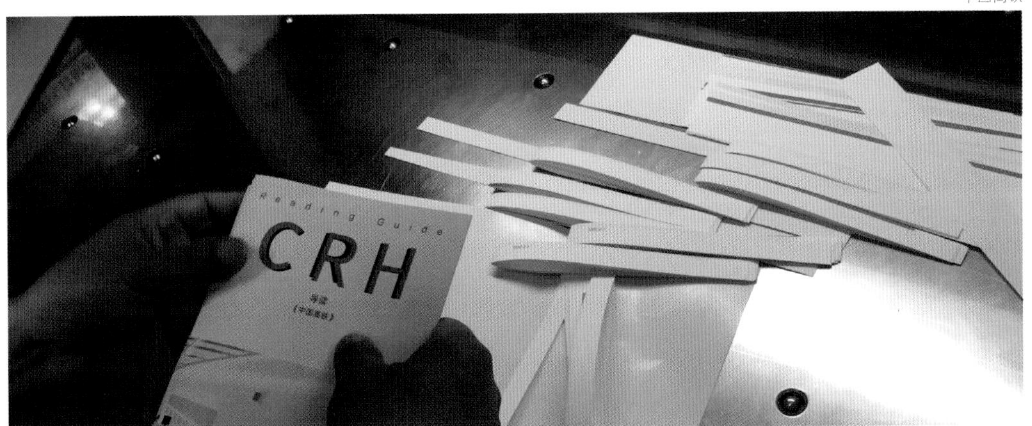
Reading Guide
CRH
导读
《中国高铁》

高速列车
China Railway High-speed

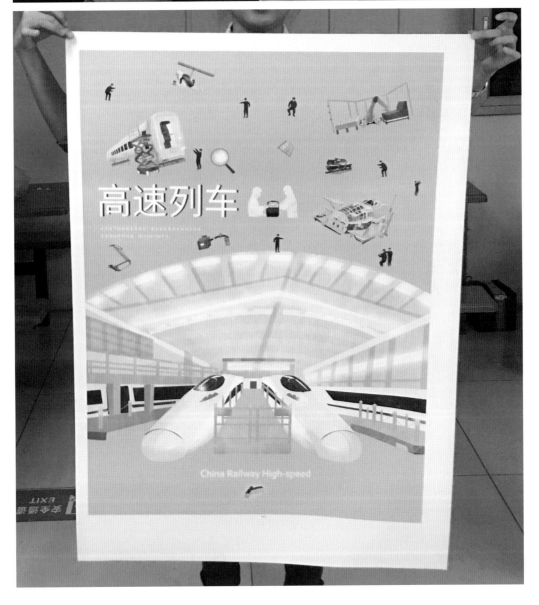

4 最终成果

设计展示

《中国高铁》科普绘本所采用的开本尺寸是 840mm × 297mm；内文 82 页；封面是特种纸裱荷兰板，书脊处是蓝色装帧布；内文纸是 170g 特种纸；装订方式是蝴蝶装对裱。

内容分为 5 部分：铁路相关历史，高速列车的零部件，高速列车制造、使用、维护的流程，特色线路兰新线以及背后的工作人员。全书共 81 页。在此次创作中，我借助了比喻的手法将高速列车比喻成人，高速列车的转向架就好比人的脚，芯片好比人的心脏，铝合金结构相当于人体的骨架，牵引系统相当于人的神经系统，而调度控制系统则相当于人的大脑。黄色的高速动检车相当于高速列车的私人医生，高速列车每晚都要回家休息、体检、洗澡和美容。通

过这些类比，可以向读者科普中国高铁各个部位的作用，与人体的各部位联想记忆，更加清晰和生动。再如我又重点介绍兰新线路上有特色的人文历史景观，不同地域的自然景观和描绘少数民族多姿多彩的风情，结合国家提出“一带一路”的倡议，将新的丝绸之路展现到读者面前。最后将创作的镜头对准“人”，这些人有的是高铁的钢轨探伤员，有的是隧道养护工，有的是高铁制造工厂的工人，有的是高速列车上的工作人员，有的是为列车服务的人，有的是为列车开路架桥的人，有的是在海外为中国高铁走向世界努力的人。无数这些背后的人，是他们的力量织造出其如此庞大完善的中国高铁网，他们的存在是最应该被大众知晓和感谢的。

《中国高铁》书籍内页

展览效果

展览内容主要有两部分：

墙上海报和桌上实体书籍，以及延展品等。

墙上海报

用粘贴的方式使得海报更加立体。

桌上展示品

5 结语

我这次创作最大的特点是将科普性和人文性综合起来，作品的前半段重点介绍中国高铁的科普知识，满足儿童的好奇心和求知欲，作品的后半段重点是介绍中国高铁相关的人文风俗故事。希望这次的创作可以让更多的儿童了解到中国高铁的不凡之路，了解其历史、其设计的科学原理、特色的人文风俗以及其身后可敬可爱的大国工匠们。同时笔者也希望能够对我国高铁的形象产生一定的推动和助力作用，让更多人为中国科技骄傲，为中国人点赞自豪。

在做中国高铁这个题材之前，我对高铁的印象仅仅是舒适便利的交通工具。随着调研的深入，才发现中国高铁不是冷冰冰的工具，而是充满智慧、心血、汗水和人文精神的庞大网络。在创作的过程中，我被这些不为人知的故事深深打动，希望更多的人通过这本书重新认识中国高铁。回顾研究生期间的学习和生活，衷心感谢一直教导我的王老师以及红卫设计所有的老师和同学们！同时我也在学习期间找到了自己未来事业发展的方向，希望能在儿童绘本领域一直钻研创作下去。

·《中国高铁》获2017年全球插画奖中国区新人奖三等奖

·入围2017年全球插画奖（原创未出版儿童绘本类），作品参加法兰克福书展

老师评语：

作者选择科普绘本作为研究的方向。前期做了大量的调研，梳理科普绘本知识性、趣味性的特征。目前在国内出现了“绘本热”，读者对象已经不仅是少年儿童，甚至成人都成为绘本忠实的读者，收藏科普类绘本的书籍成为很多家庭的选择。中国高铁的发展历史很短，但成长速度惊人。“中国高铁”是中国制造走向世界的名片。将枯燥的科普知识用讲故事的方式、拟人化的手法展示出来：将高速列车比喻成人，高速列车的转向架就好比是人的脚，芯片是人的心脏，铝合金结构相当于人体的骨架，牵引系统相当于人的神经系统调度控制系统则相当于人的大脑。设定高铁人物造型并将代表“一带一路”的“兰新线”设定为主体人物形象，保留民族风情，通过车窗体现地域风情特色。

该作品绘制复杂精准，经过严格的数学推理计算，并做适当的夸张处理，整体风格统一，人物造型有特色，细节处理都恰到好处，制作周期长，有一定的试验性，对市场中的科普类绘本有一定的指导借鉴意义。

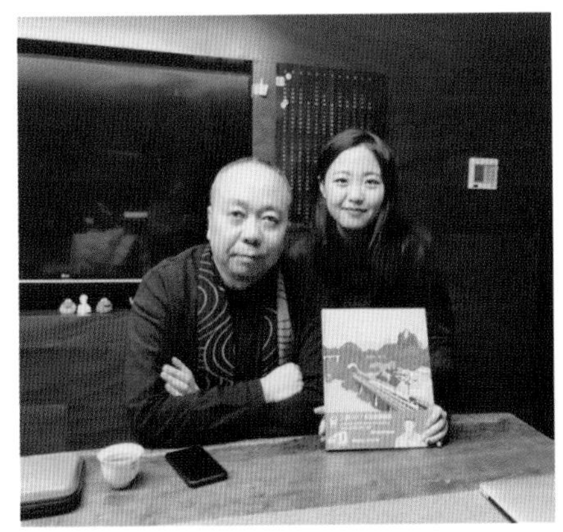

赵墨染与导师王红卫合照

6 后记

2017 年毕业后，我进入了出版社从事绘本创作和美术编辑的工作。

将毕业作品《中国高铁》科普绘本打磨成真正的出版物是我的第一项挑战。这也是我从学生状态转换为工作状态的实践过程，关于中国高铁，我的调研层面也因此深入到了北京南动车所、中国铁道科学研究院等一线地点。2018 年毕业作品顺利出版，无论是市场销量，还是评奖都取得了不错的成绩。这也使得我更加坚定了自己的职业方向——绘本创作。

2017—2020年出版作品：
《我爸爸是军人》（2017）/《中国高铁》（2018）/《丝路高铁》（2019）/《爸爸的火车》（2020）

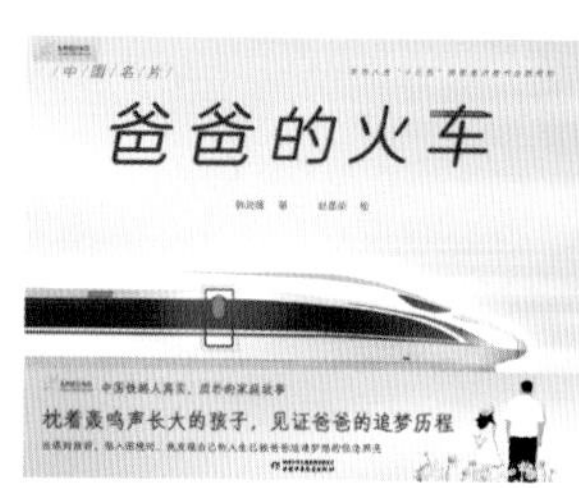

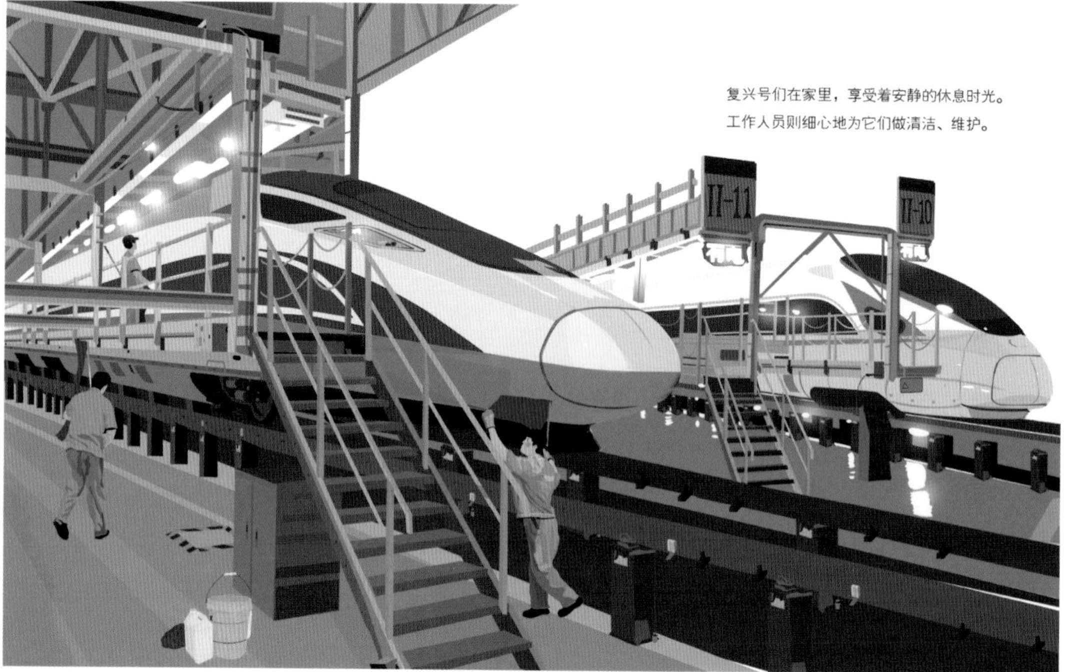

复兴号们在家里，享受着安静的休息时光。
工作人员则细心地为它们做清洁、维护。
II-11
II-10

2017—2020年作品获奖情况：

《我爸爸是军人》
荣获2017年“冰心儿童图书奖”；入围2017年“陈伯吹国际儿童文学奖”（绘本类）
《中国高铁》
入围2017年全球插画奖荣获；2018年科技部全国优秀科普作品
《丝路高铁》
入选2019年“中国图书对外推广计划”（俄文）
《爸爸的火车》
入选“十三五”国家重点图书出版规划；入选2020年意大利博洛尼亚国际童书展中国原创插画展

艺术家手制书设计与研究 2019年

作者基于艺术家手制书的设计与研究，通过对《环球时报》英文版2850余份新闻报纸的研读和整理，提取其创刊10年来的重要信息进行重构，尝试使用新的表达形式探索新闻媒体呈现方式的多种可能性以及纸质书籍的更多艺术魅力。

熊晓莹

1978年2月9日生于江西抚州
2019年毕业于清华大学美术学院
就职于《环球时报》英文版

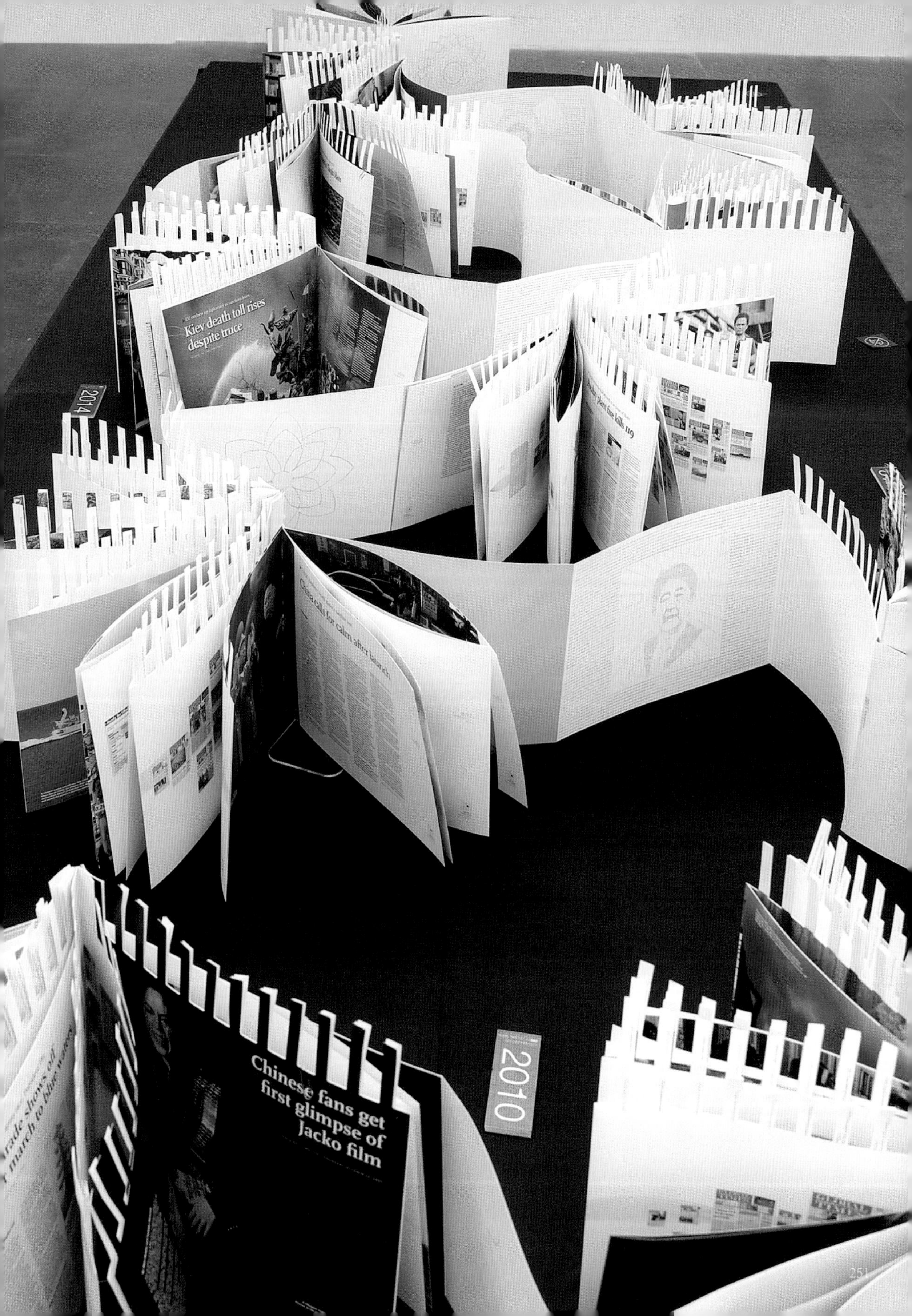
2014
Kiev death toll rises
despite truce
China calls for calm after launch
Chinese fans get
first glimpse of
Jacko film
2010

1 前期准备

艺术家手制书（Artist's book）虽然在西方有 200 多年的历史，但在国内，还不太为人熟知，并存在很多的争议。例如，对于它的定义、概念，甚至名称，国内外都还没有一个得到所有人认同的定论，每位艺术家对它都有自己的认知。这正是它独具魅力的原因，也是它更加值得研究和探讨的地方。

近年来，艺术家手制书在中国也受到了广泛的关注。同时，在中国独特的阅读语境下，艺术家手制书必然也会迅速发展起来。

新媒体时代，书籍设计如何提升自身的价值，积极利用数字技术的同时，研究新媒体无法达到的艺术层面，笔者希望通过对这种独特的艺术形式的探索和研究，从中获取由传统到实验的各种意识形态和表现方式的灵感。

近年来人们越来越喜欢参观艺术书展，甚至出现了一票难求的现象，例如，2018年在上海M50创意园区零时艺术中心展出的“2018第一届上海艺术书展”，由于参观人数太多，不得不采取限流、限时的措施

A
BRIGHT ER
IDEA
by
DANIEL DAVIDSON
HIER AN
SOLLST
DU IHN
ERKENNEN
PIMO
& REX

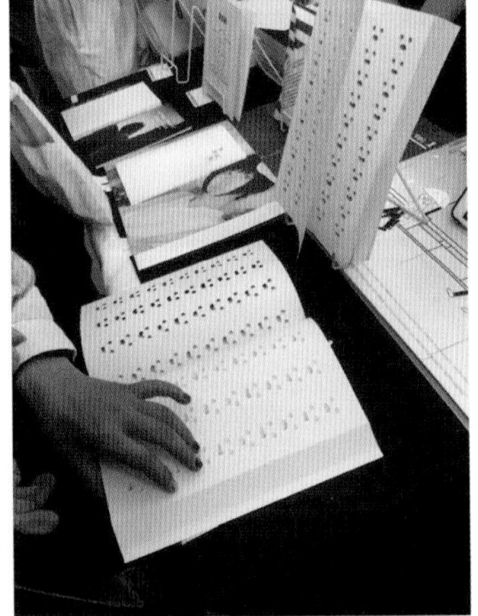

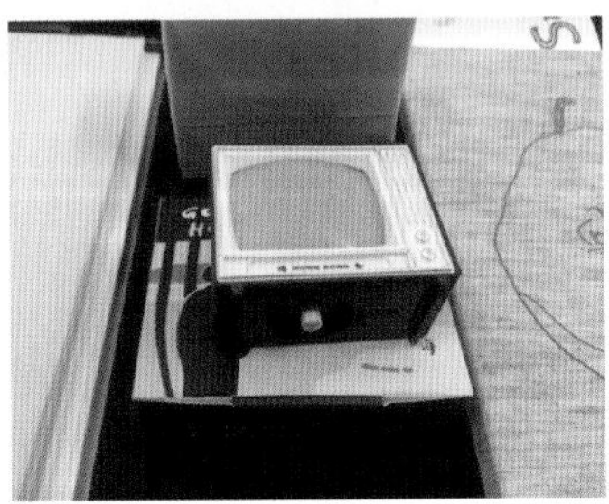

笔者在研究的过程中，发现一个有趣的现象，关于艺术家手制书的名称，国内外都有很多不同的表达方式。

国外，英文名称主要有4种表达方式。不过，目前英文用得最多的还是 Artist's book。

国内，自2012年在中央美术学院美术馆，徐冰、马歇尔·韦伯策划了名为“钻石之叶——全球艺术家手制书展”之后，由于展览的影响力，目前接受“艺术家手制书”名称的人比较多。但与此同时，“Artist's book”也被很多人称为“艺术家书”。就此，笔者特别采访了国内一些关注此问题的艺术家。他们有些人认为“手制书”的翻译，过于强调“手工”，容易给普通人造成错误引导；而有些人则认为“艺术家手制书”的翻译恰恰体现了“Artist's book”的精髓，符合其版数限量的概念。

关于艺术家手制书的概念也有很多种解释。有人说，一定要有翻阅功能；也有人说，必须是艺术家亲自制作的。笔者比较认同这样的观点：艺术家手制书，是艺术家以“书”为创作载体，传达自己艺术观念的艺术作品。

艺术家、收藏家王骥先生向笔者展示其多年的艺术家手制书收藏精品。他认为，艺术家手制书和手工书还是有很明显的区别的。将艺术家手制书归类为书，以区别于其他的艺术作品，很重要的一点在于其阅读性和分享性。同时它作为一件艺术品，具有延展性和互动性

2 创作过程

主题确立

Global Times（《环球时报》英文版，以下简称 GT）是目前国内两大英文新闻媒体之一，创刊于 2009 年，是笔者的供职单位。2019 年正值 GT 创刊 10 周年，这是一个非常值得纪念的日子。因此，笔者在艺术家手制书研究的基础上，决定以 GT 为研究对象，尝试使用新的表达形式探索新闻媒体在未来的多种呈现方式的可能性以及纸质书籍的更多艺术魅力。

笔者研读了 GT 十年间约 2850 期报纸中各大版面，经过对大量素材的整理和分析，尝试了多种类型主线的提炼与分类，最终得出结论：每份报纸中的头版是当天国内外众多新闻事件中筛选出来，最值得关注的内容，而头版中的头条又是重中之重。因此，笔者锁定了头版版面以及头版头条的图文，以此为实践设计的主要素材。

设计定位

艺术家手制书最重要的特征就是它本身就是一件艺术品。因此，GT 十周年的纪念书籍不能仅仅停留在一本书的层面上。它除了要传达十周年的重要信息，更需要具备艺术性、观赏性、翻阅性以及收藏价值。

新闻就是要发出自己的声音，拥有话语权，在国际上产生一定影响力。这些声音，必须是敢于向上的。独立时，每一个声音都是突出的、力争上游的；凝聚时，则是一幅高低起伏的音乐篇章。GT 十年，犹如一颗种子，经过岁月的洗礼，逐渐像花一样，绽放自己的光华。

封面封底设计

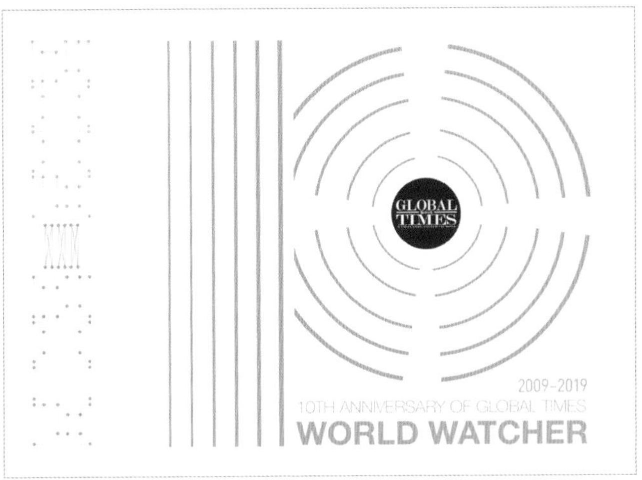
GLOBAL
TIMES
2009-2019
10TH ANNIVERSARY OF GLOBAL TIMES
WORLD WATCHER

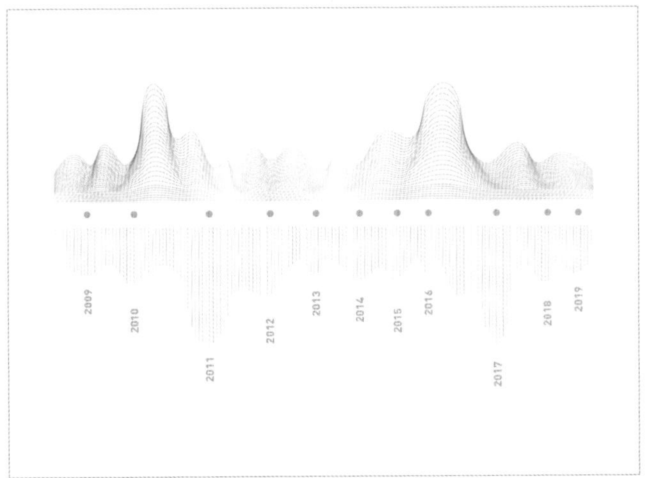
2009
2010
2011
2012
2013
2014
2015
2016
2017
2018
2019

扉页设计

上：每一朵花都由当年的头条标题文字组成，是GT十年的声音与传播，也是GT十年的成长与绽放
下：选择GT报道最多的国家元首，把头版标题线型化后组成图像，体现他们的形象

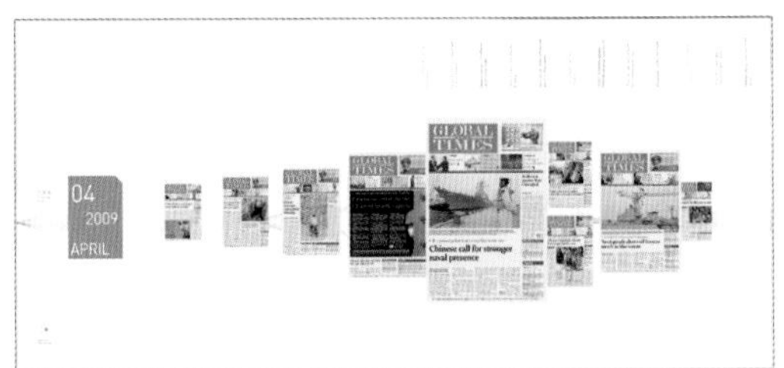

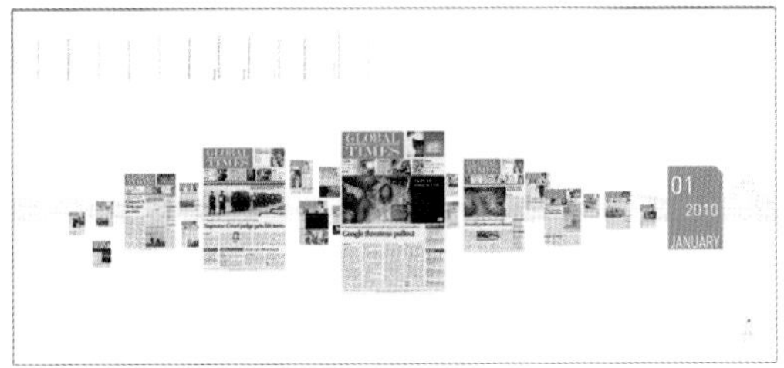

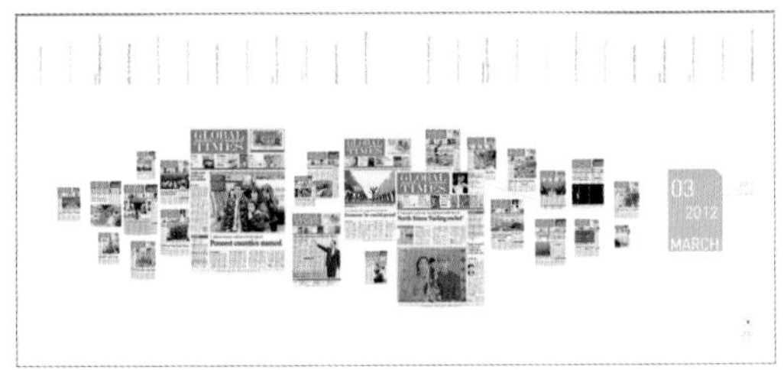

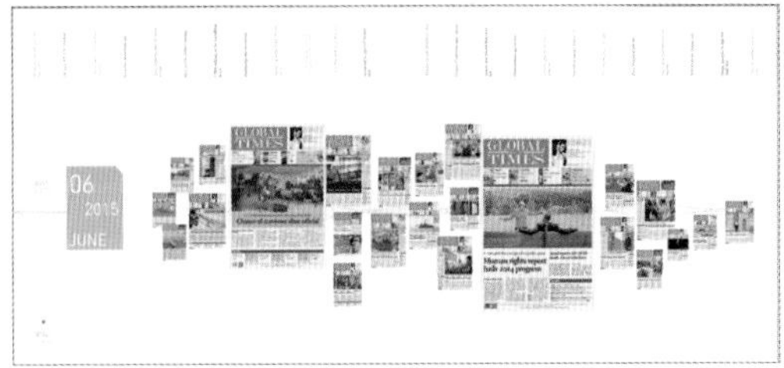

收集约2850期头版版面，进行重构 。以月为单位，采用灰度罩色的方法转化为单纯图形，彼此之间结合起来，随着声波变化，形成自然的、有节奏的韵律感

提取约2850条头条标题进行重构排列。每期头条标题文字的长短变化和书的内文相互关联，视觉中形成像钢琴键盘的抽象音乐符号

版式设计

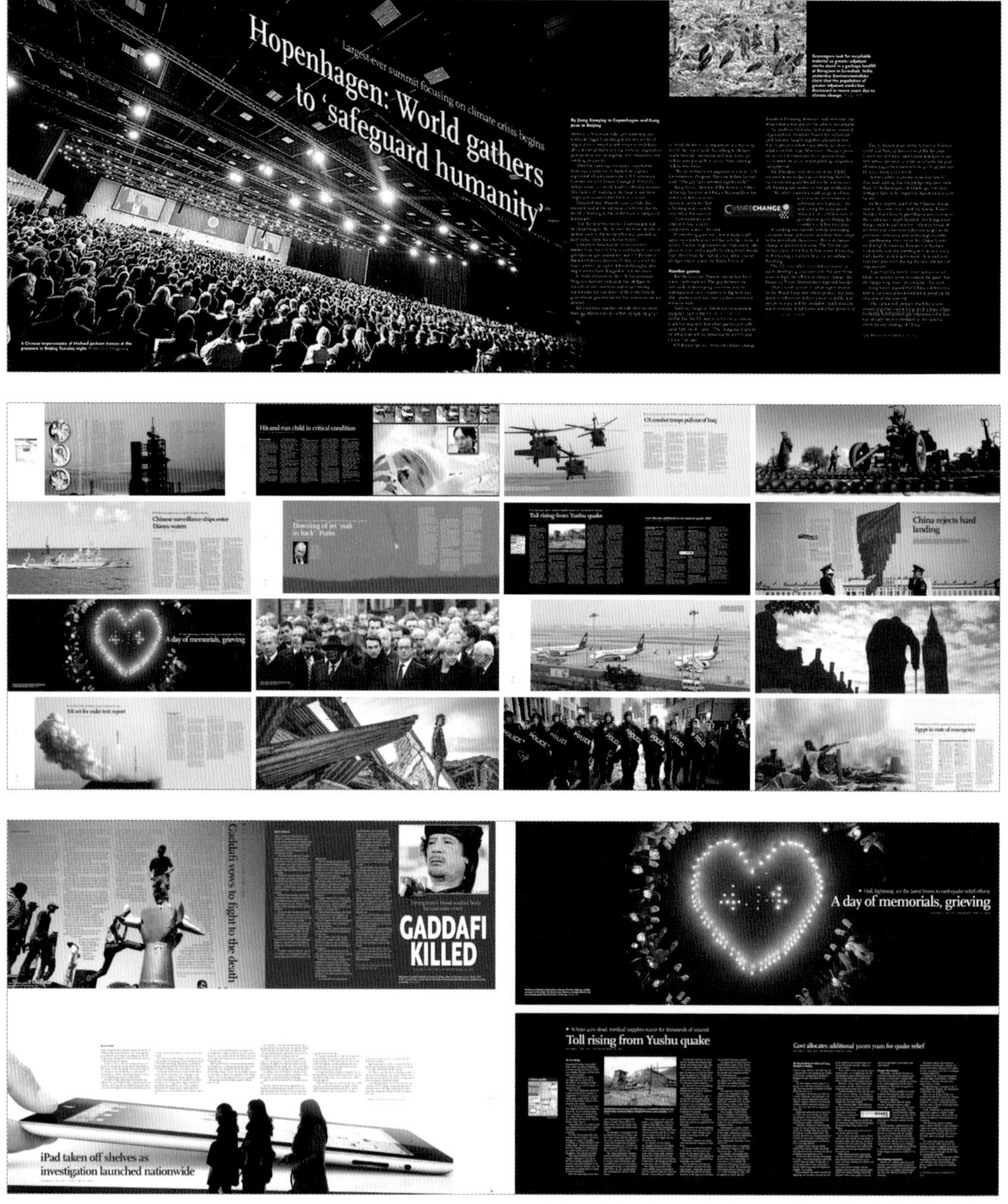

重构版式设计，内文文本起伏排列，与其他部分的声波律动相呼应

综合材料的选择和印刷、装订方式的实验探索

GT 十年的手制书设计，笔者希望风格是纯净的、高雅的。材料选择需要高度契合内容，体现书的温度和品质感。

因此，笔者选用透明亚克力配合银色晶白珠光纸作为封面和封底的主要材料，用以契合“新闻透明度”的主题。

然而，透明亚克力与光滑的铜版纸粘贴时，使用无影胶能达到无痕效果，但是换做是特种纸的话，就会留下胶水痕印。工厂建议要么使用铜版纸，要么放弃透明亚克力，使用有颜色背胶的亚克力。铜版纸难以呈现 GT 十周年庆典的品质感，带颜色的亚克力过于工业化，同时也失去了笔者最初对新闻的“透明”定位，两者都不是笔者想要的效果。

最后，经过多次修改设计方案，做了多种尝试后，最终通过在两张透明亚克力上钻孔，用螺丝钉来加固纸张和有机玻璃的贴合度，再通过设计手段把钉子掩盖住，同时辅以切割、透雕、背雕、刻线、烫金、手工缝线等工艺来实现封底封面，并最终基本达到了笔者想要的视觉效果。

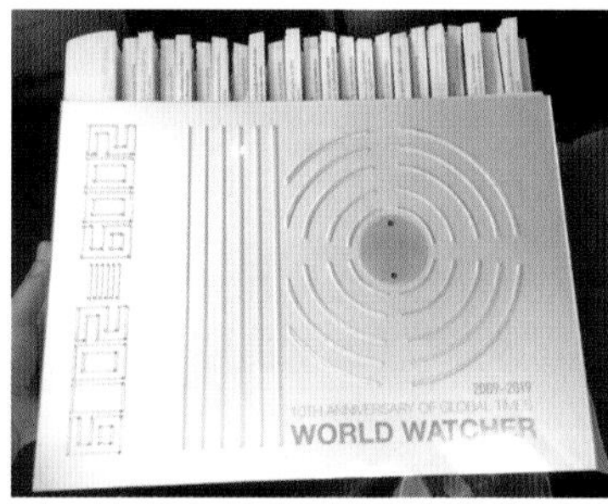

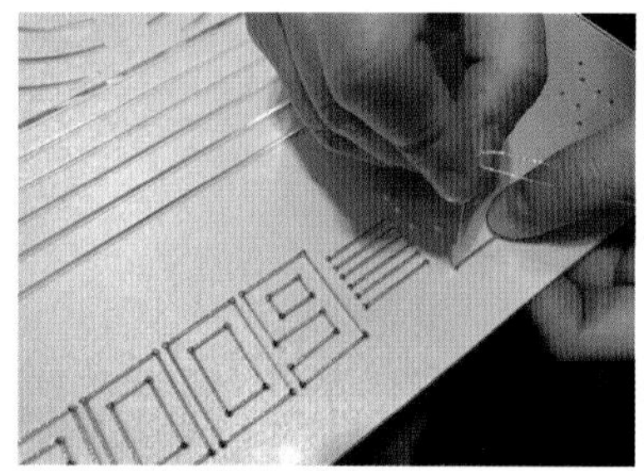

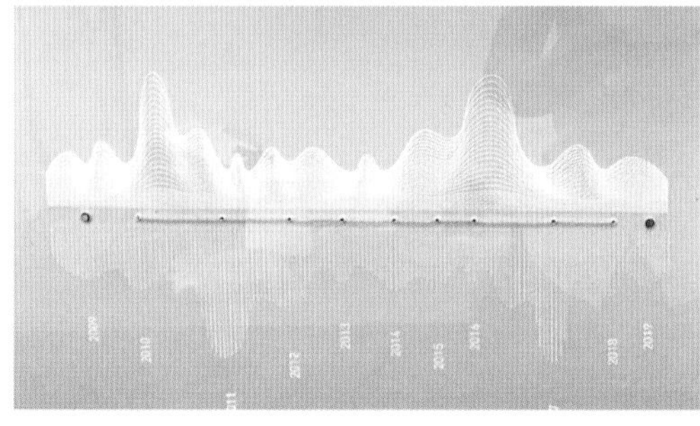

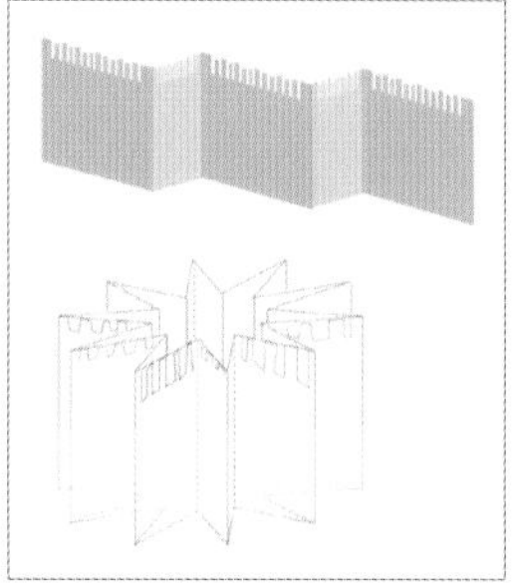

手工缝线 + 打孔上钉，加强两块亚克力的黏合度，避免使用任何胶水，保持透明亚克力的基本属性

装订方式上采用正背经折装加锁线胶装

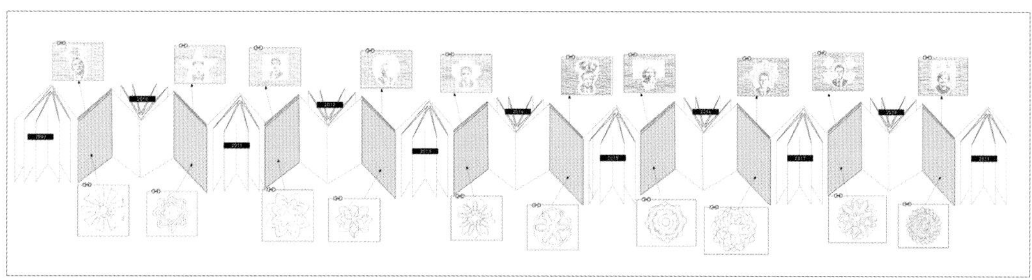

3 最终成果

设计展示

艺术家手制书设计与研究——以 GT 创刊十年为例，展览内容主要由 4 个部分构成：十周年纪念书籍设计、作品解读视频、装置设计以及新媒体视频。

GLOBAL
TIMES
作者基于艺术家手制书的设计与研究，通过对《Global Times》2850余份新闻报纸的研读和整理，提取其创刊十年以来的重要信息进行重构，尝试使用新的表达形式探索新闻媒体呈现方式的多种可能性以及纸质书籍的更多艺术魅力。
三国演义
插图的现代表现研究
2010
WORLD WATCHER
14
2012

相关设计

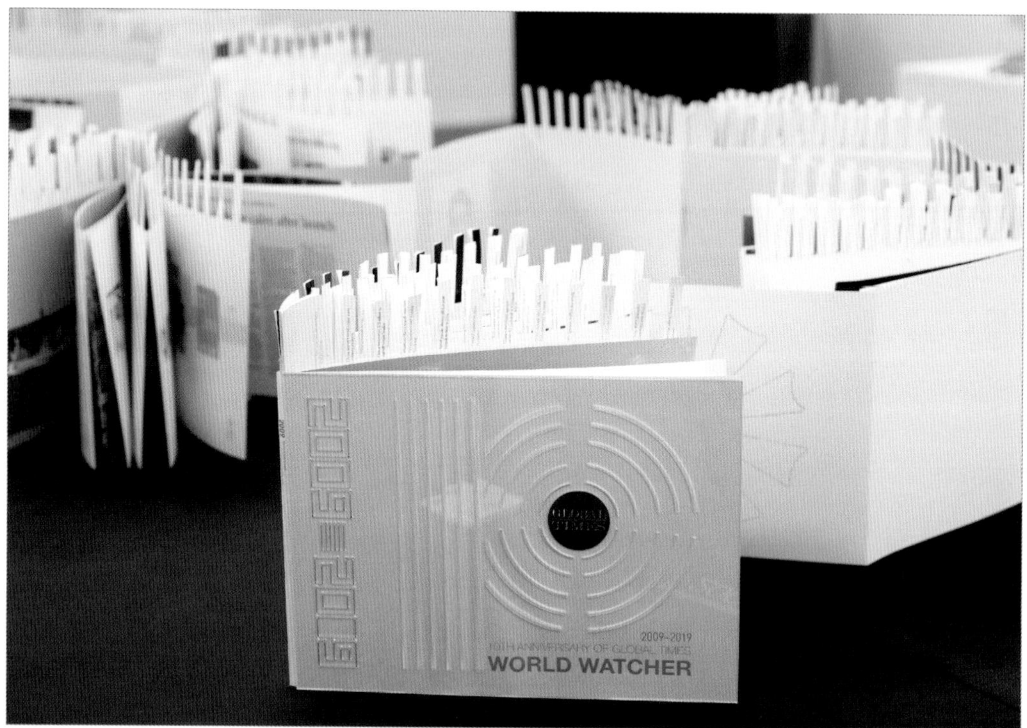
2009-2019
10TH ANNIVERSARY OF GLOBAL TIMES
WORLD WATCHER

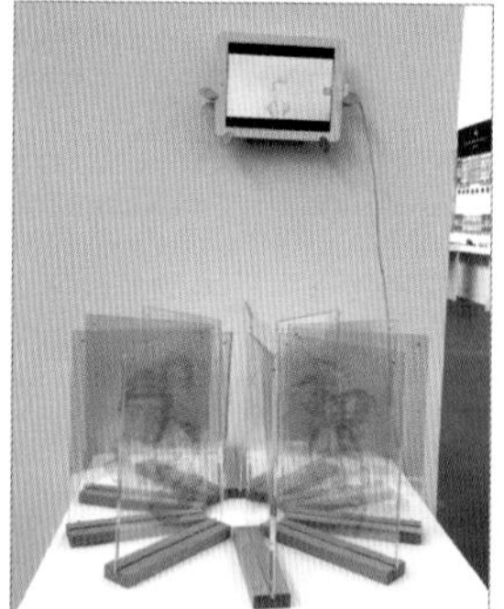

GLOBAL TIMES
GT
2009-2019

展览现场

4 结语

自古以来，在书籍发展的长河中，无论国内外都能看到艺术家的手笔。古时多见于各种类型的手抄本，或是服务于宗教和王权，或是来自于民间艺术家的自娱自乐。如今，艺术的形式越来越多样化，艺术家手制书的表达方式也更加丰富多样。

遗憾的是，在国外很多艺术博物馆、图书馆甚至画廊和私人收藏家都有专门收藏艺术家手制书的习惯，而在国内这一领域几乎为零，因为大部分人都不了解艺术家手制书，甚至完全不知道这种艺术形式。笔者希望借此机会对艺术家手制书这种独具魅力的艺术形式起到一定推广作用。

未来的书是什么样的？

新媒体时代，移动终端迅速普及，电子阅读时代也随之而来，纸质阅读是否会被电子阅读取代？

毋庸置疑的是，纸质书籍的精美装帧、翻阅时带来的阅读美感及其特有的权威性和收藏价值都是电子书籍无法替代的。电子阅读崛起的同时，人们更加重视纸质阅读媒介的个性化、艺术性，因此无论是报纸，还是书籍，都将面临创新和发展的需求。艺术家手制书除了本身的“翻阅”属性以外，同时也是一件艺术品，在人们的独特阅读需求下，必然会得到更多的关注和发展。

笔者通过对艺术家手制书设计与研究，了解到这种独具艺魅力的艺术形式在国内外的历史和发展现状。通过对国内外多位艺术家的作品分析，并关注和采访了国内多位艺术家，从他们对艺术家手制书的见解中学习，并逐渐加深了对艺术家手制书的理解。

老师评语：

本文作者在前期对艺术家手制书做了大量国内外调研，在此基础上，详尽论述其概念、特点及国内外的发展现状，梳理出艺术家手制书的发展文脉，强调艺术家手制书更多是艺术家个性的表达。特别是她的毕业设计实践也有效佐证了自己的学术观点。

作者就职于报纸媒体*Global Times*（《环球时报》英文版），期毕业设计为该报创刊十周年纪念书籍设计，前期个人对10年内报纸文本和图片信息重新整理，将其按照年代暨时间轴的逻辑顺序转化成视觉信息图表；后期又将标题文字为元素，设计成种子到花开全过程的图形设计和报纸结合。每份报纸也转化为单纯图形，报纸和报纸之间结合随着声波大小有节奏的变化自然形成的韵律感，观者在“翻阅”的过程中，内心更像在聆听具有音乐史诗般的交响乐章。在书籍形态中大胆采用正背经折装加锁线工艺，小标题文字长短变化和书的内文形成对比，视觉中形成像钢琴键盘抽象音乐般的符号，全世界重要的首脑形象也用文字组合形成图形，和标题文字相呼应。在每一年分册设计中，采用头版的重大历史新闻图片的方式呈现出来，并有效和文本信息结合。特别是书籍整体展开，营造巨大的视觉气场，意象传达出《环球时报》英文版，传达中央政府声音，对外代表国家形象，通过书籍形态时空方式转换，意向传达出东方长城与巨龙的视觉效果。另外，毕业设计也包括解读毕业创作的视频作品和由文字组合设计而成的“世界领导头像”系列作品三部分组成。

熊晓莹与导师王红卫合照

5 后记

毕业后，笔者就职于 GT，在不断拓展专业领域的同时，也更加关注和重视设计背后的人文关怀。

2020 年初，一场始料未及的新型冠状病毒不但席卷中国，也成为全世界人民之殇。疫情期间，无数人丧失生命，无数人还要负重前行……

大自然面前，人类总是如此渺小。

2020年，新型冠状病毒疫情期间的海报设计。

20-21 WUHAN HISTORY GLOBAL TIMES

▶ Celebrating the culture of Hubei Province's capital city

TREASURES of WUHAN

Yunxian Man: What did prehistoric Hubei people look like?

Sword of King Goujian of Yue

Yunxian Man skulls, 1 million years ago

Chime Bells of Marquis Yi of Zeng

Chime Bells of Marquis Yi of Zeng, Zhou Dynasty (1046BC-221BC)

China's founder of romantic odes

Qu Yuan (340BC-278BC)

Yellow Crane Tower

Three Kingdoms Period (220-280)

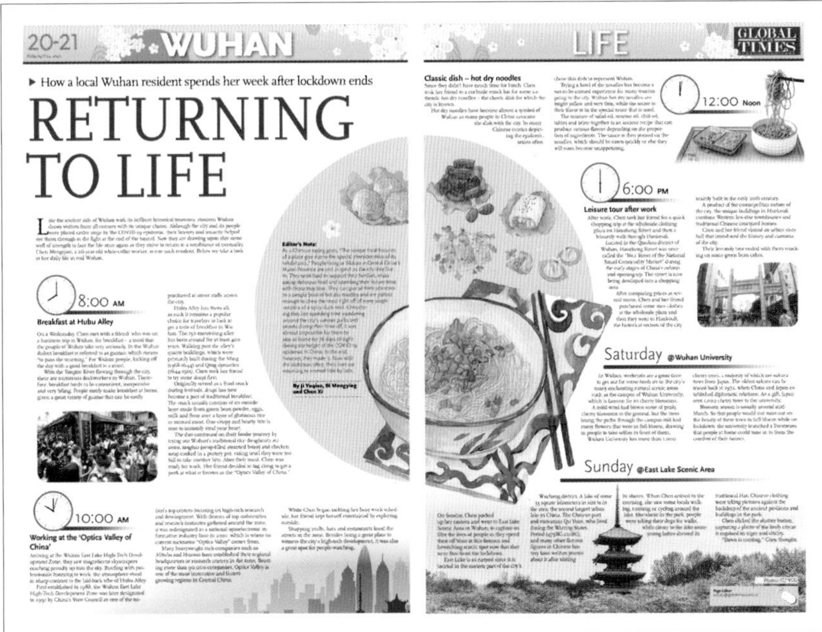

20-21 WUHAN LIFE GLOBAL TIMES

▶ How a local Wuhan resident spends her week after lockdown ends

RETURNING TO LIFE

8:00 AM

Breakfast at Hubu Alley

10:00 AM

Working at the 'Optics Valley of China'

Classic dish – hot dry noodles

12:00 Noon

6:00 PM

Leisure tour after work

Saturday @Wuhan University

Sunday @East Lake Scenic Area

分别见报于《Global Times》2020年4月23日、24日的“湖北特刊”。

标签时代

2020年

本研究课题以图形符号为视角，针对社会语境中的“身份标签”进行重新解读，通过跨领域的设计表达，以期从多角度推动人们正确认知事物，实现人与人之间认知的客观与公正。

陈 为

1996年1月1日生于湖南浏阳
2020年毕业于清华大学美术学院

PUNK
Too Fast To Live, Too Young To Die
蚁族
ANT TRIBE
VOL－01
Copyright © A New Era for Labeling.
All Rights Reserved.
御宅族
VOL－14
Copyright © A New Era for Labeling.
All Rights Reserved.
そらみみ 空耳
鬼畜 鬼畜 鬼畜
23333333
空気を読めない
御宅 御宅 御宅
空耳
pick pick
工族

1 前期准备

候鸟族
苹果族
草莓族
丁克族
奔奔族
拉拉族
醋溜族
飞特族
酷抠族
预知族 神圣族 背篼族 糕桂族
啃老族

选题来源

在日常生活中，人们喜欢给某类事件或者某类人群贴标签，这是一种常见的心理习惯和思维方式，然而人们的固化思维如果一旦被标签化，就极容易轻率地根据标签而下定论，使得认知与现实产生偏差。正如传播学学者李普曼所说：“我们当今生活在一个由信息加工而成的‘拟态环境’中，在这个虚拟世界里，人人都构筑着自己的人设品行。”例如说到“追星族”，盲目崇拜、狂热模仿的形象瞬间浮现脑海，说到“月光族”，挥霍金钱、消费欲望的形象跃然纸上，实质上这些现象仅是“拟态环境”下的产物，并不是对真实世界的再现。

“族化现象”作为身份标签的一类，在语义上具有诙谐、幽默、揶揄和自嘲的特点，是中国经济高速发展背后下，社会现状和舆论风向的反映。因此希望通过设计与族化现象的结合，探索文字符号到图形符号的转变，进而引发受众群体的共鸣与思考。

前期调研

图形符号作为信息的载体，在媒介传播中扮演着重要的角色，其不仅能视觉化身份标签，更能丰富信息内涵、吸引受众眼球等。但由于图形符号自身限制，存在表征意义有限、千人千面等客观问题。基于此,为了更好地深入受众,了解“族化现象”的认知，笔者梳理出相关问题，并制作成问卷进行调研。问卷内容主要围绕两部分，其一是受众的基本信息与认知能力；其二是对“族化现象”的了解与测评。

根据调研的数据整理情况，填写问卷的人群均为“80 后”“90 后”，年龄分布主要集中在 18~30 岁。在媒介的使用上：以手机及各类移动电子设备为主，多数人 1 周上网 5 次以上，每天 3 ~ 5 小时为主，通常喜欢访问社交娱类应用，如新浪微博、QQ 空间、微信等。在身份标签的了解上：多数人了解“族化现象”，并会在网络上及日常生活中使用。在“族化现象”的理解上：存在两极反映，有些人认为其具备娱乐性，有些人认为其具备讽刺性。

2 研究过程

设计分析

依托于前期的理论研究和调研数据，笔者根据分析策略进行以下 5 个维度的归纳总结。

（1）设计目的：通过既有“族化现象”的研究，笔者发现该现象通常不是单一存在的，而是以一种成群结队的形式出现，往往是依据某个相同的字词进行演化，并形成一类字词家族，如后缀为族的组合关系。因此随着时代的变更，“族化现象”可以凭借此类构词方法进行无限再造，这也引发了笔者的深度思考，如果简单对现有族化内容进行设计，其实并没有多大价值与意义，如果能以组合化方法输出视觉设计，既能满足内容本身的不断演化，又能节约时间资源和人力成本，提高信息传达的效率。

此外，在调研之中，可以明显发现该现象在公众心中处于一种矛盾状态，人们认为其具有娱乐性又不敢使用。因此，让设计具备普世性、娱乐性，形成让公众能够易于接受的表达方式也是后续设计探索的方向。

（2）设计对象：根据问卷调研锁定“80后”“90后”为主要对象，一是该群体是“族化现象”重要的施加者，也是“族化现象”的承受者，二是笔者也参与“族化现象”的传播，具备一定的亲身经历。

（3）设计内容：设计内容以“族化现象”为例，通过对于文本的收集整理，挑选 16 个具备典型代表的族化词汇进行图形符号设计。

（4）设计媒介：互联网的出现极大促进了“族化现象”的产生和发展，人们不仅会在网络中广泛使用到族化词汇，而且会带入到现实生活语境。基于这样的情况，笔者认为该主题应立足互联网与现实之中进行跨媒介的呼应表达，进而促进设计在不同场景下的应用。

（5）设计传播：根据媒介及内容特点，笔者意图通过不同设计内容的联动，形成一次互联网病毒式的传播。

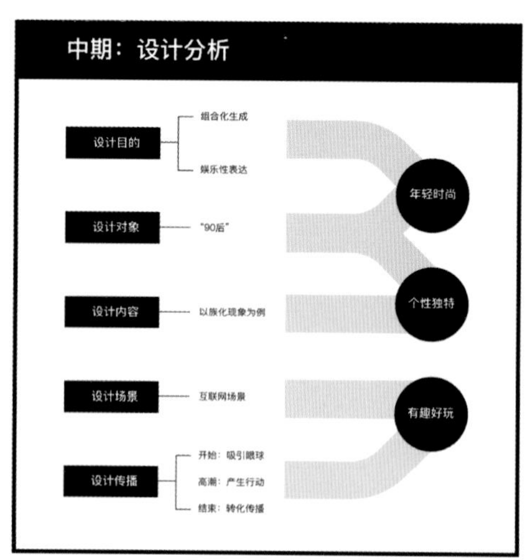

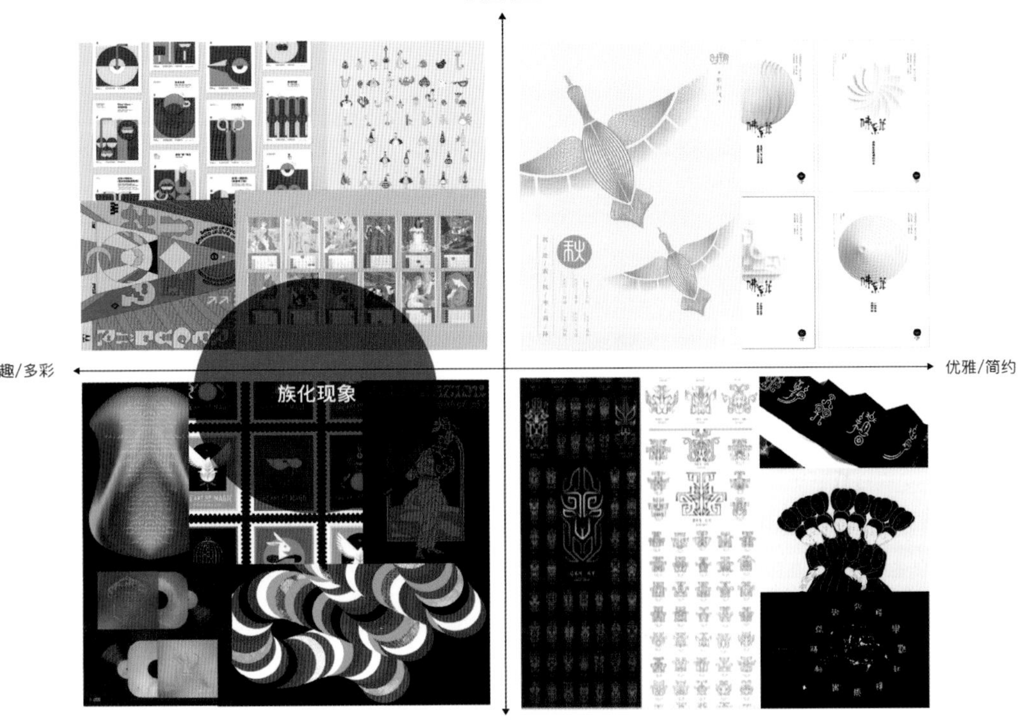

设计定位

根据上述的设计分析，笔者总结对应的关键词：年轻时尚、个性独特、有趣好玩，通过风格情绪板的设定，定位到“族化现象”的风格调性：个性沉稳、有趣多彩。此后通过多次尝试，最终确定以黑白色调为主，主要有以下原因：其一，黑白效果与设计对象的精神风貌契合，寓意“80 后”“90 后”背后的影子；其二，黑白效果往往能与物欲横流的社会背景形成鲜明对比，表达设计对象所处的环境；其三，黑白色调的统一有利于整体性表达与展示。

设计思路

整体设计思路主要从 4 个方面进行出发：造物法、文本内容、文本构成、文本情感，以下将以“朋克族”为例，进行具体阐述。

（1）造物法，通过对《造型的诞生》《山海经》等书籍的阅读，可以发现抽象形象的创作多数从自然物种中汲取灵感，比如说龙的形象分别由鹿角、驼头、兔眼、蛇身、鱼鳞、鹰爪、虎掌、牛耳构成，因此可以结合造物法进行形象提取。而“朋克族”代表玩摇滚的人群，这个群体性格张扬、叛逆不满，把一切情绪都展现在其外貌、音乐、穿着之上，笔者通过发散思考，联想到雄鸡的形象与其进行同构，因为雄鸡所代表的桀骜不驯、勇敢好斗与“朋克族”不谋而合，且其外貌特征也“朋克族”有一定的呼应，比如说其张扬的鸡冠头，绚丽的羽毛等。

（2）文本内容：根据符号学的特征，可以将“朋克族”的内容拆解为能指与所指两个含义，能指就是代表其基本特点，像“朋克族”的第一印象就是摇滚，因此会提炼迪厅五光十色的射灯作为灵感，寓意迷幻、刺激、狂躁。而所指代表其行为状态，即个性叛逆的行为特点，因此可以提取他们个性的铆钉穿着，时髦的鸡冠发型，张扬的鼻子挂环等细节，进行象征性表达。

（3）文本构成：通过前期的总结，像“族化现象”的文本构成主要有引申、比喻、类推、缩减、谐音、字母六大类型，而“朋克族”对应的谐音型构成，即以谐音形式意译过来的，而此种形式代表的正是一种挪动模仿之意，因此以仿照作为表现手法，提炼出朋克族最具代表的图形：以英国朋克乐队 *God save the queen*（《神佑女王》）的专辑海报，作为基本素材融入创作之中。

（4）文本情感：“族化现象”的文本情感主要分为四大类型：积极主动、消极避世、娱乐消遣、生活随意，朋克族是以娱乐消遣型为主，这类群体热衷于娱乐至上，追求刺激感官，因此凝练出粉色系作为其情感色彩的代表，隐喻当下物欲横流的娱乐环境与享乐主义精神。

通过以上四个方面对于“朋克族”的剖析，可以文本对应的具象内容转为设计元素，例如造物法等于设计主体，文本内容等于设计细节与交互，文本构成等于构图，文本情感等于色彩。因此得到相应的设计方法 = 造物法 + 文本内容 + 文本构成 + 文本情感，此方法是以组合化形式进行生成，并可以灵活运用于“族化现象”之中，为设计延展提供了较为清晰的思路与方法。

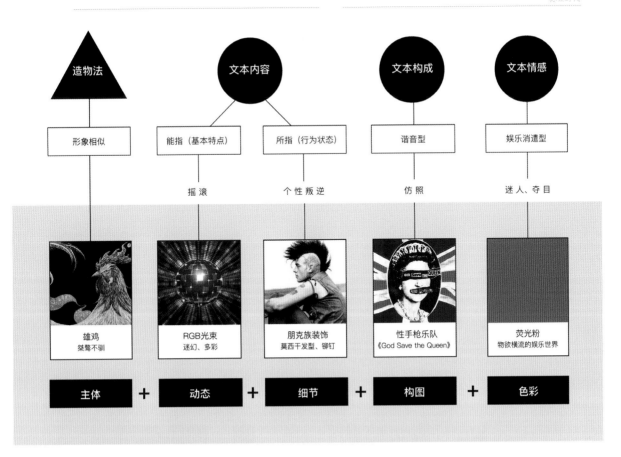

造物法
- 形象相似
  - 雄鸡
    桀骜不驯

文本内容
- 能指（基本特点）
  - 摇滚
  - RGB光束
    迷幻、多彩
- 所指（行为状态）
  - 个性叛逆
  - 朋克族装饰
    莫西干发型、铆钉

文本构成
- 谐音型
  - 仿照
  - 性手枪乐队
    《God Save the Queen》

文本情感
- 娱乐消遣型
  - 迷人、夺目
  - 荧光粉
    物欲横流的娱乐世界

主体 + 动态 + 细节 + 构图 + 色彩

《朋克族》图形符号设计

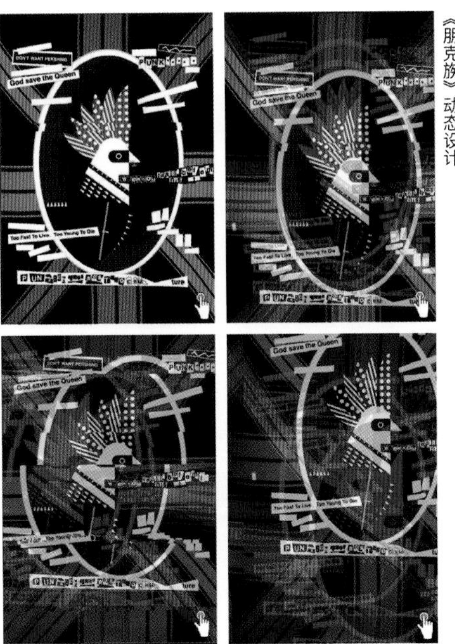

《朋克族》动态设计

3 最终成果

平面视觉

该部分是本次设计的基础所在。通过前期调研，梳理出 16 种具有代表性的“族化现象”，通过组合化方法进行图形符号的生成。

候鸟族
SNOWBIRDS®
VOL－09
VOL－06
PUNK
蚁族
ANT TRIBE®
剁手族
HANDS-SGOPPING PEOPLE®
VOL－01
VOL－15
御宅族
そらみみ 空耳
鬼畜
23333333
pick pick
御宅 御宅 御宅
空耳
VOL－14

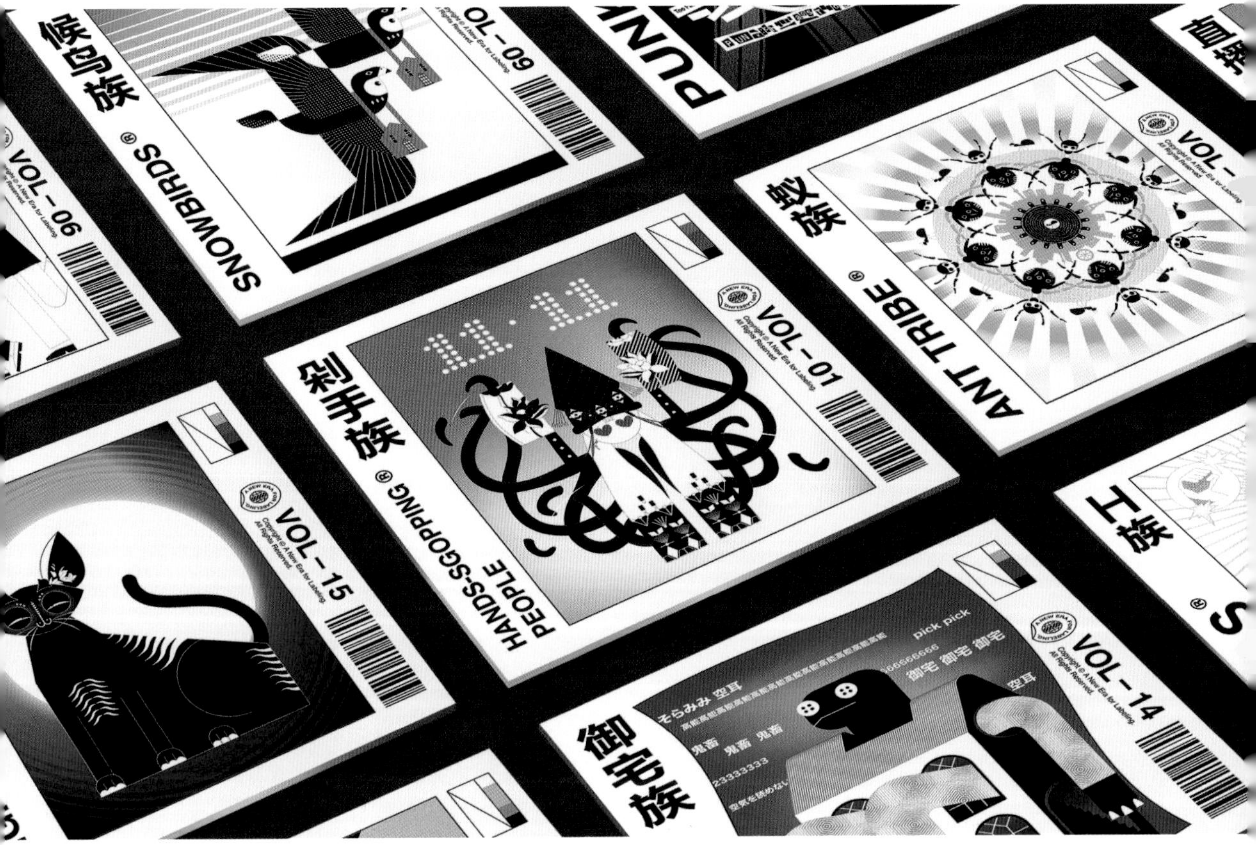

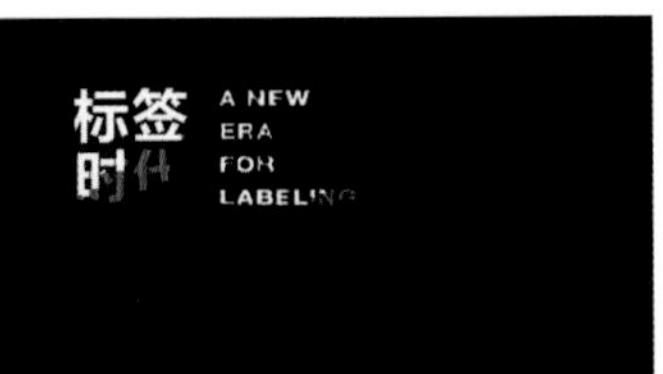

标签时代
A NEW ERA FOR LABELING

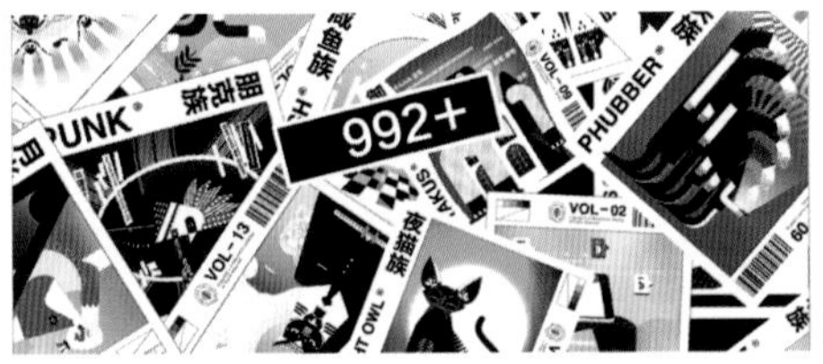

PUNK®
992+
PHUBBER®
VOL－13
VOL－02

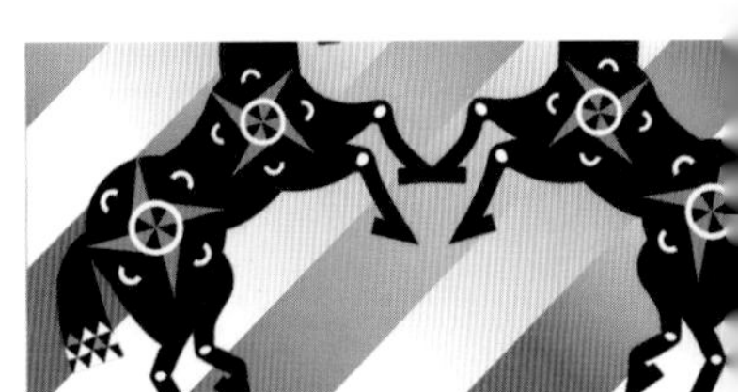

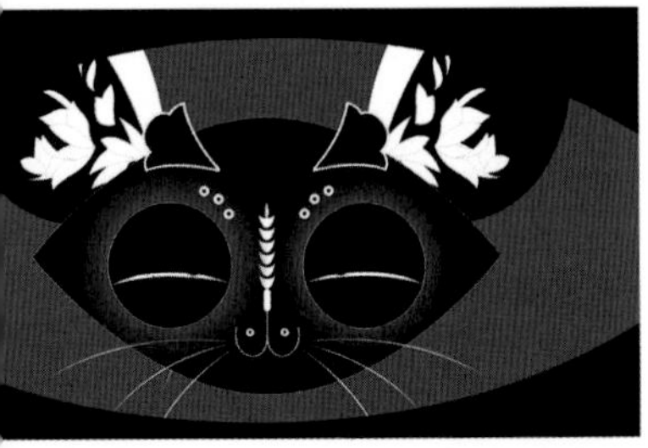

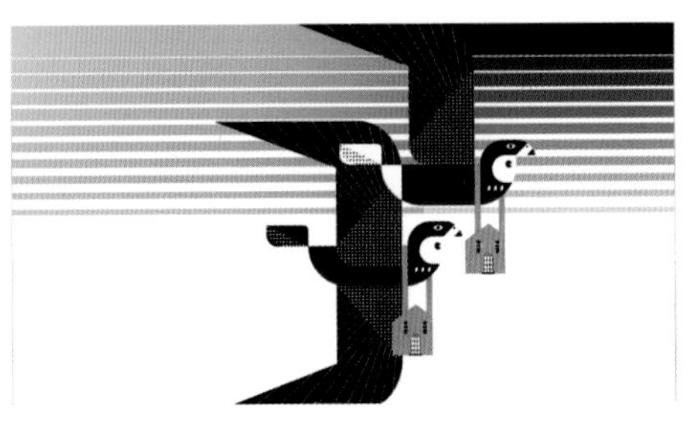

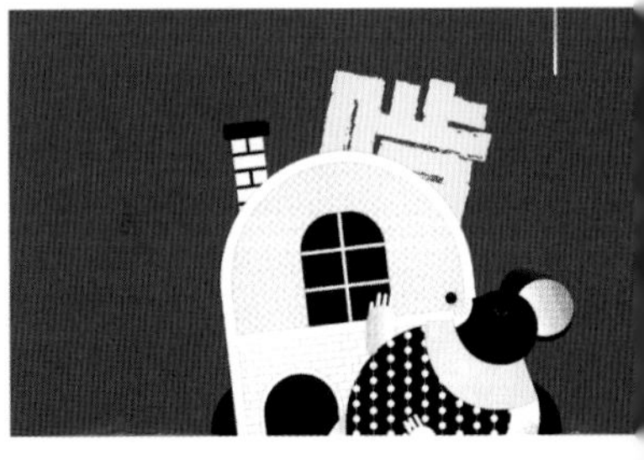

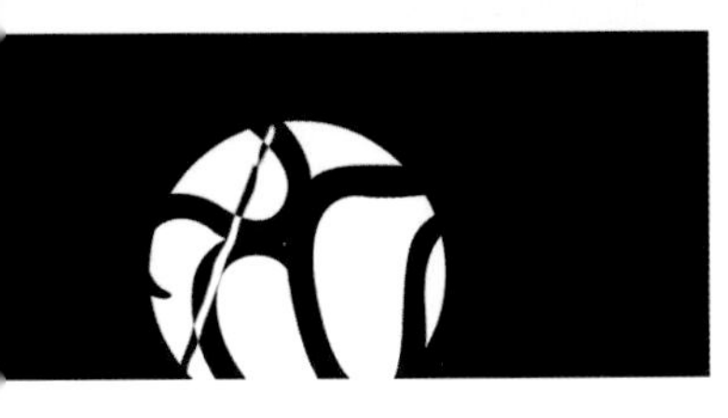

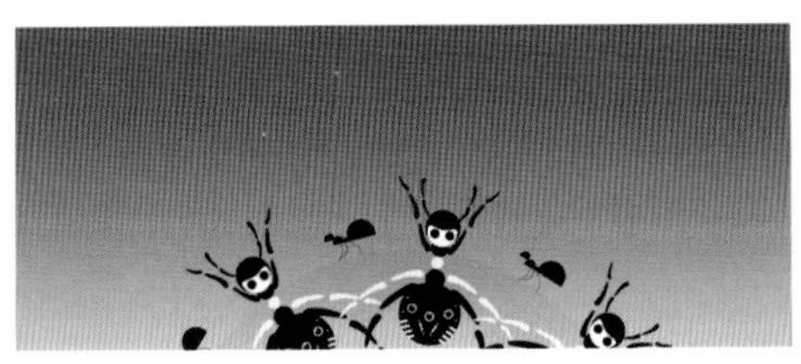

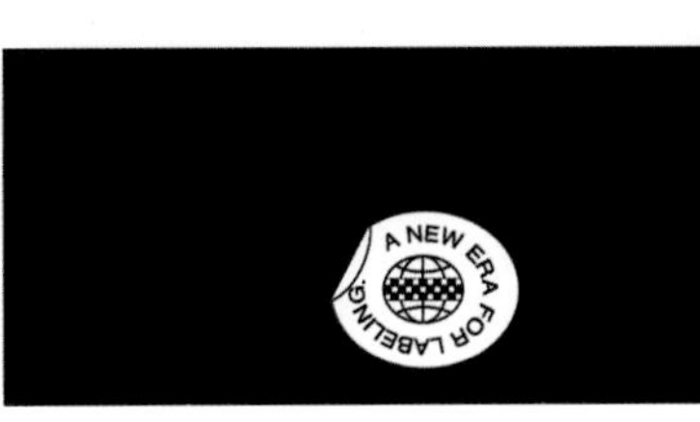

A NEW ERA FOR LABELING

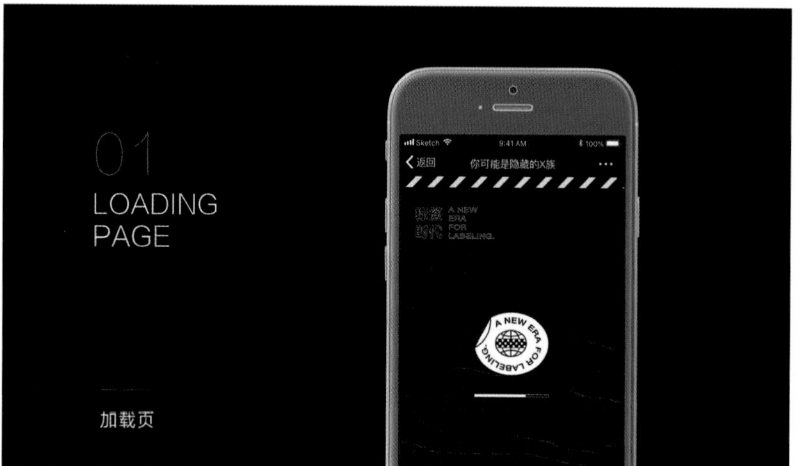
01
LOADING
PAGE
加载页
你可能是隐藏的X族
A NEW ERA FOR LABELING

你可能是隐藏的X族
姓名标签
请输入名字
下一步

02
HOME
PAGE
主页
你可能是隐藏的X族
你可能是隐藏的
XX族®
A NEW ERA FOR LABELING
YOU
MAY
BE A

啃老族®
NEET
CHNEAY
查看图解

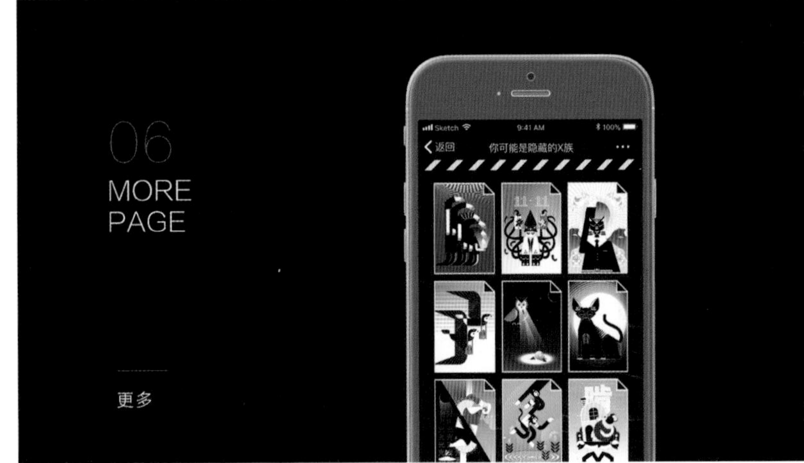

数字交互

该部分是本次设计的重要应用。在设计内容上主要包括两点，第一点是基于“族化现象”的交互 APP 设计，通过当下深受喜爱的测评方式，探索图形符号在移动社交环境下的设计传播；第二点是基于主题的编程设计，通过沉浸式、参与式的体验互动，探索图形符号与科技的交融。

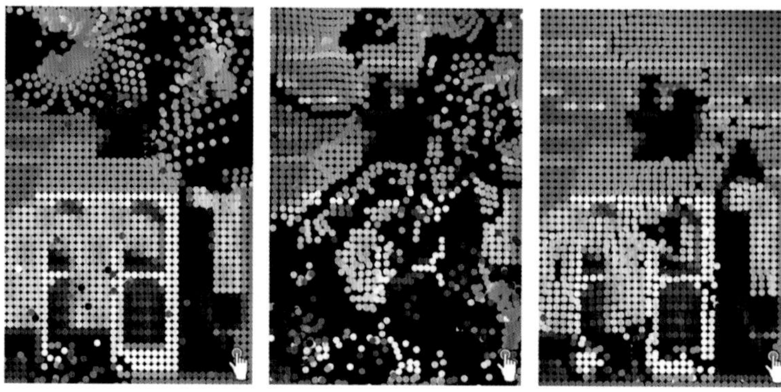

像素粒子

手指滑动画面，画面分割成若干个像素粒子，手指离开画面，像素粒子重新组成图像

水波扭曲

手指滑动画面，画面形成水波涟漪，手指离开画面，水波涟漪逐渐消失

窥视侦查

手指点击画面，画面出现窥视镜，手指离开画面，窥视镜消失

立体装置

该部分是本次设计的延展表达。通过基于“族化现象”的立体装置设计，探索图形符号真实形象的构建，从而更好地丰富视觉呈现、促进设计传播。

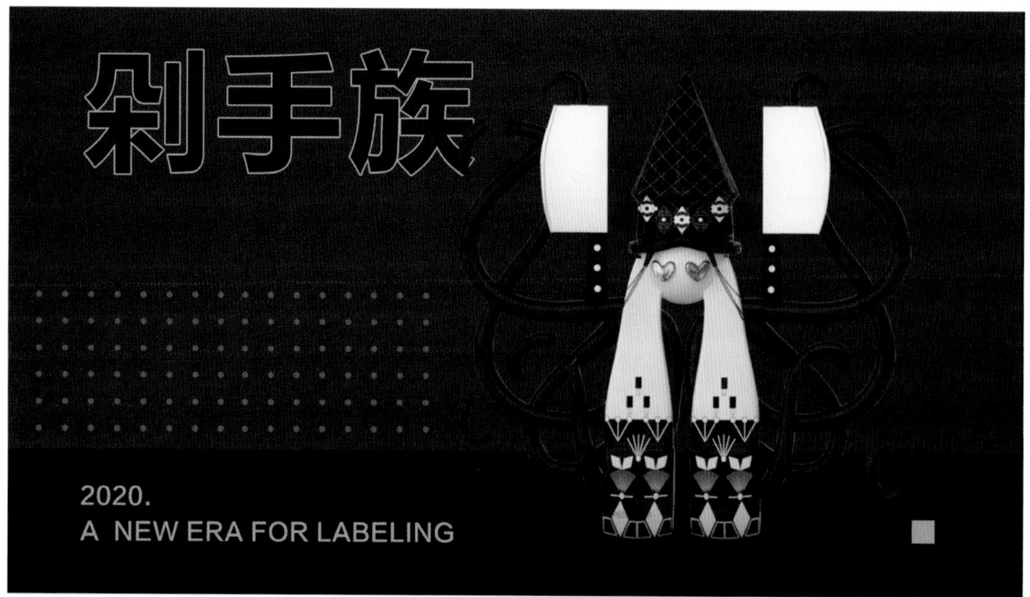
剁手族
2020.
A NEW ERA FOR LABELING

蚁族
2020.
A NEW ERA FOR LABELING

展览设计

整体展览由前、中、后三个部分构成。在前期，通过文字与动态视频吸引人们眼球、激发兴趣；在中期，利用交互设计，引导人们产生行动，进行自主互动与创作；在后期，通过立体设计，促进人们拍照、点赞、转发，进而完成整个设计传播。

4 结语

本研究课题以图形符号为视角，针对社会语境中的“身份标签”进行重新解读，通过跨领域的设计表达，以期从多角度推动人们正确认知事物，实现人与人之间认知的客观与公正。当然，在实践的过程中也存在诸多问题与不足，例如方法论的提炼还不够准确与直接，从文字符号到图形符号的转变也存在诸多偏差等问题，这都是本次创作的遗憾之处，也希望之后能更深入地研究该课题，并将设计实践运用到实际之中。

“鱼知水恩乃幸福之源也。”三年成长中最忘不了的是师恩。笔者怀揣着一颗感恩的心，感激导师王红卫教授对我研究生阶段的悉心指导，从学习、生活到工作，每一步都包含了老师的全力支持。在即将开启下一段人生旅程中，感恩万物，一切尽在不言中。

· 作品获清华大学校级优秀硕士学位成果
· 作品获清华大学深圳国际研究生院院级优秀硕士学位成果
· 作者荣获2020优秀毕业生称号
· 作者荣获研究生国家奖学金

上图为陈为及深圳研究院同学与导师王红卫合照

老师评语：

进入21世纪，当今社会进入全球化信息时代，互联网的快节奏也改变了人们过去习惯性的生活方式。社群关系，甚至种族关系，发生了改变，更向多极化发展。在中国社会生态中流行文化产生了族化现象，以年轻人群的生活状态为主，自然形成各种身份标签，作者在对其进行了大量的分析调研之后，分析形成族群的社会原因，族群的类型，族群的特点等，随即根据不同身份标签的特点进行图形符号设计，采用图像、标识、象征符号的手法，强调将文字和图形相结合，产生对比和谐的关系，形成有个人风格的图形符号，形成系列的图形符号，再进行交互和延展再设计，并形成立体装置的系统设计。

设计研究概念准确、调研充分，资料翔实、结构合理，针对图形符号创新，有自己独到的见解，具有一定的现实意义和借鉴作用。

面孔：新世界

2020年

基于 2020 疫情发展下的双线互动书籍。图片采用关键词抓取的方式解构《瘟疫与人》一书，正文则按时间脉络梳理此次事件及部分理论评论。通过以虚写实的方式表现面对疫情千人一面、相由心生的众生相。

刘明惠

1994年4月10日生于辽宁大连
2017年毕业于清华大学美术学院，获学士学位
2020年毕业于清华大学美术学院，获硕士学位

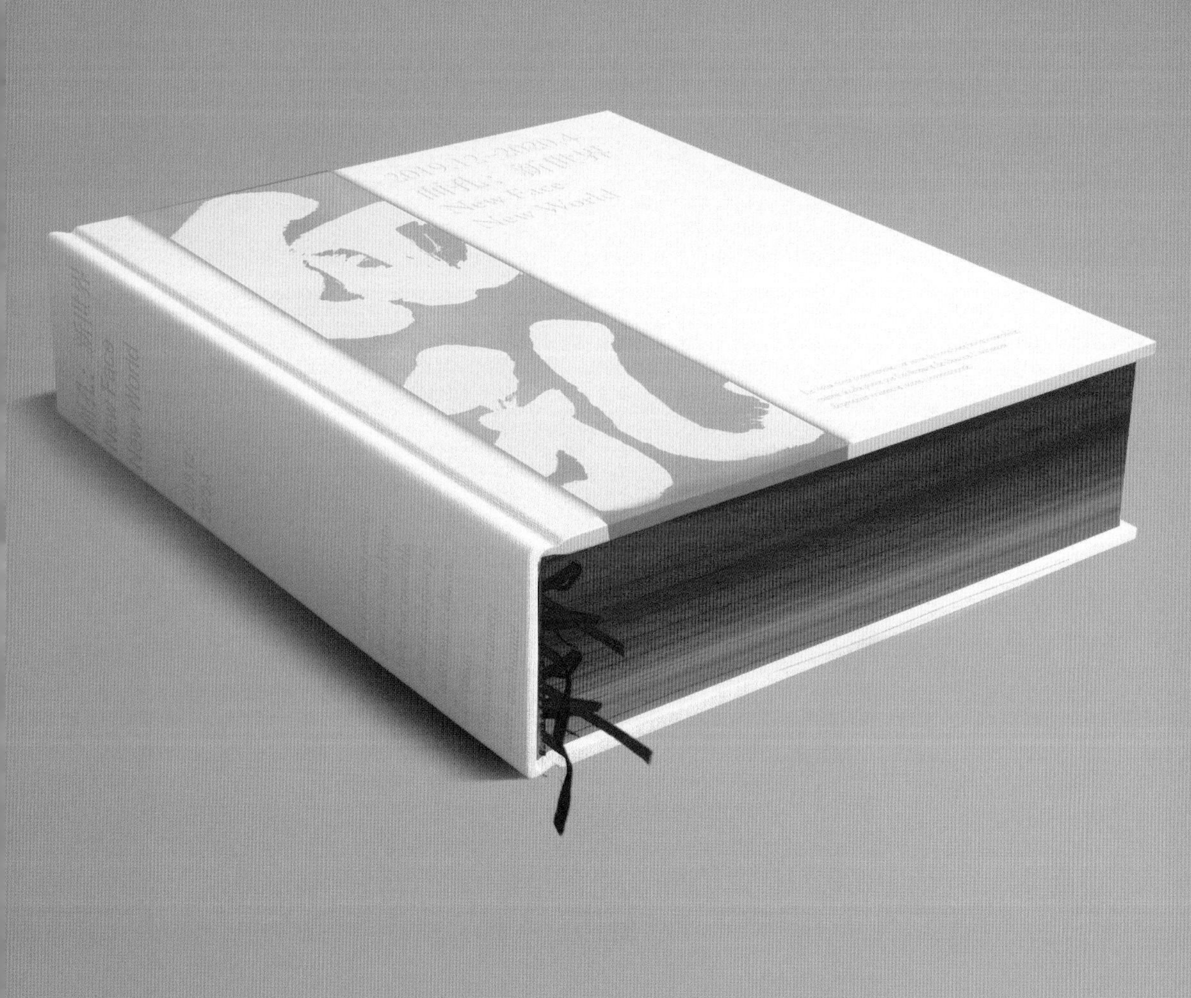
New Face
New World

1 前期准备

选题背景

自古以来面孔就作为一种特殊的符号出现在人们的生产活动中，不论是早期的面具、绘画还是后来的写真、抽象作品都是一种人类认识自我、展现情感的独有方式。

2019 年底在新冠疫情的影响下，也无论是一线的医护人员，抑或是普通人，男女老少都纷纷戴起口罩，一同抗疫。随着疫情加剧，环球同此凉热，一时间世人皆戴口罩，不得不说，戴口罩的面孔成为 2020 年的一个符号。

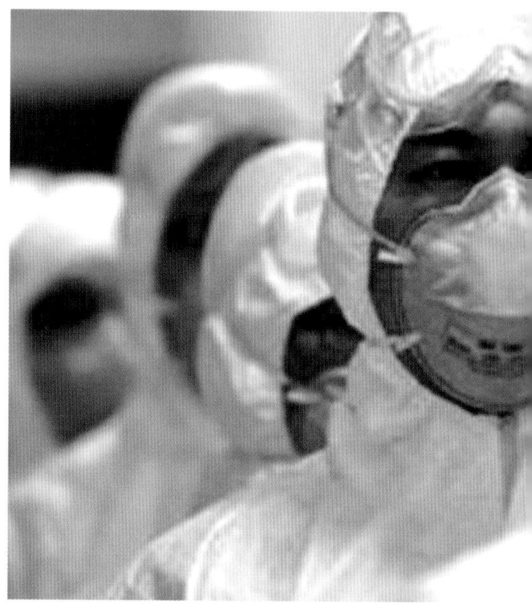

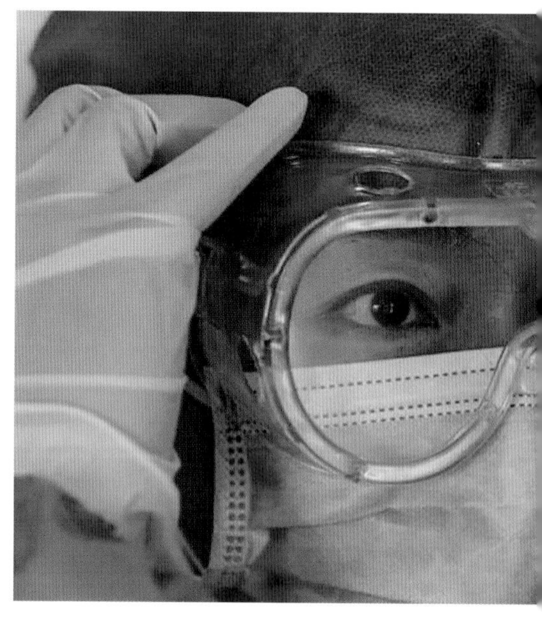

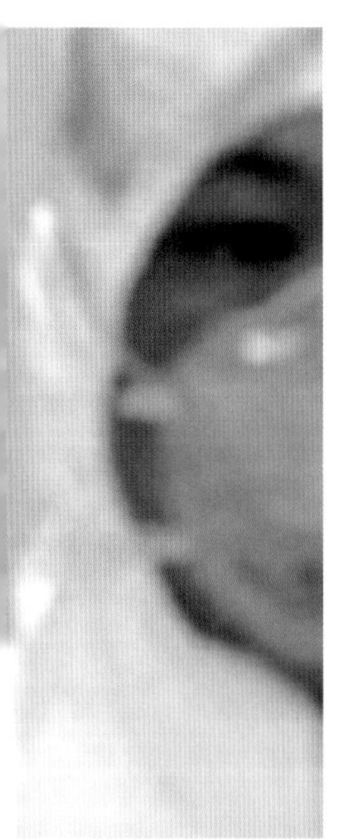

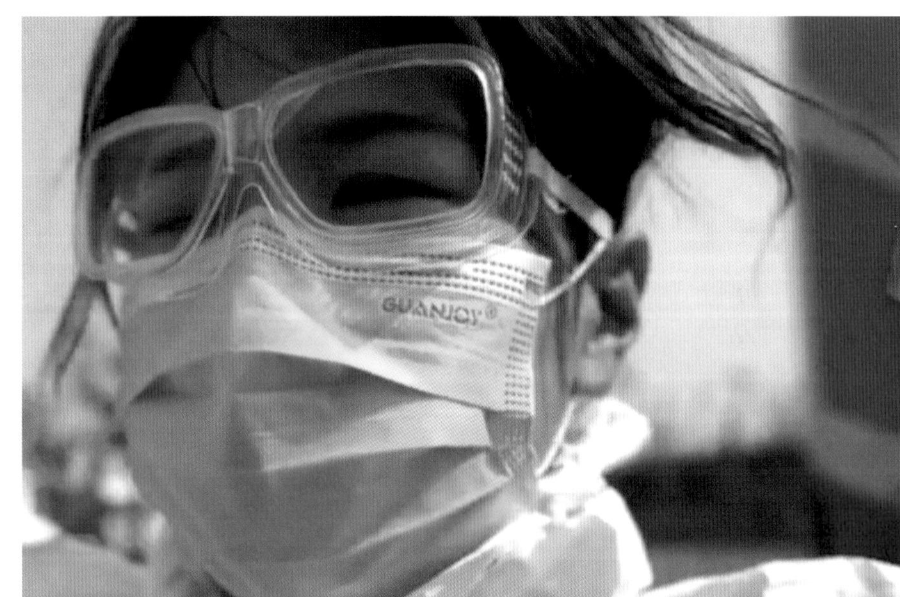
GUANJOY®

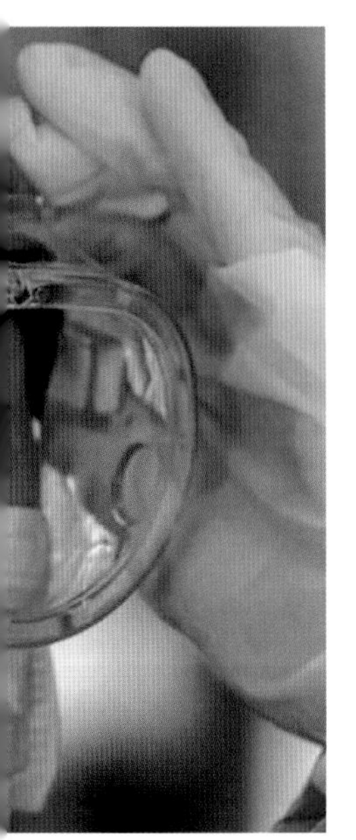

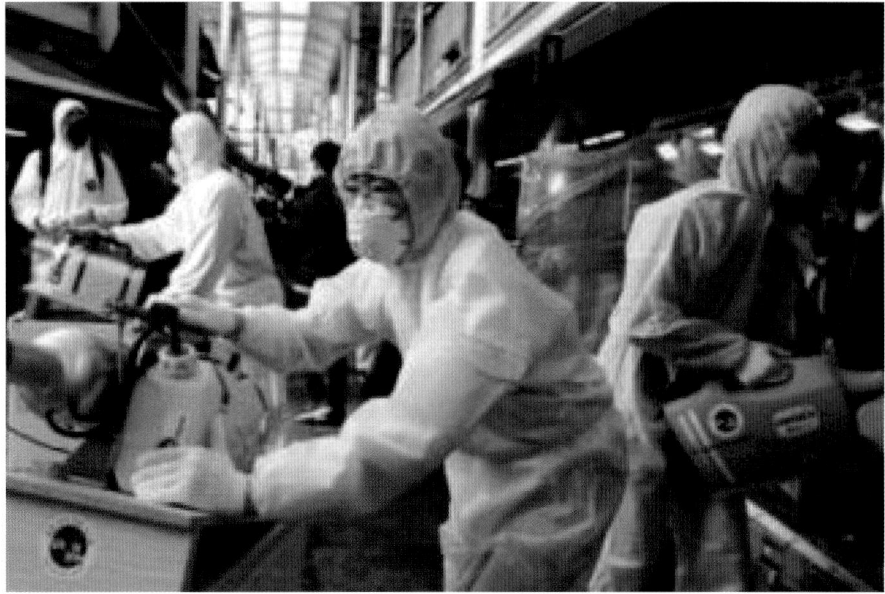

创作逻辑

《面孔：新世界》是一本可以双线阅读的互动书籍。既可以作为独立的图册，以图像的方式解读《瘟疫与人》一书，也可以阅读其独立的文本内容。所以在书籍架构上包含以下逻辑。

a. 图像逻辑

首先我以威廉·麦克尼尔（William McNeill）的《瘟疫与人》作为基本文本，该书以编年体的手法记录从史前时代到 20 世纪前半叶人类历史上的各类疫情，它不仅探讨了瘟疫的发展规律、人类的应对措施，还讨论了人类行为对瘟疫或环境的影响。在当今疫情发展下，以该文本为蓝本有一种古今对照的感受，此次疫情也是人类历史环节中的一部分。

接着我针对该文本进行了关键词的提取和层级的划分，然后在互联网中抓取与关键词相对应的图像，由于关键词本身具有一定的叙事顺序以及层级逻辑，所以这些被抓取的图片也获得了相同的阅读顺序及逻辑。之后增加关键词“HUMAN”进行二次筛选，得到有效的“戴口罩的面孔”。最后统一以虚实结合的方式处理图像，达到“千人一面”“以实写虚”的影像效果。

1 EFORE FULLY HUMAN POPULATIONS EVOLVED
ANIMALS OUR ANCESTORS FITTED INTO AN EL
ECOLOGICAL BALANCE.

2 DETAILS CANNOT BE RECONSTRUCTED; INDEED
DESCENT OF MAN REMAINS OBSCURE, SINCE T
PROTO-HUMAN SKELETAL REMAINS THAT HAV
AFRICA) DO NOT TELL A COMPLETE STORY.

3 HUMAN HAIRLESSNESS, HOWEVER, POINTS UN

4 HUMAN HAIRLESSNESS, HOWEVER, POINTS UN
WHERE TEMPERATURES SELDOM OR NEVER WE

5 ACCURATE DEPTH PERCEPTION BASED ON OVE
CONJUNCTION WITH THE GRASPING HAND, AN
AND MONKEYS WHO STILL SPEND MUCH OF TH
ARBOREAL HABITAT FOR HUMAN ANCESTORS.

6 THE FIRST PRE-HUMAN PRIMATES WHO CAME
TO PREY UPON THE ANTELOPE AND RELATED S
THE WEAK OR VERY YOUNG.

7 AMONG SUCH PRE-HUMAN PRIMATE POPULAT
FRINGES OF A CONCENTRATED FOOD RESOURC
VAST HERDS OF HERBIVORES ON THE AFRICAN
IMPROVED HUNTING EFFICIENCY WAS SURE TO
REWARD AWAITED ANY GROUP POSSESSING M
PERMITTED MORE EFFECTIVE COOPERATION IN

1.关键词提取逻辑示意（上）
2.关键词层级关系示意（下）

PPOSE THAT LIKE OTHER
-REGULATING

QUESTION OF THE
RE- HUMAN AND
VERED (MAINLY IN

TO A WARM[...]"

TO A WARM CLIMATE
EEZING.

DS OF VISION, IN
JS KINSHIP WITH APES
REES, POINT TOWARD AN

THE TREES AND STARTED
BLY COULD CATCH ONLY

NG AROUND THE
FFERED TODAY BY THE
GENETIC CHANGE THAT
DSOMELY.6 ENORMOUS
MENTAL SKILLS THAT

"MAN THE HUNTER

B

EFORE FULLY HUMAN POPULATIONS EVOLVED, WE MUST SUPPOSE THAT LIKE OTHER ANIMALS OUR ANCESTORS FITTED INTO AN ELABORATE, SELF-REGULATING ECOLOGICAL BALANCE. THE MOST CONSPICUOUS ASPECT OF THIS BALANCE WAS THE FOOD CHAIN, WHEREBY OUR FOREBEARS PREYED UPON SOME FORMS OF LIFE AND WERE, IN THEIR TURN, PREYED UPON BY OTHERS. IN ADDITION TO THESE INESCAPABLE RELATIONS AMONG LARGE-BODIED ORGANISMS, WE MUST ALSO SUPPOSE THAT MINUTE, OFTEN IMPERCEPTIBLE PARASITES SOUGHT THEIR FOOD WITHIN OUR ANCESTORS' BODIES, AND BECAME A SIGNIFICANT ELEMENT IN BALANCING THE ENTIRE LIFE SYSTEM OF WHICH HUMANITY WAS A PART. DETAILS CANNOT BE RECONSTRUCTED; INDEED THE WHOLE QUESTION OF THE DESCENT OF MAN REMAINS OBSCURE, SINCE THE VARIOUS PRE- HUMAN AND PROTO- HUMAN SKELETAL REMAINS THAT HAVE BEEN DISCOVERED (MAINLY IN AFRICA) DO NOT TELL A COMPLETE STORY. AFRICA MAY NOT HAVE CONSTITUTED HUMANITY'S ONLY CRADLELAND. FORMS OF LIFE ANCESTRAL TO MAN MAY HAVE ALSO EXISTED IN THE TROPICAL AND SUBTROPICAL PARTS OF ASIA, EVOLVING ALONG ROUGHLY PARALLEL LINES WITH THE HUMANOID POPULATIONS WHOSE BONES AND TOOLS HAVE BEEN DISCOVERED SO ABUNDANTLY AT OLDUVAI GORGE AND IN OTHER PARTS OF SUB-SAHARAN AFRICA. HUMAN HAIRLESSNESS, HOWEVER, POINTS UNEQUIVOCALLY TO A WARM[...]"

"SKELETAL REMAINS THAT HAVE BEEN DISCOVERED (MAINLY IN AFRICA) DO NOT TELL A COMPLETE STORY. AFRICA MAY NOT HAVE CONSTITUTED HUMANITY'S ONLY CRADLELAND. FORMS OF LIFE ANCESTRAL TO MAN MAY HAVE ALSO EXISTED IN THE TROPICAL AND SUBTROPICAL PARTS OF ASIA, EVOLVING ALONG ROUGHLY PARALLEL LINES WITH THE

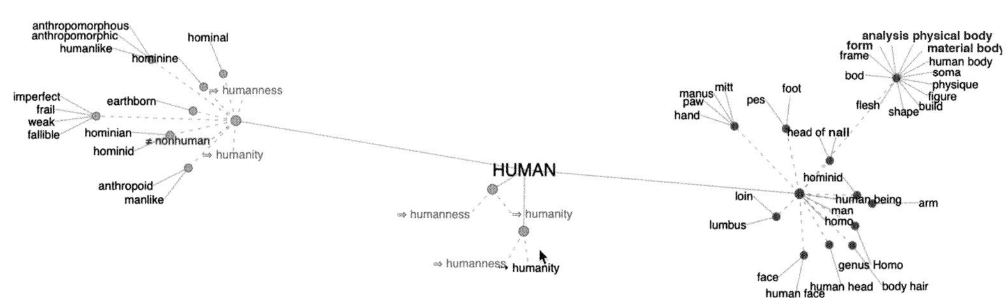

b. 文本逻辑

文本部分主要分为折页文本和正文文本。

折页文本内容包括：按时间记录从 2019 年 12 月 12 日开始一直到 2020 年 4 月 8 日武汉解封期间的大事记。折页设计寓意营造“时间夹缝”“夹缝生存”的观感。这也是梳理此次疫情发展的一套详细的脉络，其所有数据来源于：知微数据。

正文文本包括：疫情中人们对于现状以及艺术的讨论和思考。我认为哲学是一个时代的精神的总结。所以选择让－吕克·南希（Jean Luc Nancy）在疫情发生阶段所发表的相关言论，并分类编排。让－吕克·南希是当代欧洲哲学家，对艺术领域也有所涉猎，见解独到，故在选择上有所偏向。在文字选择上，我不希望直白地叙述一个事件，而是更希望事件本身是一种精神或者人类行为的脚注，是历史的一部分、是发展的一部分。

c. 网格逻辑

最后按照文本的功能区划分界定整本书籍的网格设置，并规范图像区域范围。

01
复制与繁衍
Reproduction or Propagate
前哨
whisters
口罩与病毒
mask and virus
传染与传播
Infection and transmission

02
共存与毁灭
Coexistence or Destruction
驯服者宣言
human
病毒的定位
virus

03
个体与国家
Person or Nation
平凡的英雄
Ordinary hero
国家机器和命运共同体
State machine and community of common destiny

04
艺术，必需品?
Art, Necessity?

1.《面孔：新世界》书籍正文目录
2.文本层级逻辑带来的图像关联（下页上）
3.网格逻辑（下页下）

600mm
178mm
介绍
标题
病毒与主权学说三论
Virus and sovereignty theory
引言
哲学学说基于历史编撰
75mm
正文
注释
病毒是一种加速主义
00:75:00
武汉16家方舱医院患者清零，全部休舱。
每日大事记
夹页区
时间 / 页码
内折线

2 创作过程

2.1 书籍设计

由于疫情的原因，此次展览呈现为线上展览形式。为配合屏幕阅读，书籍设置为 16 ： 9 的阅读尺寸，开本设置为 600mm × 675mm。装订方式为筒子装，内置夹页设计及内折页设计部分（下图红色区域为内夹页）。

书籍处理上尽可能凸显：庄重质朴、记忆铭刻、紧急突发，这二个关键词。因此在工艺处理上选择白纸压印，配合镭射纸银白的书封，体现庄重感和铭刻感；书口处印荧光红和医护人员的紧急防护服一致，并对应内折页的颜色凸显紧张感、危险感。

而在字体的选择上也尽可能使用宋体、衬线体的搭配方式进行组合增强其历史文化感。

2.2 影像设计

在这一部分中，笔者制作了一部影片以及一套辅助展览的海报。

影片由数据构成，主要是对书籍的一个延续。因为记录的是 2019 年 12 月 12 日至 2020 年 4 月 8 日期间疫情的发展，以图文的方式描绘人们的面孔。而影像则是记录了在武汉解封 48 小时后人们在网上的舆论状态，是以“声音”的方式来展现人们的“面孔”，营造人们走入新世界，以及新世界里各家各户走出家门，熙熙攘攘，热闹非凡的生活景象。

3 最终成果

设计展示

最终的成果主要为一个书籍设计以及一套影像作品。书籍虽然是描绘此次疫情但是都是从侧面进行叙事，从历史的宏观角度进行叙事，以此“以虚写实”；而影像则是通过声音来进行面孔的描绘，如同绘画中以刻画负形去凸显实的部分一样，以此“以虚写实”。

《面孔：新世界》书籍展开图含封面、书脊、封底设计展示
下页上图为有书封效果展示，下图为无书封效果展示

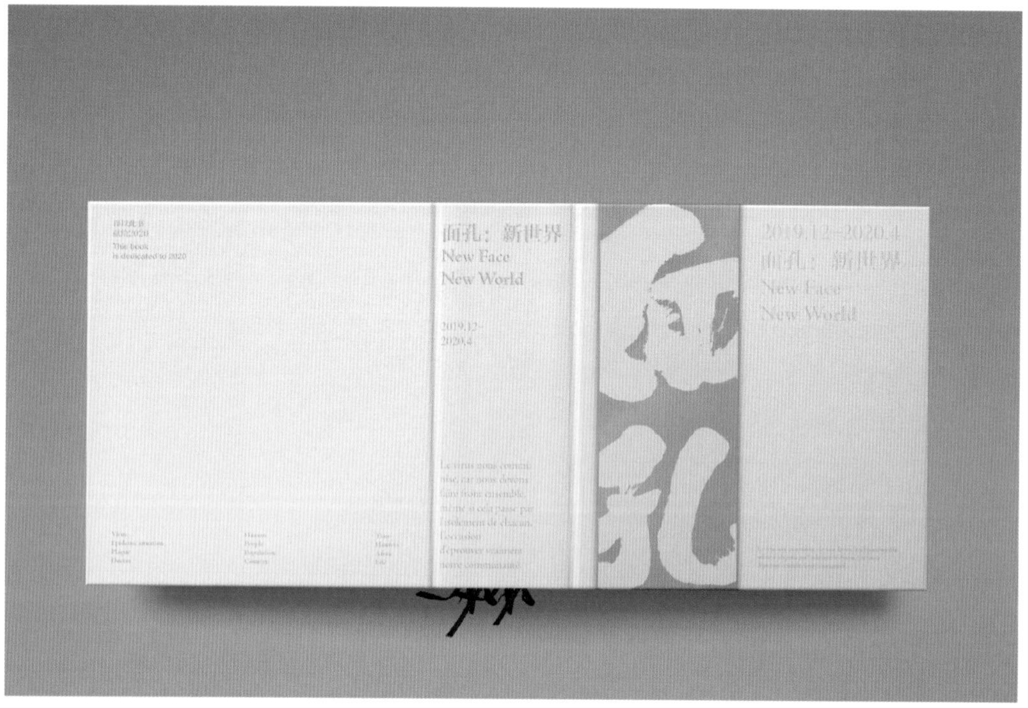

2019.12–2020.4
面孔：新世界
New Face
New World

2019.12–2020.4
面孔：新世界
New Face
New World

《面孔：新世界》内文展开页及内部结构展示
下页图为影像作品部分镜头展示

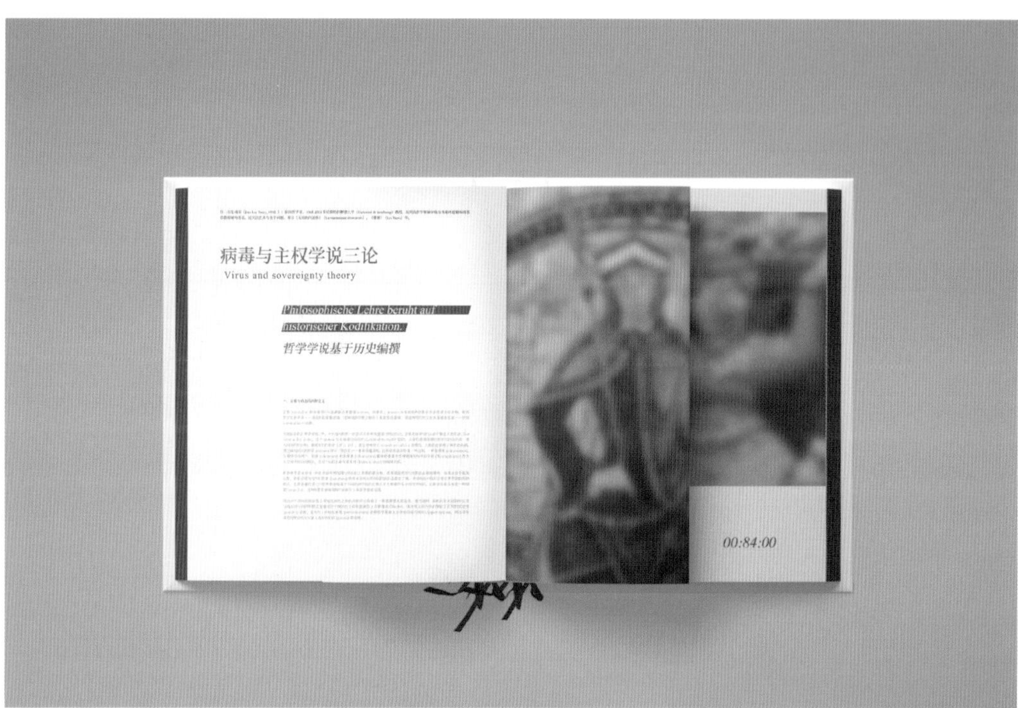

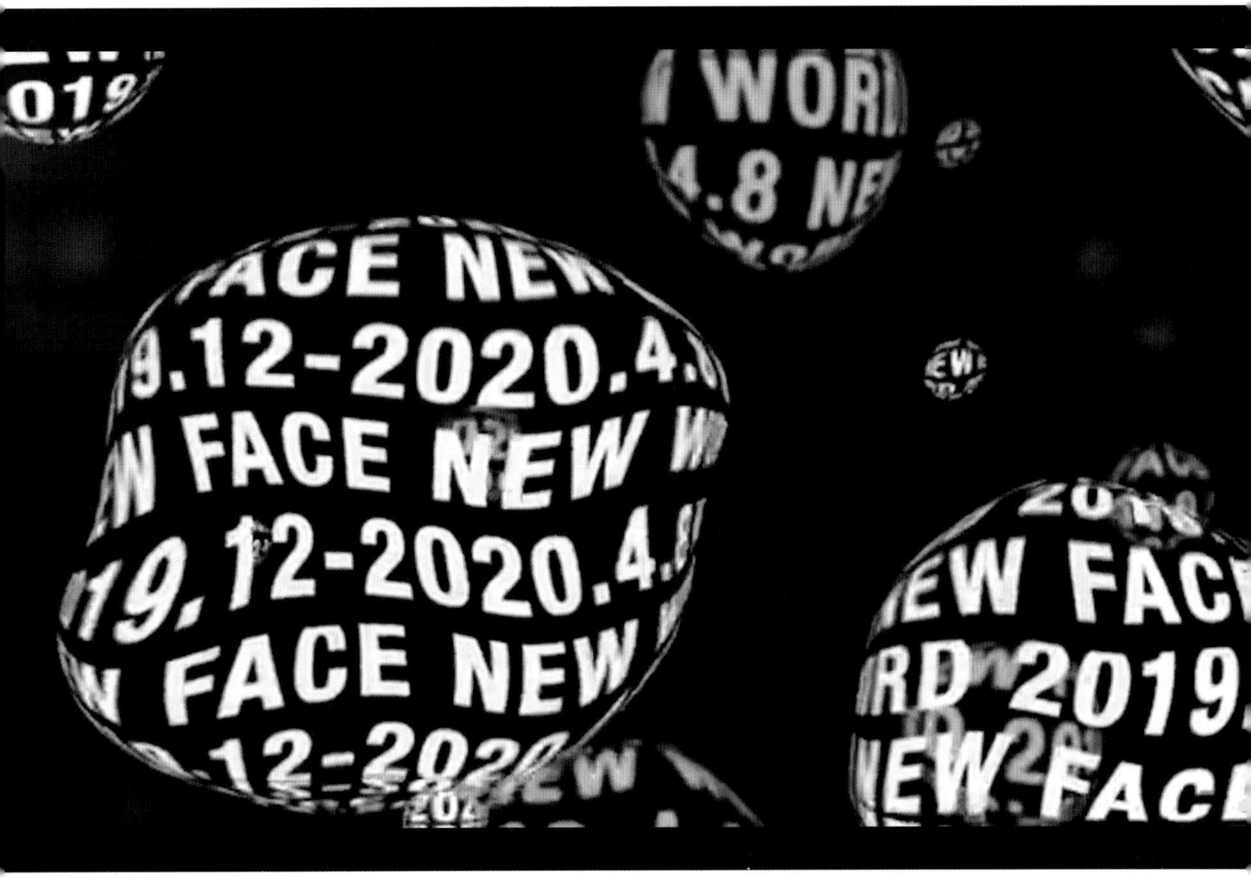

12-2020.4.8

面孔：新世界
New Face New World

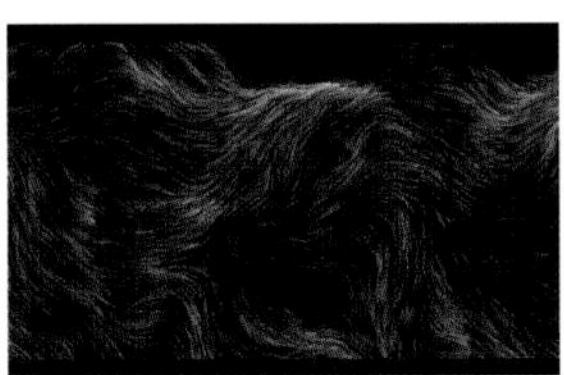

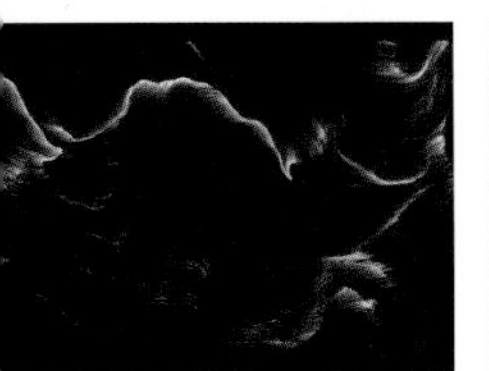

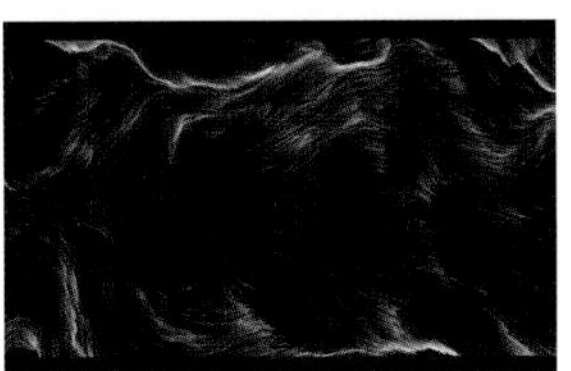

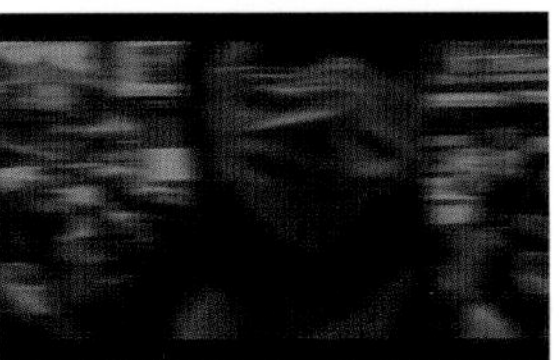

4 结语

这次的毕业设计在制作上尝试使用双线阅读的阅读模式，力求突破现有书籍阅读方法，展现更多的阅读可能性。其次，在制作上也使用了部分非平面的手段进行设计处理，力求打开平面设计的多元性。但是更重要的是，我希望通过本书表达如下这些观点。

首先，对于疫情事件本身来说，我们举国甚至寰宇上下都以同一张面孔积极应对，虽然也存在不少负面的声音，但最终事情的发展是日益变好的。我们应该对战胜疫情抱有信心，相信这次疫情过后我们会迎来一个崭新的世界。同时在此再次向所有一线的工作者表达崇高的敬意。

其次作品中主要通过“以虚写实”的方式，在看似不清晰的影像中逐渐寻找清晰化。实则是借助古老的东方哲学观、认知观表现书籍设计以及图形情感的一种有效的表达方式。

再次，本文梳理了面孔在社会条件中发展的过程，明确阐述了面孔是如何在社会中产生、消解以及最终符号化的过程，强调了面孔所具备的话语权不同于其他符号，也可对社会造成很多影响。

最后则是个人在疫情中对艺术与设计的一些反思。尤其是在突发事件或重大灾难中，我们所学能够为人类或者社会带来什么。因为作为这个世界的一分子， 能用一技之长与大家并肩是一件幸事。通过这件事情我更看到了艺术作为感性在社会中存在的地位与价值，也更看到了未来设计的方向。

刘明惠（左一）与导师王红卫合照

老师评语：

“相由心生”指一个人看到事物，对事物的理解、解释、观感，由他的内心决定。世事无相，相由心生，人的思想、情感、心灵、情志必然表现在人的面相上，东方认知和感受自然的方式，构成万物个体都是一个系统的整体。“面孔”则是人们内心的一面镜子，是人的行为状态信息的综合写照。同时内心的感受和喜怒哀乐的情绪也会自然表露在每一个人的脸上，从而形成“相由心生 ”。

论文重点是对疫情下个体的面孔到群体的面孔，由虚到实，以虚表现实的理念，个体到群体的表现，随即产生整体“符号化社会”的概念，唤起人们在突发的危机事件中，对待人性、生命的态度。 论文概念准确、资料翔实、结构合理，具有东方思维观和独特的思考视角，改变了对于突发事件社会惯性的思维模式，针对此类题材有一定的现实意义和借鉴作用。就如何在突发社会事件中，对于面孔图形的表达，除过虚与实，对于眼睛传达的眼神的表现，以及到群体等 ，不同阶层所呈现的共性等深挖个性与共性的关系，他们之间如何把握两者的“度”，在这方面还有进一步研究的余地。

贝氏书筑

2020年

作品以著名建筑大师贝聿铭的作品为设计基础，以书籍为载体，展示其独特的设计语言与韵律，探讨建筑设计手法对书籍空间的增强作用。

张 佳

2020年毕业于清华大学美术学院视觉传达设计系
曾参与《几何原本》《阿城文集》及博纳集团品牌形象设计等众多设计项目。

The Louvre , or the Louvre Museum,
is the world's largest art museum
and a historic monument in Paris, Fr

1 前期准备

选题背景

书籍与建筑是人类精神文明得以发展与传播的重要载体，也是历史文化的重要物质载体，二者之间存在着重大联系。随着时代的发展，阅读设计与建筑设计的形式都在不断地更新迭代创新。在一次游览故宫后和同学的体会分享中，我发现：平时我们印象中宏伟气派的皇家建筑，其实不只是存在壮阔、空旷、辽远等特点，它的设计细节丰富而巧妙，并不是一味地空，而是空与满的一种结合。这种空与满不仅体现在整体的红色墙壁与色彩丰富绘制精美的雕梁画栋，也体现在建筑动线设计过程中，松紧的结合。例如，在走过较为狭窄且封闭的拱门后，接着是明亮而宽阔的广场。这种视觉造成的心理上的差异感，更能让人在游览中体验到建筑的宏伟和气派。

这种建筑空间的体验，让我体会到东方设计中隐藏在设计背后的独特韵律与感受。而东方的书籍设计中，在很早就出现了空间概念，例如卷轴的形式、龙鳞装的形式等，都是东方视角下，空间的体现。我认为建筑设计的手法与书籍设计，存在着某种空间上的契合，在不同的民族文化背景下，会衍生出一种通用的设计手法与设计思维。

雨果曾经说过“建筑是石头写成的史书”。而在张钦楠的《阅读城市》中说道：“城市确实像一本书，一栋栋建筑是字，一条条街道是句，街坊是章节，公园是插曲。”既然建筑如书籍，那反而观之，书籍可以说是微观的建筑。吕敬人老师也曾提出：“书籍设计应该是一种立体思维，是注入时间概念的塑造三维空间的书籍‘建筑’。”在新媒体技术冲击下的今天，传统书籍的优势就是它的不可替代性，它带来的“五感”体验，也多源于其材质和空间特性的体验。如果仅仅是为了灌输知识，而不考虑其体验，大可通过电子阅读的方式。当然当今的电子阅读也正朝着交互与体验的方向发展，但质感的触摸是屏幕显示所达不到的。因此我希望巧妙地利用合适的材质，同时把“营造”这一空间的概念引入到书籍的设计中，从而使书籍变成一种具有独特气质的文化载体。对于书籍空间的营造，一方面是内容的编排，另一方面是装帧的设计。如何把建筑带给我们的空间观赏体验抽取出来，并在一本书上呈现，是我所希望研究的方向。这一方面有利于传统意义上的书籍的创新进步，另一方面可以向观众呈现出隐藏在建筑中的不易被发现的设计规律以及独特的手法与韵律。

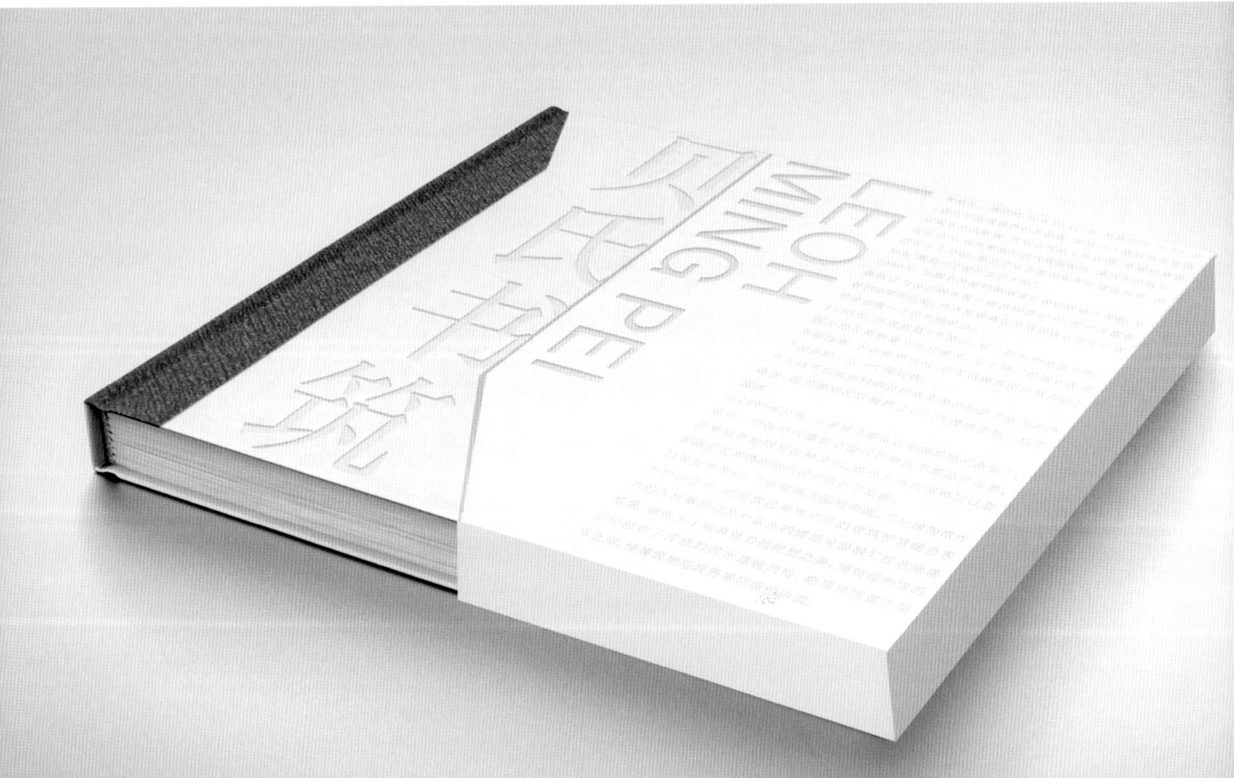

2 创作过程

2.1 建筑设计空间表达的普遍手法

建筑本身是通过“围”的形式，去与外部环境进行隔离，从而达到一定的使用功能和审美功能。建筑的存在，无法脱离其与外部环境的关系，包括自然因素与历史文化因素等。在贝聿铭的设计中，他巧借当地历史文化，并用现代化的手法加以呈现，是现代化建筑与历史文明的一次对话。例如，在美国国家美术馆东馆的设计中，贝聿铭考虑到建筑所在地周围多为古典主义建筑，因此在设计中，贝聿铭延续了古典主义的设计风格，并保持新建筑与周围建筑高度统一，同时在中轴线的设计上延续了西馆东西轴线的设计方法，把梯形的基地分为两个三角形，在形式上呼应西馆，柯布西耶曾说“轴线不一定要存在于真实的空间中”，在这里贝聿铭把它赋予双重意义，即是暗藏其中的建筑轴线，也是历史文化的轴线。

在苏州博物馆和日本美秀美术馆的设计中，我们能更多地看到贝聿铭把建筑与自然相结合的创作理念，建筑的存在并不是破坏自然风光，而是对其的改造和美化，并打破自然和建筑中“围”的概念，让观者逐渐地模糊自然和建筑的界限。在美秀美术馆的设计中，贝聿铭把建筑隐藏在山林之中，通往美术馆的狭长隧道，保护了山林的完整性，使建筑与山林融为一体。同时，通过狭长的长廊到突然开阔视野的自然风光，有一种“忽逢桃花林”的文人雅趣，这也是东方文化思想在贝聿铭建筑中的独特呈现。

如何处理建筑内部结构的层次关系，是建筑内部空间规划的重点。受中国传统庭院的影响，贝聿铭的建筑设计格外注重中庭的设计。中庭一般位于庭院中央，为了加强中庭空间的活跃性，贝聿铭一般采用顶面玻璃或是开口的方式，

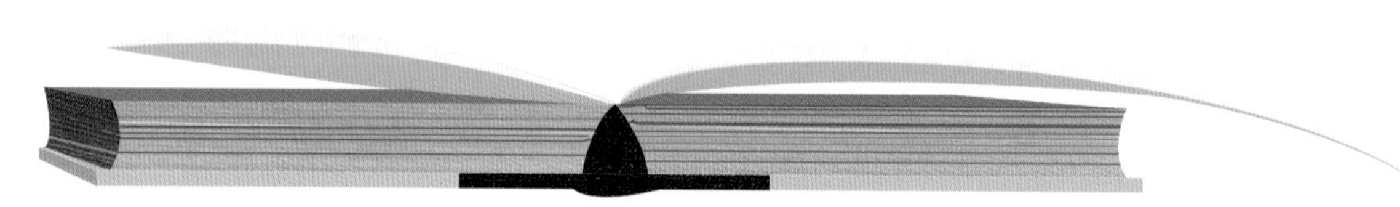

将光引入中庭中，阳光的照射不但为空间提供了良好的自然光条件，也加强了内部空间与外部空间的交融。

同时贝聿铭建筑设计中，擅长使用多中心布局。多中心布局是以一个中心空间为基础，连接建筑中的部分功能空间，从而形成组团的形式。再通过变形重复形成多个中心式空间。这种多中心布局的方法，可以很好地激发参观者的探索欲望，给整个建筑增加神秘感。

框景是园林设计的重点，门洞的主要功能是园林造景中使得各个空间灵活通透。将墙的另一边的景物纳入其中，使人享受步移景异的感受。当人们游览的过程中，既可以享受景色，又可以走入景色。景深、窗中窗、画中画、景中景，体现了独特的东方审美韵味。除了框景的使用外，弯曲的长廊也是形成独特的空间对比方式的手法，廊不仅是链接景物的方式，还起到了分隔空间的作用。在贝聿铭的园林设计中，绝妙之处在于，游览其中一切都好似偶然的相遇，没有固定的安排或程式，但无论从哪开始游览怎么安排路线，都能获得美的感悟，整个建筑的风景布局，靠着曲折反复、空间开合的手法，使得景物产生多样性的节奏。

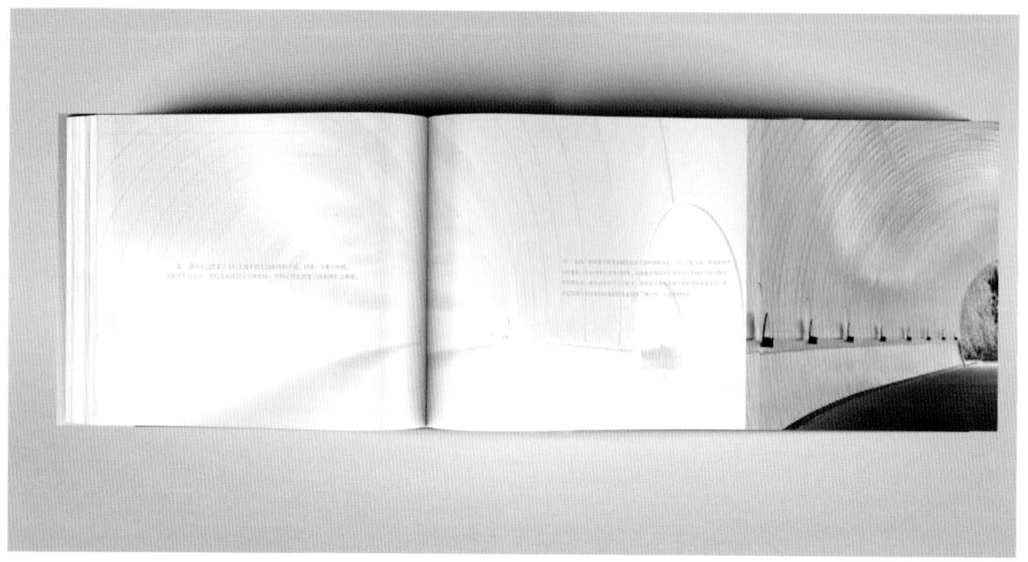

2.2 建筑设计中光的运用

在建筑设计中，光是不可或缺的。首先，柔和的自然光线的引入可以给建筑内部提供良好的照明；其次，自然光线是连接外部空间与内部空间的桥梁；最重要的是，一天或者四季，光是变化的，性格是不同的，这也给空间中引入了时间的概念。光形成的光影，在空间内部是律动的，光在空间中时而模糊，时而锐利。

丹尼尔·李布斯金在设计犹太博物馆时，建立了一个没有光的房间。这个空间与博物馆的其他空间并不相连，空无一物且不开暖气。他在天花板处设置了一条裂缝，角度奇突，从地面处人们是根本看不到的，但光线会透进来，反射在水泥墙面和地面上。这个博物馆是记录德国犹太人 2000 年来的历史，其中缺少不了的是严苛、黑暗的“一章”，因此丹尼尔做了这个巧思的意图，以此表达使观众能铭记这段历史。“光”的神奇魔力和带给人心理上的隐喻暗示，使这个房间成为人沉思和遐想的空间。因此光在建筑中不仅起到了营造空间的实用价值，在建筑表达的社会意义的价值层面上也凸显出重要作用。

2.3 建筑设计中空间动线的设定

建筑设计中空间动线的设定极为重要，它是建筑师引导游览者体会建筑精髓的关键。在园林设计中，路径的设置是引导人们视线和做出方向判断的关键，而路径途中不断变换的景物也是设计的关键，这些景物不仅起着美化的作用，也带有引导和暗示的意味。贝聿铭在卢浮宫的设计中，将建筑的入口设置在地下，在每个连接展览空间的方向上设有一个小型的金字塔，光线透过金字塔给人们提供了方向上的暗示。此外贝聿铭通过空间的疏密关系来设定游览者的动线，例如美秀博物馆的走廊，狭窄而悠长的通道，尽头是秀丽的自然风光。这种移步换景的路径设置，使得参观者在移动的途中不会乏味，并更加激起探索欲望。

2.4 贝聿铭建筑设计理念

贝聿铭的建筑设计思维具有全局观念，也融入了东方建筑设计师，人与自然结合的设计思想。贝聿铭认为“空间与形式的关系是建筑艺术和建筑科学的本质。”他说：“建筑设计中有三点必须重视：首先是建筑与其环境的结合；其次是空间与形式的处理；第三者是为使用者着想，解决好功能问题。除此之外，贝聿铭能够做到西学东用，他认为“越是民族的，越是世界的”。在学习西方建筑设计的基础上，他能把东方的神韵进行结合，因此贝聿铭的建筑中既有西方现代主义建筑的结构特征，又能从中看到东方神韵。在贝聿铭的建筑设计中有一种独有的东方韵律，这种韵律在其设计的几个东方建筑作品中体现得尤为明显。在苏州博物馆的精致设计中，主体院北侧的片石假山，以壁为纸，以石为绘，全长 37.8 米，是由 21 块泰山石错落堆叠而成，石块从左至右递增，由青转棕，形成美好的山水意境。而转眼望去主厅，假山与墙后冒头的树冠形成了另一幅画面，风景之间长短不一高低错落，韵律感十足。这种结构与功能相结合的设计方法，在书籍设计中可以表现为在阅读功能的基础上，加以适合文本内涵的设计形式，丰富读者的感官体验，从而拓展书籍设计的空间内涵。

在贝聿铭的设计中，我们可以看到他天人结合的思想。建筑能与当地的环境巧妙的融合，从建筑的外部和自然的关系到建筑自身室内外环境之间的关系，都经过巧妙地处理，从而更考虑到人在参与到建筑中的体验感，这种体验感从进入建筑之前就产生了，一直延续到整个

The Louvre, or the Louvre Museum,
is the world's largest art museum
lter Gropius became chair of the archite-
Design, from which Pei graduated with a
d Pei's work, though he ultimately moved
o — are the Louvre Pyramid, which forms
Pei added to the once-overstuffed French
, where visitors join with a monumental
nd the Bank of China Tower in Hong Kong,
Chicago's former John Hancock Center.
s most of its weight.
s to make construction into art. A prime
s he designed for the Federal Aviation
ower, the tallest of the bunch at 150 feet,
, a topside cab, a shaft and a base building
ated a bell tower Pei would later design in
O'Hare Hilton, is still standing and used for
uren Hoffman, a spokeswoman for the city's
he 1990s became the airport's main control
what it wanted to be (the brick supposedly
e the mystical Philadelphia architect Louis
Angeles architect Frank Gehry, who harnessed
t, seemingly chaotic statements as the Guggen-
ritzker Pavilion in Millennium Park.
Pei's buildings, like the Rock & Roll Hall of Fame in
ycled melange of forms Pei already had used.
rchitecture, the kind you see at a world's fair, or a theme
c Robert Campbell wrote of the Rock & Roll Hall of Fame
995. "No real risks have been taken. And that famous

游览的过程，这个过程像极了我们拿到一本书时候的体验。书籍带给我们的体验不是单薄的，而是立体的，刺激着我们的“五感”，从初次看到书籍时的视觉感，到触碰到封面纸张的触感，从书卷气带来的嗅觉的体验，到翻阅书籍时候的阅读体验，以及书籍编辑后版面之间疏密关系以及图文排版带来的空间体验感，书籍带来的“五感”与建筑设计相得益彰。

贝聿铭擅长重复地使用符号，也擅长借用传统符号进行重新地解读。首先对于符号的重复使用，并不是枯燥乏味的重复，而是带有构成感和意识的重新组合变形。任何一种文本，都是将多个符号，通过一定规律，进行编码，最后形成文本，符号的另一种编码与阐释，即建立在传统符号上的一种非传统的编码方式和阐释方式。从贝聿铭的建筑设计上来看，无论是美秀美术馆、苏州博物馆还是伊斯兰艺术博物馆，都体现了他“将历史还给历史，将文明还给文明”的要旨。例如，在苏州博物馆的设计中，由于传统梁柱的卯榫结构过于复杂，并且使用寿命与混凝土相比较短等原因，他去掉了梁的结构而采用混凝土结构，这延长了建筑物的使用寿命，也便于保养，还节省了建筑工程，增大了建筑使用空间，但同时保持了中国园林建筑的古韵。

通过研究，我发现贝聿铭对于三角符号的使用和他对符号的重新编码是一套新颖的设计思路。众所周知，中国讲究的是天圆地方，中国人温润如玉，圆滑的性格在圆中得以体现。然而三角形这个更多的是锐利的锐角组成的图形，似乎和中国人的性格有所不符，这并不是容易被历史文化所接受的。然而贝聿铭在众多的东方建筑设计中，大量运用三角形作为基础造型进行设计，其手法在于对三角形的重新组合，也给古朴的传统建筑，带来一丝现代主义的生机。以苏州博物馆来举例说明，首先建筑的整体体量，是以三角形的方式拼接组合而成的，三角形之间相互组合链接，形成了矩形并以堆成的视觉构成进行排列，又结合以粉墙瓦黛的材料选择，使得三角形的符号融入建筑整体中，并不显得突兀。另一方面，天顶的设计也采用了三角形的拼接方式组成菱形，并部分镂空开窗。对于园林设计中至关重要的景框的处理，大的外形贝聿铭继续沿用中国传统的窗格形式，但在窗格的装饰上，用小的三角形的切割方式进行装饰，或是采用六边形或是菱形（皆可由三角形组成）的形状，这样既保留了传统的中国特色，又加入了现代感。

通过对三角形的拼接变形组合的方式，原本冰冷的三角形，在建筑中被赋予了活力。立体的三角形、大的三角形、细小的三角形和暗藏在图形背后的三角形交相辉映，是传统与现代化的完美链接。这种三角符号的重新编码和运用在贝聿铭的建筑设计中显得尤为重要。

3 最终成果

设计展示

历史上，人们记载信息都是通过在建筑上进行书写，人们最早学习《圣经》是从建筑上阅读学习的。在纸张和印刷术被发明后，人们才开始通过书籍阅读《圣经》并将其广泛地传播。包豪斯时期，人们最早将建筑设计中的美学、工艺教学应用到书籍设计的领域，在书籍的版面编辑、网格设计中进行有规律的理性思考。这对之后书籍设计的发展产生了巨大的影响。因此，书籍设计和建筑设计虽然属于不同的学科，但在设计的语言上，有着方方面面的对应关系和共通之处。

书籍可以被看作是承载文本的建筑，文本中描述的时间和空间故事，随着一页一页纸张的流动，在书籍中逐渐展开。因此书籍不是静态的，而是包含着时间和空间的流动。作为设计师，需要在设计过程中，随着文本的变化，引导着读者的阅读，引导读者产生情绪的变动，或舒缓或急促。而建筑也是如此，但由于建筑的体量庞大，因此游览者只能进入到建筑中，而很难直接看到建筑的全貌，因此设计师通过暗藏在建筑中的设计，对游览者进行引导，在游览过程中，会有目不暇接景色呈现，也会有闲适的休息空间，这种节奏感引领着游览者参观完整个建筑。书籍是凝固的建筑，而建筑中有蕴藏着书籍带来的诗意。建筑与书籍同样都是通过其特有的语言，以象征等手法去诠释自然，或是宣扬某种社会价值，表现某种审美情趣，二者都是功能价值与物质形态的结合。在物质形态方面，书籍的护封可以看作建筑的围栏，封面相当于建筑的外墙面与入口处的状态，扉页相当于玄关。翻阅一本书的过程宛如浏览一座建筑，它们的语言可以大致被概括为材料、结构、符号、空间、时间、意义几个方面。

之所以要将建筑的手法应用到书籍设计之中，是因为对于阅读书籍来说，这个过程是动态的。时间的推移是时间上的变化。翻阅纸张是空间的变化。如何去完善读者在翻阅过程的感官体验，即把书籍设计从二维的设计引申到三维设计是关键。而建筑和书籍同样，都是承载信息的，而建筑的参观过程本身就是置身其中的，对人来讲时间和空间也是移动的，移动的路线和参观者的感受表达了建筑想传达给观众的信息。对于书籍来说，空间的构筑是为了突出作者想要传达的信息及内涵。因此通过把建筑设计中，传达空间与信息的手法对应到书籍设计中，有助于增强书籍的空间感，产生更多的阅读维度，更好地表达书籍的内涵。

要的好地方。假山中的山洞、
和瀑布都会勾起我们无限幻想。
这种延续性
具体地反映了
中国文化——父亲播种，
儿孙收获。
Paris, it can be said that regardless of scale, Pei's work
was always exquisitely considered. Inspired by his own
experience of Pei's JFK Memorial Library, Australian
photographer Tom Ross determined to photograph the
sculptural concrete building, arriving in Boulder in time
to capture the laboratory as the sun began to set.
The Mesa Laboratory was completed in 1961 and
marked the beginning of a new period within Pei's
working style. Despite being used for scientific
purposes, the scale of the space gives it a sense of
atmosphere akin to spaces of prayer and worship.
Built as a part of the National Centre for Atmospheric

National Center for Atmospheric Research
美国国家大气研究中心
National Center for Atmospheric Research
I.M. Pei's Blush-Pink Concrete Laboratory Is A Lesson In Monumental Modernity
01
"Bold, simple, and timeless, his architecture for me, has always taken on a spiritual scale."

LOUVRE
Palais
du
Louvre
巴黎
卢浮宫

美秀美术馆
Miho Museum

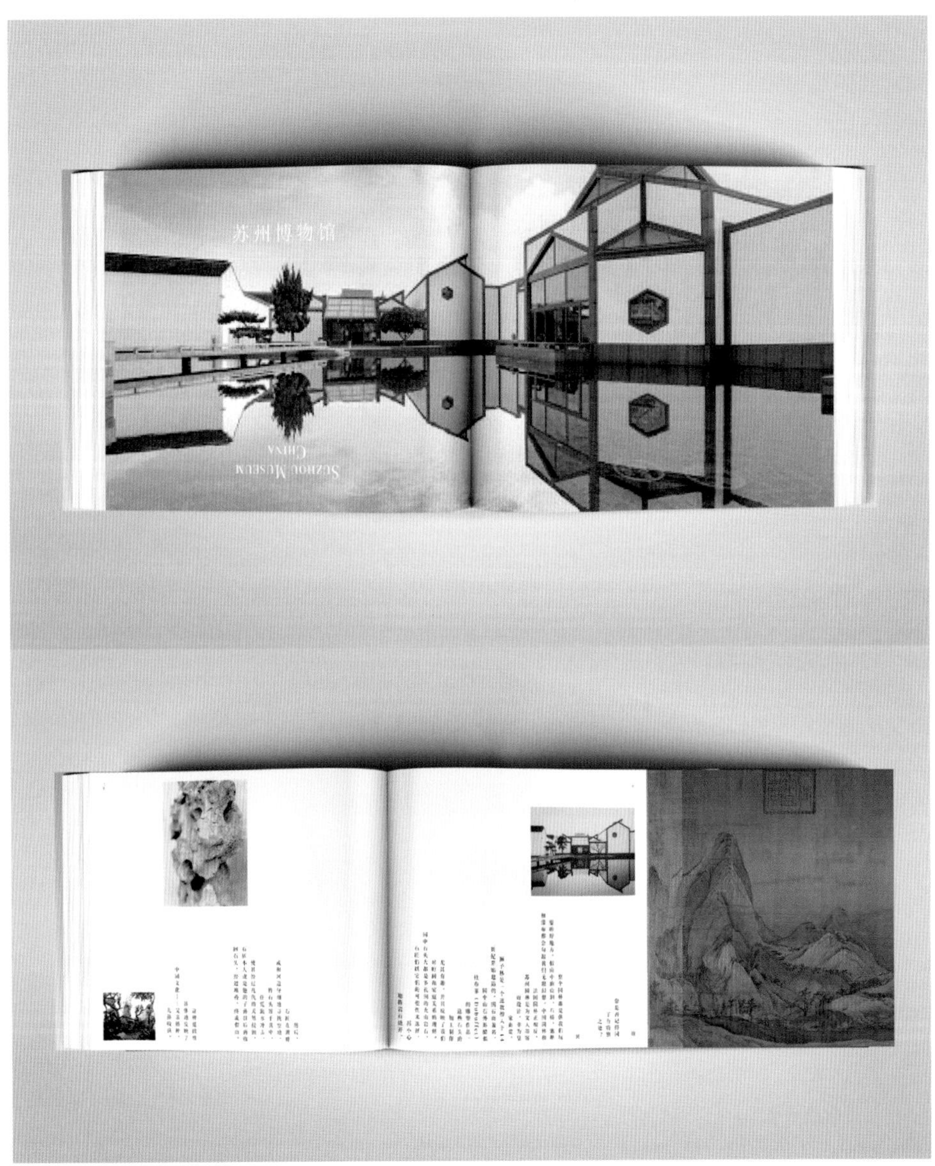
苏州博物馆
SUZHOU MUSEUM
CHINA

4 结语

本文通过研究探索和实践创作相结合的手段，寻找建筑设计中的语言并应用到书籍设计中，以增强书籍阅读的空间体验感。通过研究我们可以看出，建筑设计中许多对空间的处理方式，都可以借鉴应用到书籍设计中来，例如对材料的选择，对观者运动动线的规划，对光线的使用，对符号元素的嫁接应用等。笔者从建筑设计的基本原理中，提取其与书籍设计相对应的结构部分，并把建筑设计中对空间营造的处理手法，转化到书籍设计中去，产生增强书籍空间的新思路。

纸媒书籍在当今时代，其社会价值发生了变化，因此传统纸媒愈来愈作为一个承载文字的艺术性载体而出现，而书籍本身的多面体的属性，正好对应了建筑中的面与空间，建筑作为一个凝固的历史，其包含的历史与文化，也正是书籍中去记载的，因此书籍与建筑是两个天生的结合体。

本文第二个研究的重点是探索贝聿铭的建筑设计手法的独特之处。我们可以发现，贝聿铭的建筑设计，其韵律和思维模式，也是源自于中国传统文化，而其独到之处则是把西方的设计手法，很好地嫁接在了传统文化之中，作品既充满现代感、不老旧，又具有其东方的精神内涵。而不论是建筑设计，还是书籍设计，抑或是音乐等艺术形式，其本质的内涵，都是文化和精神的延续，而面对日新月异的技术发展，书籍在嫁接这些技术的同时，更应该使技术依附在其应表达的情感内涵之上，这样才能真正实现一本书的文字内涵、排版、装帧、材料的整体性，才能最好地展现书籍设计的空间性。这种空间不仅是三维上的空间，也是包含了精神层面的空间。这是本文在基于贝聿铭建筑设计技巧上，对建筑空间在书籍空间表现上的新的理解与表达。

张佳与导师王红卫合照

老师评语：

书籍是语言的建筑，而建筑是空间的语言。书籍与建筑是两个天生的结合体，作为纸质媒体的书籍立方体形态的本身就是意象的流动的空间。论文探讨建筑空间对应书籍的阅读“空间”韵律的增强主题，并分析解读建筑设计界大师贝聿铭先生以人为本的东方设计理念；重点探讨书籍与建筑设计之间的对应关系，强调建筑空间中的动线设计与阅读的动线关系、光与窗格在建筑设计的应用与书籍设计的联系、装饰元素在建筑设计与书籍设计中的联系及对应关系，并通过新材料与更多排版可能性的探索，拓宽书籍设计的空间维度，增强其阅读的韵律感。设计实践通过对贝聿铭代表性的卢浮宫、美秀美术馆、美国大气研究中心及苏州博物馆四个建筑的设计理念的梳理进行书籍整体设计，以展现贝聿铭东方神韵的设计观，有效佐证了论文提出关于书籍与建筑的空间维度对应关系观点。

论文概念准确、调研充分，结构合理、有自己独到的设计观点，对于如何用传统纸媒书籍完美传达建筑的空间神韵之美，发挥纸质书籍独特魅力而言，具有一定的现实意义和应用价值。就如何更完善地在传统的书籍设计中运用版面设计的文字与图形对应的手法，产生点、线、面的视觉语言来体现出建筑空间中流动韵律之美，以及对应的书籍形态的表现，还有进一步研究的空间。

鲸落

2020年

鲸落是海洋里罕见的壮美景观。而由于鲸落发生地点难以观测，对此现象的科学研究内容较少，普及性的科普推广内容就更难找到。本研究基于科学研究的事实，用手绘信息和定格动画的方式完成“鲸落”生态演化的过程。

傅韵畦

1993年12月17日生于重庆

2017年毕业于清华大学美术学院，获学士学位

2020年毕业于清华大学美术学院，获硕士学位

1 前期准备

选题背景

“鲸落”：专有名词，指鲸死后沉入海底的现象。如今一些国家还有着捕鲸的传统，这导致鲸鱼物种数量在急剧减少。

环境污染也被环保主义者和科学家认为是鲸鱼搁浅的原因。和壮美的“鲸落”于生态的结果截然相反，鲸鱼搁浅死亡后会因为内部蓄积过多腐败气体而造成身躯爆裂，会对近海的生态造成负面的影响。

从互联网搜索指数来看，近年来社会大众对于“鲸落”的关注程度在不断地提高。与此同时，受限于国内海洋科考活动的发展阶段，国内对“鲸落”这一现象的科学研究工作还做得非常有限。通过学术搜索可以找到很多外文研究资料，这部分资料由于专业性太强以及大众的外文阅读水平整体不高，也很难为人知晓。学术论文基于其严谨性而采用了非常多的实拍照片，对于非专业的阅读者来说既不能对“鲸落”现象进行专业研究，也无从领略它的壮美。

创作方式

选择用手绘结合信息图的方式来展现鲸落生态演化过程。信息图是信息可视化的重要成果。信息可视化，是指将复杂、难懂的信息、数据或知识，通过梳理与视觉化设计，形成易于理解、记忆、吸引受众阅读的图形。信息可视化可以分为概念可视化和数据可视化两大类别。

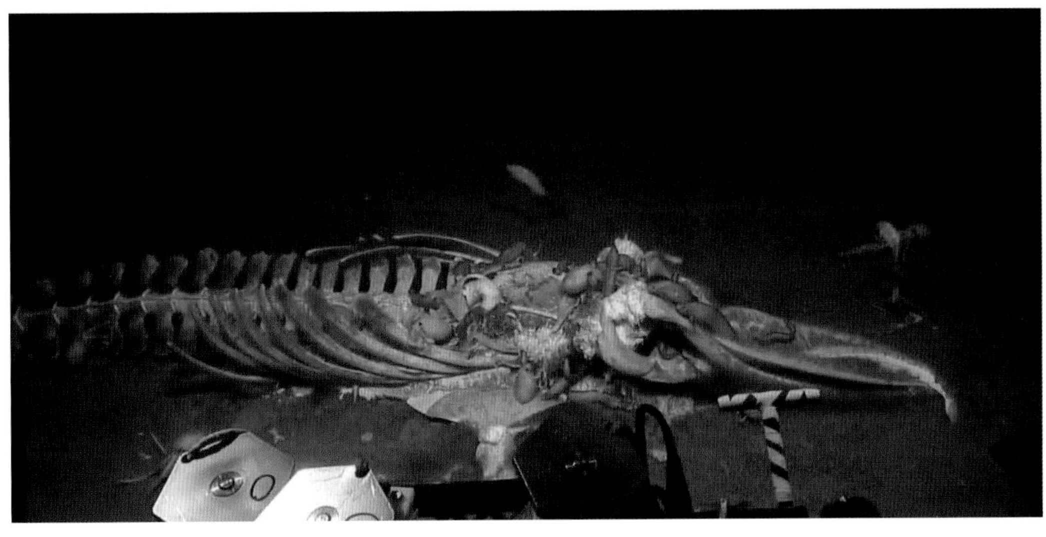

名称			种群数量	STATUS	TREND
小须鲸	Balaenoptera acutorostrata	Minke whale	200000	LC	UNKNOWN
鳁鲸	Balaenoptera borealis	Sei whale	50000	EN	Increasing
鳀鲸	Balaenoptera edeni	Pygmy bryde's whale	UNKNOWN	LC	UNKNOWN
布氏鲸	Balaenoptera brydei	Bryde's whale			
大村鲸	Balaenoptera omurai	Omura's whale	UNKNOWN	DD	UNKNOWN
长须鲸	Balaenoptera physalus	Fin whale	100000	VU	Increasing
蓝鲸	Balaenoptera musculus	Blue whale	5000-15000	EN	Increasing
大翅鲸	Balaenoptera Megaptera novaeangliae	Humpback whale	84000	LC	Increasing
北太平洋露脊鲸	Eubalaena japonica	Northern Pacific right whale	UNKNOWN	EN	UNKNOWN
灰鲸	Eschrichtius robustus	Gray wahle	UNKNOWN	LC	Stable
抹香鲸	Physeter marcrocephalus	Sperm whale	UNKNOWN	VU	UNKNOWN
小抹香鲸	Kogia breviceps	Pygmy sperm whale	UNKNOWN	DD	UNKNOWN
侏儒抹香鲸	Kogia sima	Dwarf sperm whale	UNKNOWN	DD	UNKNOWN
贝氏喙鲸	Berardius bairdii	Baird's beaked whale	UNKNOWN	DD	UNKNOWN
柯氏喙鲸	Ziphius cavirostris	Cuvier's beaked whale	UNKNOWN	LC	UNKNOWN
银杏齿中喙鲸	Mesoplodon ginkgodens	Ginkgo-toothed beaked whale	UNKNOWN	DD	UNKNOWN
柏氏中喙鲸	Mesoplodon densirostris	Blainville's beaked whale	UNKNOWN	DD	UNKNOWN
朗氏喙鲸	Indopacetus pacificus	Longman's beaked whale	UNKNOWN	DD	UNKNOWN
短肢领航鲸	Globicephala macrohynchus	Short-finned pilot whale	UNKNOWN	LC	UNKNOWN
虎鲸	Orcinus orca	Killer whale	UNKNOWN	DD	UNKNOWN
伪虎鲸	Pseudorca crassidens	False killer whale	UNKNOWN	NT	UNKNOWN
小虎鲸	Feresa attenuata	Pygmy killer whale	UNKNOWN	LC	UNKNOWN
瓜头鲸	Peponocephala electra	Melon-headed whale	UNKNOWN	LC	UNKNOWN
瑞氏海豚	Grampus griseus	Risso's dolphin	UNKNOWN	LC	UNKNOWN
中华白海豚	Sousa chinensis	Chinese white dolphin	UNKNOWN	VU	Decreasing
真海豚	Delphinus delphis	Common dolphin	UNKNOWN	LC	UNKNOWN
长吻真海豚	Delphinus capensis	Cape dolphin、Long-beaked common dolphin	UNKNOWN	DD	UNKNOWN
瓶鼻海豚	Tursiops truncatus	Bottlenose dolphin	UNKNOWN	LC	UNKNOWN
印太瓶鼻海豚	Tursiops aduncus	uth Bottlenose dolphin、Indo-pacific bottlenose dolph	UNKNOWN	NT	UNKNOWN
热带斑海豚	Stenella attenuata	Pantropical spotted dolphin	UNKNOWN	LC	UNKNOWN
条纹海豚	Stenella coeruleoalba	Striped dolphin	UNKNOWN	LC	UNKNOWN
长吻飞旋海豚	Stenella longirostris	Spinner dolphin	UNKNOWN	LC	UNKNOWN
太平洋斑纹海豚	Lagenorhynchus obliquidens	Pacific white-sided dolphin	UNKNOWN	LC	UNKNOWN
弗氏海豚	Lagenodelphis hosei	Fraser's dolphin	UNKNOWN	LC	UNKNOWN
糙齿海豚	Steno bredanensis	Rough-toothed dolphin	UNKNOWN	LC	UNKNOWN
江豚	Neophocaena phocaenoides	Finless porpoise	UNKNOWN	VU	Decreasing
白鱀豚	Lipotes vexillifer	Baiji	UNKNOWN	CR	Decreasing

NOT EVALUATED, DATA DEFICIENT, LEAST CONCERN, NEAR THREATENED, VULNERABLE, ENDANGERED, CRITICALLY ENDANGERED, EXTINCT IN THE WILD EXTINCT

数据来源：www.iucnredlist.org

数据收集

对于本研究涉及的科普知识的梳理，分两步走来确定设计表达方式。第一步，选择科普知识并做结构化梳理。这里梳理的信息包括两部分，即鲸鱼类信息和鲸落生态演化信息。鲸鱼分类我们以中国及周边的鲸类为主要参考对象，将文献中的鲸鱼体型特点、体型大小、分布范围、生态习性、濒危程度等，从文字整理成表格，并附带图片信息，这样能准确掌握每个分类的特征。鲸落生态演化阶段，收集每一阶段的主要特殊描述并提取关键内容，列举不同的生物参与者名录及特点，确认代表物种及图片。通过这些工作，我们对鲸鱼分类和鲸落演化就有了一个严谨而

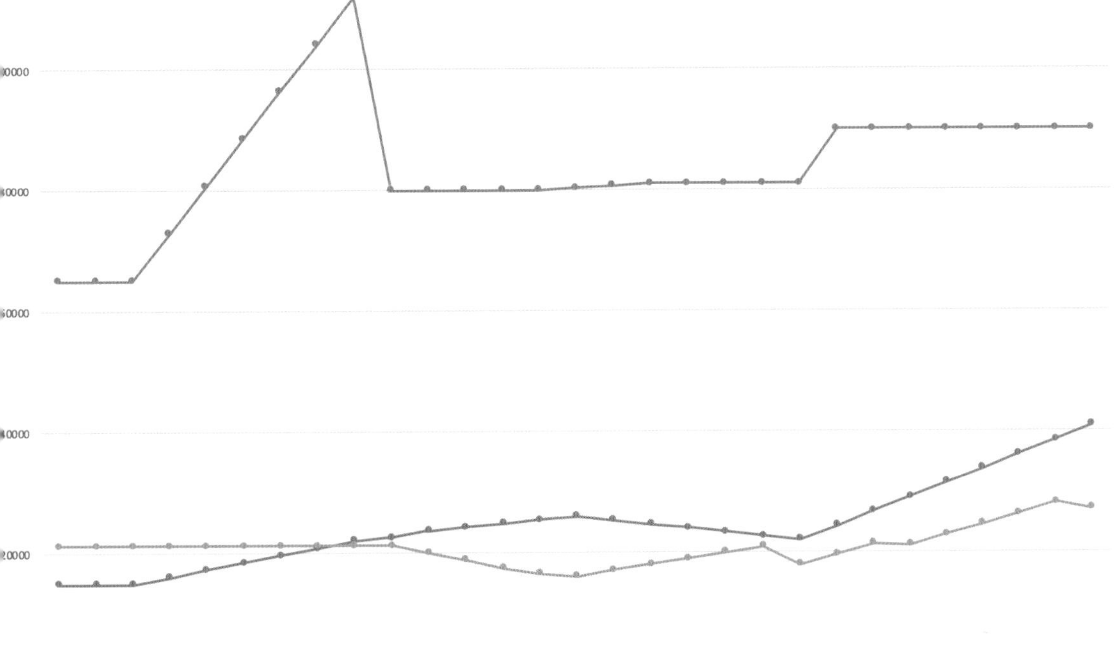

整体的认识。

第二步，将结构化的知识做视觉转换。对于鲸类的信息分类，我们通过手绘图画的方式表现其主要特征。以体型大小信息为例，除了使用数字标注以外，在条件允许的情况下调整不同种类鲸鱼的手绘元素大小，可以给受众以更直观的感受。而地理分布和生活环境方面，相比于文字介绍，使用地图作为背景和绘制生活环境等做法，都比直接使用文字描述更直观、更吸引读者。

2 最终成果

中国鲸类图鉴

整体作品的设计思路从两个出发点来考虑，一是鲸鱼和鲸落主题本身的特征和科普的难点；二是以读者的视角来考虑如何设计才能更有利于读者接受新的知识。

为了便于介绍鲸落，首先对中国及附近水域的鲸类进行集合介绍，将手绘和信息图表结合，介绍中国鲸类的种类、大小、习性以及稀有程度。各种不同鲸鱼的特点和习性也给整个设计增添了吸引力。考虑到不同种类的个体大小差距悬殊，在统筹时并没有完全按照现实的比例展示，而是以突出各种鲸类的特点为主要目标，同时标注出具体的数据信息。

在鲸落的主体部分，则挑选个体比较大的种类（须鲸中的大翅鲸）作为介绍鲸落的示例。在这一部分，罗列各种参与鲸落生态演化的生物，依次展示鲸落的各个阶段。由于鲸落生态演化中参与物种的体型大小跨越多个数量级，因此更需要合理设置展示大小和参考标准。

鲸鱼分为须鲸亚目和齿鲸亚目。齿鲸亚目下分很多科目，其中海豚科种类最多。由于中国鲸类的齿鲸亚目除了海豚科以外，其他科目种类较少，于是将其合并在一张图中。中国鲸类图鉴分别按体长、体重、分布和习性进行介绍，并根据实际大小比例排布画面。

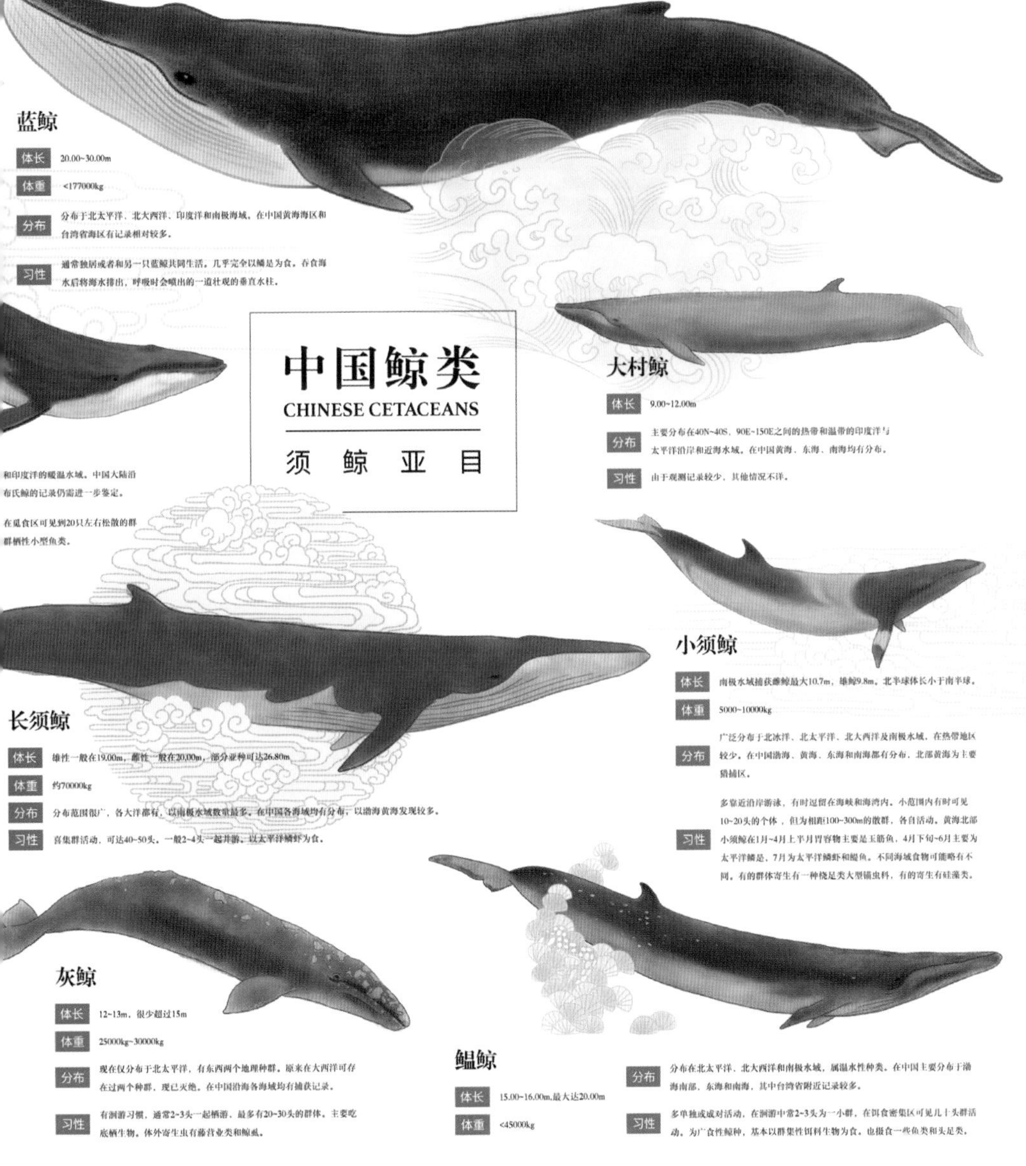
蓝鲸
体长 20.00~30.00m
体重 <177000kg
分布 分布于北太平洋、北大西洋、印度洋和南极海域。在中国黄海海区和台湾省海区有记录相对较多。
习性 通常独居或者和另一只蓝鲸共同生活。几乎完全以磷虾为食。吞食海水后将海水排出，呼吸时会喷出的一道壮观的垂直水柱。
中国鲸类
CHINESE CETACEANS
须 鲸 亚 目
和印度洋的暖温水域。中国大陆沿
布氏鲸的记录仍需进一步鉴定。
在觅食区可见到20只左右松散的群
群栖性小型鱼类。
大村鲸
体长 9.00~12.00m
分布 主要分布在40N~40S、90E~150E之间的热带和温带的印度洋与太平洋沿岸和近海水域。在中国黄海、东海、南海均有分布。
习性 由于观测记录较少，其他情况不详。
小须鲸
体长 南极水域捕获雌鲸最大10.7m，雄鲸9.8m。北半球体长小于南半球。
体重 5000~10000kg
分布 广泛分布于北冰洋、北太平洋、北大西洋及南极水域，在热带地区较少。在中国渤海、黄海、东海和南海都有分布，北部黄海为主要猎捕区。
习性 多靠近沿岸游泳，有时逗留在海峡和海湾内。小范围内有时可见10~20头的个体，但为相距100~300m的散群，各自活动。黄海北部小须鲸在1月~4月上半月胃容物主要是玉筋鱼，4月下旬~6月主要为太平洋鲱是，7月为太平洋磷虾和鳀鱼。不同海域食物可能略有不同。有的群体寄生有一种桡足类大型锚虫料，有的寄生有硅藻类。
长须鲸
体长 雄性一般在19.00m，雌性一般在20.00m，部分亚种可达26.80m
体重 约70000kg
分布 分布范围很广，各大洋都有，以南极水域数量最多。在中国各海域均有分布，以渤海黄海发现较多。
习性 喜集群活动，可达40~50头。一般2~4头一起并游，以太平洋磷虾为食。
灰鲸
体长 12~13m，很少超过15m
体重 25000kg~30000kg
分布 现在仅分布于北太平洋，有东西两个地理种群。原来在大西洋可存在过两个种群，现已灭绝。在中国沿海各海域均有捕获记录。
习性 有洄游习惯，通常2~3头一起栖游，最多有20~30头的群体。主要吃底栖生物。体外寄生虫有藤壶亚类和鲸虱。
鳁鲸
体长 15.00~16.00m,最大达20.00m
体重 <45000kg
分布 分布在北太平洋、北大西洋和南极水域，属温水性种类。在中国主要分布于渤海南部、东海和南海，其中台湾省附近记录较多。
习性 多单独或成对活动，在洄游中常2~3头为一小群，在饵食密集区可见几十头群活动。为广食性鲸种，基本以群集性饵料生物为食。也摄食一些鱼类和头足类。

糙齿海豚

体长 2.30~2.40m，最长达2.8m。

体重 90~155kg，最大达180kg

分布 主要分布于热带和亚热带海域，以东部热带太平洋水域较多。在中国大陆海域发现少，台湾省发现较多。

习性 典型的社群性动物，通常成50头以下的群，也有发现100头以上的群，喜欢在表层水温25℃以上的海域栖息，食饵主要为各种鱼类，乌贼、外洋性章鱼。

瓜头鲸

体长 2.20~2.50m，最长达2.75m

体重 约160kg，最大达275kg

分布 分布于太平洋和印度洋的热带和亚热带海域。在中国以台湾省发现较多。

习性 喜集群活动，通常族群数量在50~2000头。行动速度较缓，一般会提防船只靠近，但也有有船首乘浪行为的记录，食饵主要为乌贼和小型鱼类。

小虎鲸

体长 2.10~2.30m，最

体重 150~170kg，最大

分布 分布于大西洋、夏威夷群岛周边南部海域发现较

习性 喜集群活动，通主要以乌贼和各

真海豚

体长 1.50~2.06m，最长达2.6m

体重 100~135kg

分布 广泛分布于大西洋、太平洋、印度洋温带和热带水域，在中国渤海、黄海、东海、南海均有记录。

习性 常以数十只或几百只为群，有强烈眷恋性，行动敏捷，以鱼类和乌贼为食，特别是群游性鱼类。

瑞士海豚

体长 2.80~3.30m

体重 300~500kg

分布 广泛分布于南北半球的温带和热带海域，在中国黄海、东海、南海均有分布。

习性 通常数头至20余头小群活动，往往同瓶鼻海豚群混游。易于驯养。以乌贼与甲壳类为食，偶而捕食鱼类。

印太瓶鼻海豚

体长 1.75~2.60m

体重 <230kg

分布 主要分布于太平洋和印度洋洋热带海域。

习性 数十头成群游动，喜跟随船只，在船首乘主要以群栖性鱼类和头足类为食。

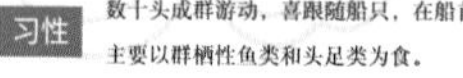

长吻飞旋海豚

体长 1.29~1.88m，最长达2.40m

体重 23~79kg

分布 主要分布在太平洋、大西洋、印度洋热带和亚热带海域，在中国主要在南海和台湾水域时有发现。

习性 喜集群活动，多成数十头至数百头的群游动，甚至有上千头的大群。性活泼，善于跳水，主要以海洋中、上层群栖鱼虾和乌贼为食，其捕食的猎物大多数为垂直迁移物种。

热带斑海豚

体长 1.60~2.60m

体重 100~120kg

分布 分布于太平洋、印度洋、大西洋热带和温带水域。在中国主要分布在东海南部及南海水域，成以北部湾和台湾周边海域发现较多。

习性 喜集群活动，通常是数十头至数百头，甚至有上千头的大群。有时会靠近赏鲸船附近乘浪或跳跃。较少深潜，大多在50米以内的水层活动。主要在表层摄食，其食饵主要为中上层鱼类和乌贼。

中华白海

体长 2.00~2.7

体重 200~250

分布 分布于西水性种类

习性 一般不集喜欢跟随

太平洋斑纹海豚

体长 2.00~2.30m，最长达2.50m

体重 75~90kg，最重达181kg

分布 主要分布于北太平洋北纬20°以北的北美和亚洲沿岸海域，在中国分布于黄海、东海、南海海域。

习性 喜集群活动，通常成数十头至数百头的群游泳，有时也结成1000头的大群体出现。眷恋性很强。主要食物为中上层小型群集性鱼类。

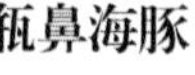

瓶鼻海豚

体长 2.20~3.90m

体重 150~650kg

分布 广泛分布于温带和热带海域，尤以近岸海域较多。在中国各海区都有分布。

习性 喜欢群居，通常数十头或上百头一群生活，常在靠近陆地的浅海区域活动，游泳跳水本领很强。性格友好活泼，喜欢跟随船只。有强烈眷恋性。食物主要包括带鱼、鲅鱼、鲻鱼等群栖性的鱼类，它们偶尔也吃乌贼或蟹类，以及其他一些小动物。

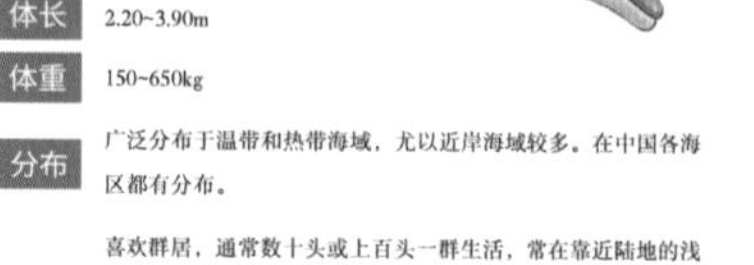

短

体

体

中国鲸类

CHINESE CETACEANS

齿鲸亚目-海豚科

虎鲸

体长 5.70~8.00m，最长达9.75m

体重 1400~5400kg

分布 广泛分布于世界各大海洋，从两级到赤道的近岸和海域均有发现。在中国也是个海域均有分布。

习性 一般不成大群，游泳速度快，富有眷恋性，食性广泛，是一种高度社会化的动物。

长吻真海豚

体长 1.93~2.22m

体重 80~150kg

分布 分布于大西洋、太平洋、印度洋热带和温带暖海水域，在中国主要分布在东海南海和台湾省海域。

习性 喜集群活动，以鱼类和乌贼为食。

条纹海豚

体长 1.80~2.60m

体重 90~160kg

分布 分布于太平洋、印度洋、大西洋的温带和热带海域，南达南纬40°，北可达北纬50°。中国海区主要分布在台湾省水域。

习性 喜集群活动，通常多结成数十头至数百头的群，甚至2000~3000的大群。生性活泼，常跳出水面，喜欢跟随船只。主要以上层鱼类和乌贼为食。

伪虎鲸

体长 4.20~5.60m，最长达6.1m

体重 雌性最大体重1100kg，雄性最大体重2200kg

分布 分布范围广泛，世界各海洋均有，主要在暖温带和热带海域。在中国分布于沿海各海区。

习性 喜集群活动，通常10~50头的群或数百头的群游动，甚至有上千头的群，彼此眷恋性强。常与瓶鼻海豚混游。主要以乌贼类和鱼类为食，亦有捕猎小型海豚、大翅鲸幼子和攻击抹香鲸的记载。

弗氏海豚

体长 1.80~2.30m，最长达2.60m

体重 <200kg

分布 主要分布于太平洋热带海域，菲律宾、澳大利亚北部，东部热带太平洋赤道水域和大西洋的加勒比海多有发现，在中国的东海、南海较多。

习性 喜集群活动，多成数十头至数百头的群游动，甚至有上千头的大群。主要以海洋中层的鱼类、甲壳类及头足类为食，经常潜至250~500m 的水下捕食海洋中层物种。

亚热带水域，
在中国台湾省

群有数百头，
小型鲸类。

南海区，东海南部水域。

，有时同伪虎鲸群混游。

热带和热带沿岸水域，属暖
多。

，生性活泼，经常跳跃戏水

最长达7.20m

分布 广泛分布于太平洋、大西洋和印度洋的热带和暖温带水域。在中国台湾省海域发现较多，南海和黄海亦有发现。

习性 喜集群活动，通常结成数十头或数百头的大群。主要以头足类中的柔鱼、乌贼，集群性鱼类、鳕鱼、鲱鱼等为食。

中国鲸类
CHINESE CETACEANS
齿鲸亚目-其他科
江豚
体长 1.40~1.80m，不同区域种群大小有差异
体重 30~45 kg
分布 分布于亚洲的印度洋和太平洋热带、亚热带及温带沿岸海域和一些大江河流中。在中国南北沿海地区及长江中下游均有分布。
习性 喜欢在近岸区域活动，一般多单独活动或2~3头一起。春季繁殖期单一水域往往有数十至上百头的个体。有季节性洄游和抚幼行为。食性较广，以鱼类为主，也吃虾类和头足类。
白鱀豚
体长 1.4~2.5m，雌性大于雄性
体重 135~230kg
分布 只生存于中国长江内。
习性 一般为群居，但群居特性远不及与其同属鲸目的海豚明显。单个群一般在3~4头，多可达9~16头，但也有成对活动和单独活动。生性胆小，很容易受到惊吓，一般会远离船只。游泳速度最快可达80km/h。捕食长江中下流域中的多种淡水鱼类，但一般以体长不超过6.5cm的小鱼为主，主要对象为草鱼、青鱼、鳙鱼和鲢鱼。
侏儒抹香鲸
体长 2.10~2.70m
体重 136~276kg
分布 主要分布于大西洋、印度洋东太平洋、西太平洋等热带和温带海域。在中国主要分布于台湾省沿岸海域。
习性 族群一般在一只到两只，最大有十头左右的群。在受到惊吓的时候，侏儒抹香鲸会释放出棕红色的肠液然后再下潜，而肠液会形成一阵雾团。以头足类、甲壳类和鱼类为食。
银杏齿中喙鲸
体长 <5.88m
体重 约2500kg
分布 分布于南北太平洋和印度洋，其中南太平洋发现很少。中国主要在台湾省附近海域有搁浅或捕获记录。
习性 社会结构或行为所知极少，食性不明。
柯氏喙鲸
体长 5.0~6.5m，最长达7.93m
体重 2030~3400kg
分布 除近极海域外广范围分布。在中国海域台湾省记录较多，主要集中在东海岸发现最多，在广东省
习性 通常单独行动，或有2~10头的小群，最多的群有25头。搁浅记录较多，在哥斯达黎加与加拉巴哥
记录。食性较广，主要为头足类和底栖鱼类，也食海参，蟹类。
贝氏喙鲸
体长 10.30~11.00m,雌鲸最大12.90m，雄鲸最大12.00m
体重 <12000kg
分布 主要分布于北太平洋温带海域。中国海区比较颇少，在浙江省沿岸曾有捕获记录。
习性 一般以3~10头的小群体出现，最多曾有50头以上，偶尔会独自行动，而且似乎没有援助受伤同伴的习性。对船只有较高的警戒心。会同时潜水与上浮。主要以深海鱼类和底层鱼类为食，也吃头足类和甲壳类，以及海参、海鞘等底栖生物。

抹香鲸

体长　雌性10~11m，最长达20m；雄性14~16m，最长达17m

体重　雌性约15000kg，雄性40000~45000kg

分布　分布于世界各大洋，属温水性鲸种，主要栖息在热带及温带海域，一般不达两极浮冰带。在中国海域均有分布，以南部海区多于北部海区。

习性　喜集群活动，通常有由少数成年雄鲸同大群雌鲸和仔鲸结成的50~100头的大群，也有雌鲸和未成年的雌雄鲸组成10~50头的“家庭群”。有争偶现象，失败者只好孤独远游。主要以头足类的乌贼和章鱼为食，在少数海域也以鱼类为食。

朗氏喙鲸

体长　6.00~7.00m

分布　分布于热带印度洋，热带太平洋以及西北太平洋暖温水域。中国海域内的浙江省和台湾省均有搁浅记录。

习性　在印度洋与太平洋观察到的“热带瓶鼻鲸”推测可能为朗氏喙鲸，族群一般为几头到几十头。

雌鲸体重为1033kg，477cm的雄鲸体重为715kg

带和亚热带海域，尚属广分布种。以西部北大西洋发现较多，东部北大西洋记录不多。北太平有记录。中国海域主要在台湾省记录较多，但从福建至辽宁的大陆沿海亦有不少发现记录。

群体出现。成年雄鲸身上常有白色长条擦伤痕迹。食物主要为头足类和鱼类。

小抹香鲸

体长　2.7~3.4m

体重　300~400kg

分布　广东分布于温带和热带海域，一般不靠近冷水域。在中国主要分布在台湾省沿岸。在上海、福建、广东、香港附近水域亦有发现。

习性　多单独或成对活动，很少有3~5头的群。偶有跳水现象，不喜欢跟随船只。主要以头足类，以及少部分蟹类，鱼类和虾类为食。

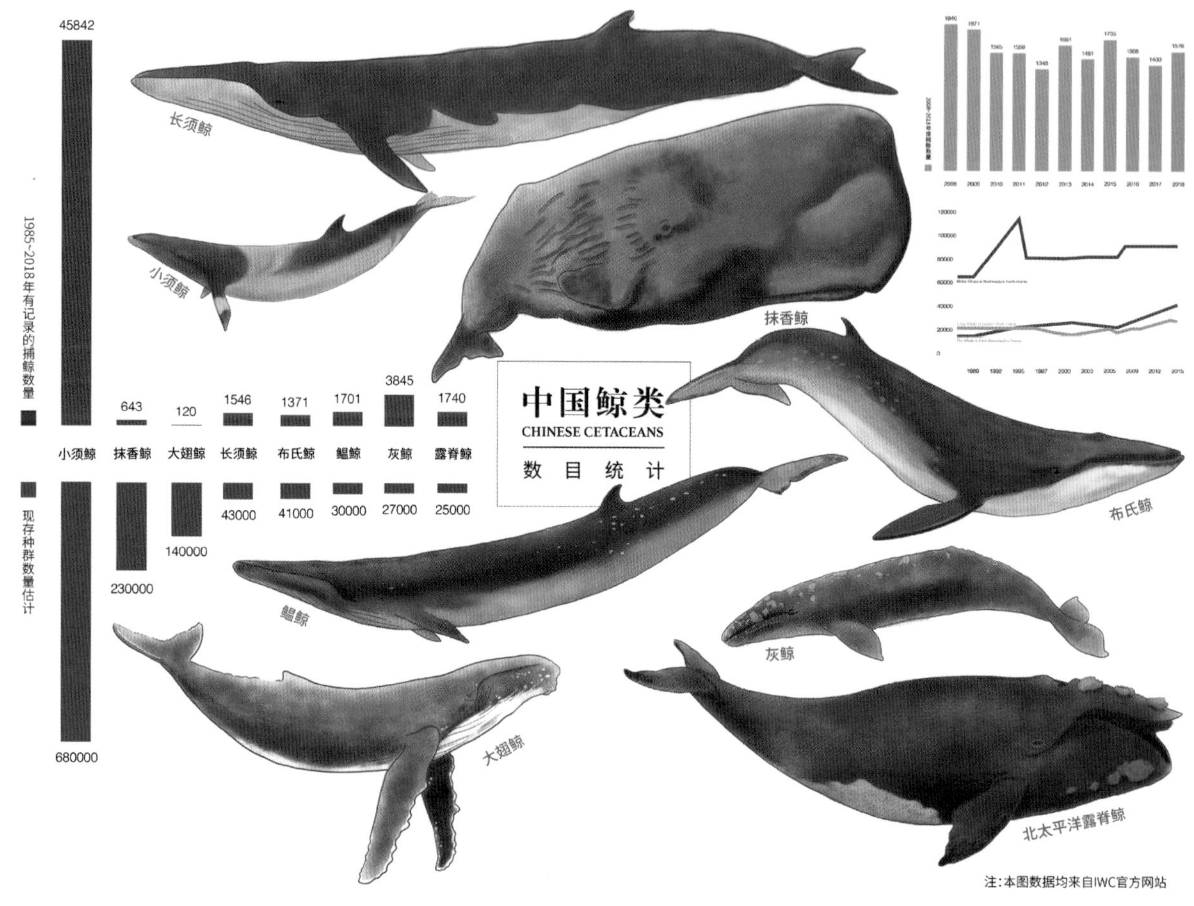

中国鲸类数量

上图所示是中国鲸类中体型较大的种类及数目统计，其中体型较大的鲸鱼的灭亡对生态影响更大。

中国鲸类种类数量关系如下页图中所示，已有三分之一种类的鲸有灭绝的危险，尚不包括一些没有采集到数据的种类。

鲸是庞大的哺乳动物。它们无法像鱼那样迅速大量繁殖后代，而是像人类一样需要喂奶育崽，所以鲸的种群增长速度十分缓慢。长久以来，少数国家的过度捕鲸，使鲸类面临种群灭绝的危险。

全世界鲸目物种有 80 多个，但是只有达到 30 吨级别的大型鲸才能真正形成繁盛的鲸落，这就只剩下不到 10 种，而其中一半是濒危的。

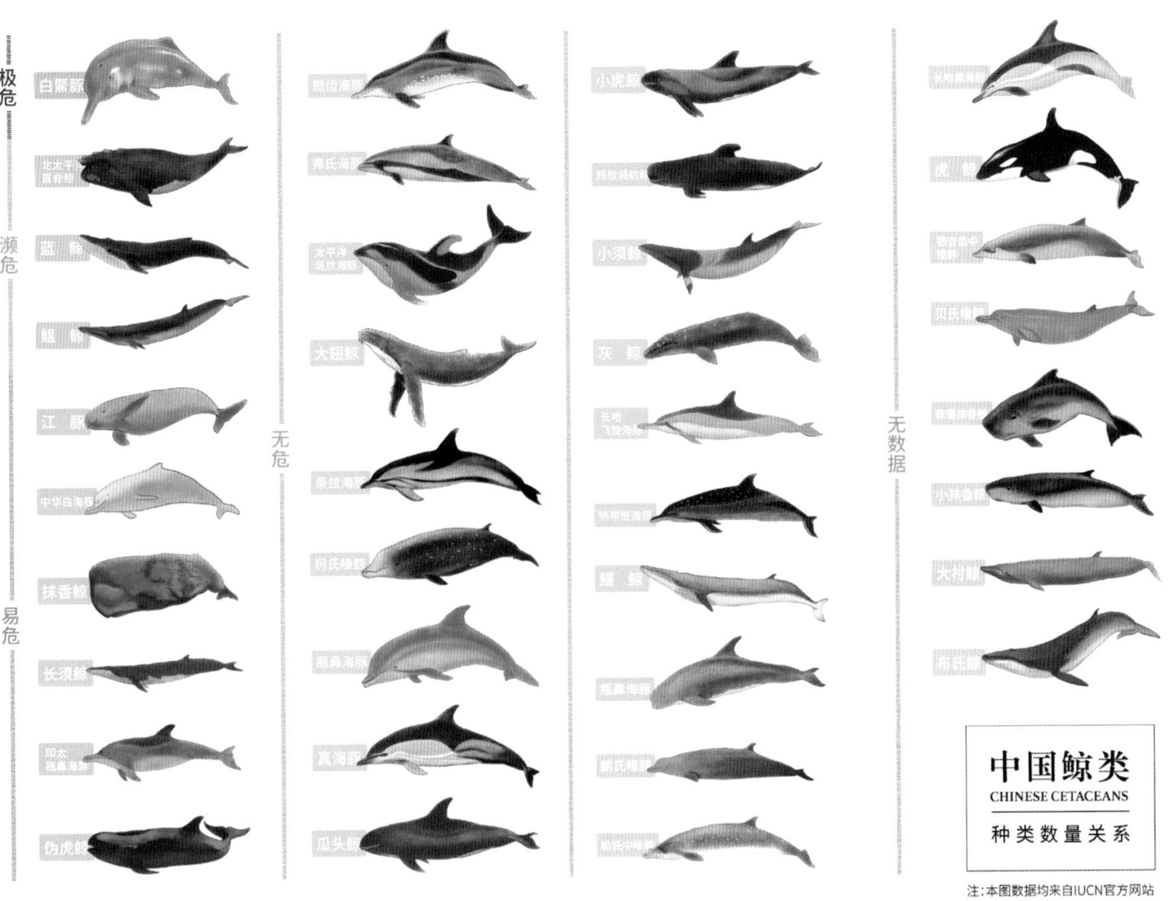

注：本图数据均来自IUCN官方网站

在过去的200年里，工业化捕鲸将大型鲸推入了十分危急的境地。今天全球海洋里的鲸落数量，可能不足以前的1/6。

鲸鱼这个物种数量在急剧减少，假如大型鲸类的数量彻底清零，不知道对深海的生命意味着什么。

如果鲸没有了，鲸落这一庞大而温柔的奇迹，也会随之而去。

参与鲸落的生物

大多数的研究将鲸落的演化过程分为三个阶段。第一阶段，即移动清道夫阶段，持续时间一般从几个月到几年，主要取决于鲸鱼尸体的大小和所处的环境。在这一阶段，主要是一些食肉的鱼类蟹类等，直接取食鲸鱼的肌肉、鲸脂等软组织，每天的消耗速率多在数十千克。第二阶段，即机会主义者阶段，同样持续数月到数年时间。机会主义者主要以鲸鱼肌肉和鲸脂的残渣，以及鲸鱼尸体初步分解形成的沉积层为食。机会主义者大多体型较小但数量巨大，种群密度可达每平方米数万只。第三阶段，即化能自养阶段，最长可以持续几十年之久。这一阶段以化能自养细菌为主要生产者，这些细菌反过来又供养了数量丰富的海底生物，据研究可达200余种生物。

鲸落的三个阶段是逻辑上的划分，对应到时间上的划分有可能重叠交叉。不同阶段的代表种群也并不是在某阶段开始才能出现、结束及全部离开，而是可能在不同阶段交替过程中长期存在。

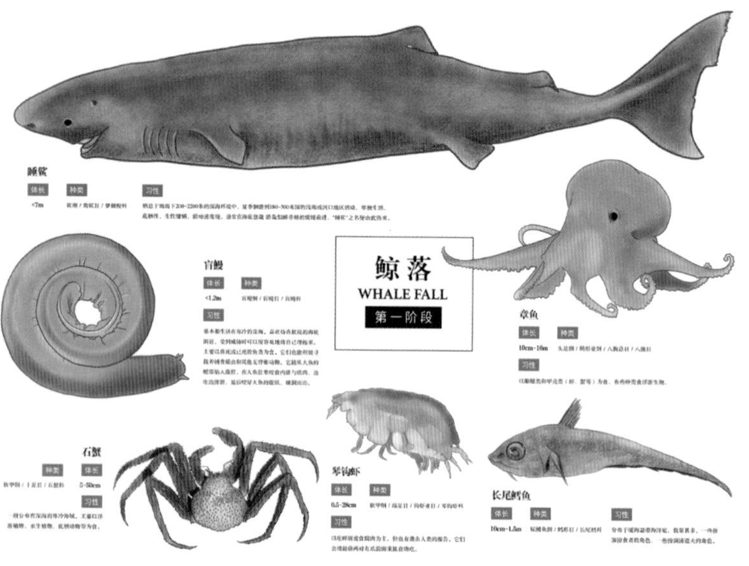

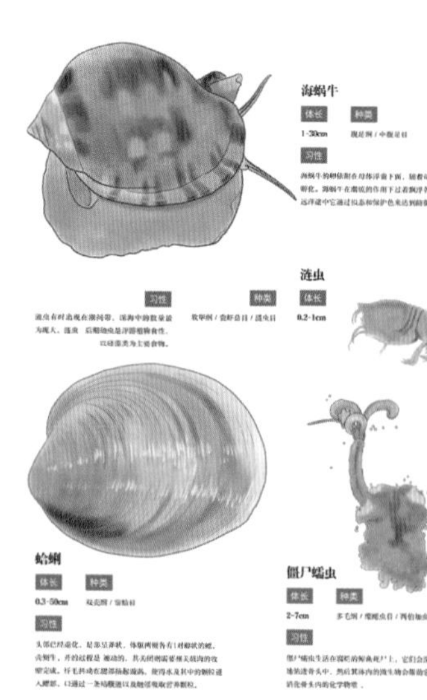

一些观点将鲸落三个阶段结束后的称作礁石阶段。在这一阶段中，鲸鱼尸体中的有机物已经被分解殆尽，剩下的鲸鱼骨架充当了礁石的作用，继续为海洋里的多种生物群落提供栖息和捕食的环境。基于这个原因，我们的展陈设计没有将这一阶段列入主题展示部分，而是以文字的形式来简要介绍。

鲸落的每个阶段都有非常多种类的生物参与其中。我们选取了各个阶段具有代表性的物种来介绍各阶段的演化过程。

各阶段的代表生物如下。

移动清道夫阶段：盲鳗、螃蟹、琴钩虾科、睡鲨、章鱼、长尾鳕鱼。

机会主义者阶段：僵尸蠕虫、甲壳类、涟虫类、海毛虫、贝壳类、海蜗牛。

化能自养阶段：厌氧菌、贝壳类、铠甲虾、管虫、海葵、帽贝、海虾、贻贝。

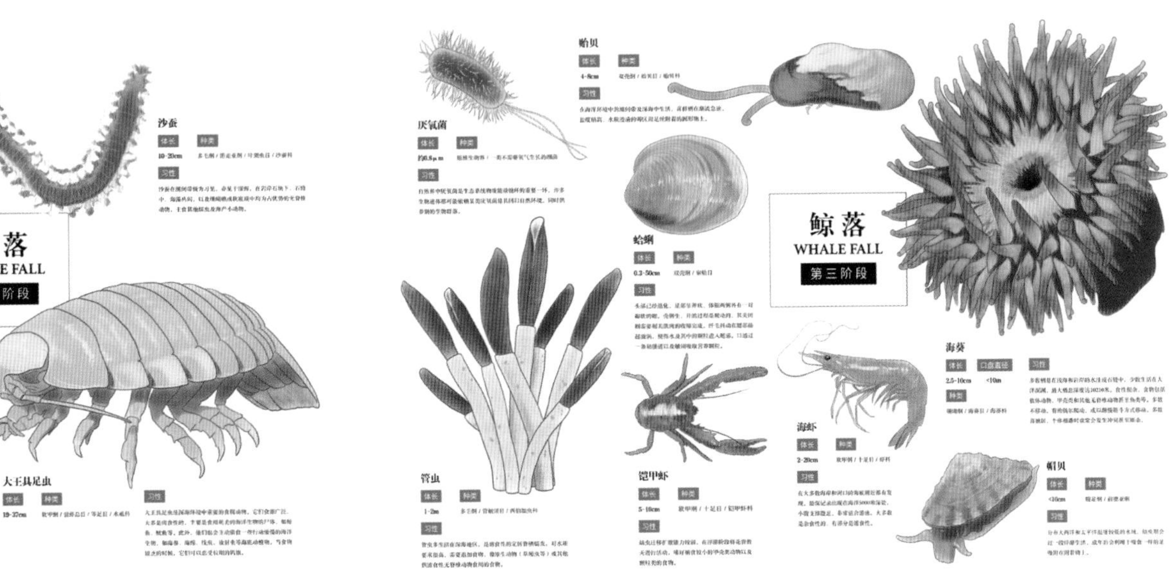

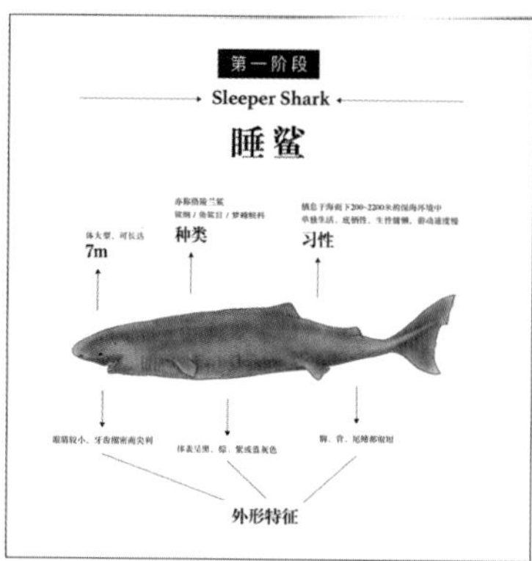
第一阶段
Sleeper Shark
睡鲨
7m
种类
习性
外形特征

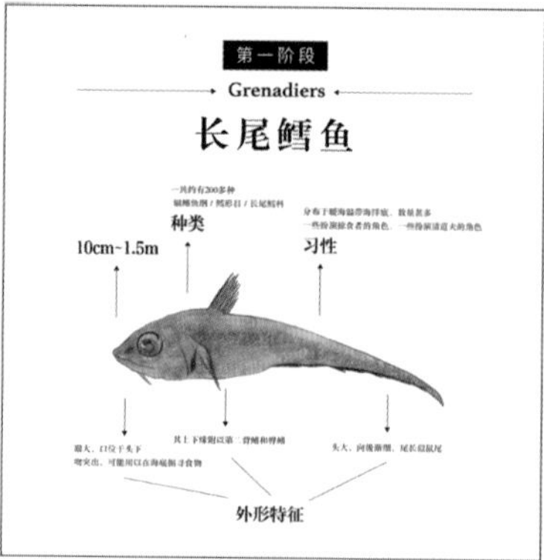
第一阶段
Grenadiers
长尾鳕鱼
种类
10cm~1.5m
习性
外形特征

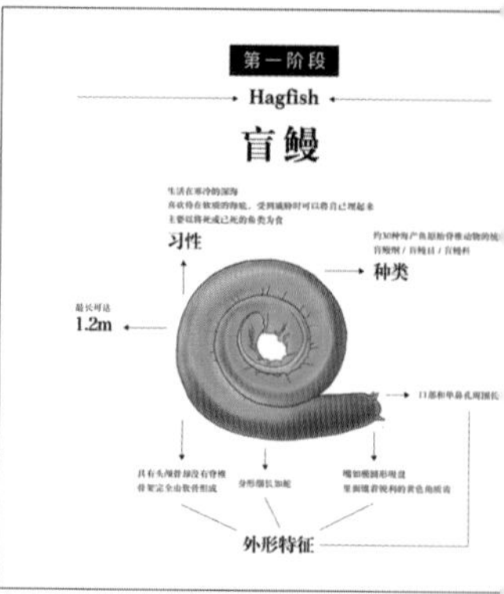
第一阶段
Hagfish
盲鳗
习性
种类
1.2m
外形特征

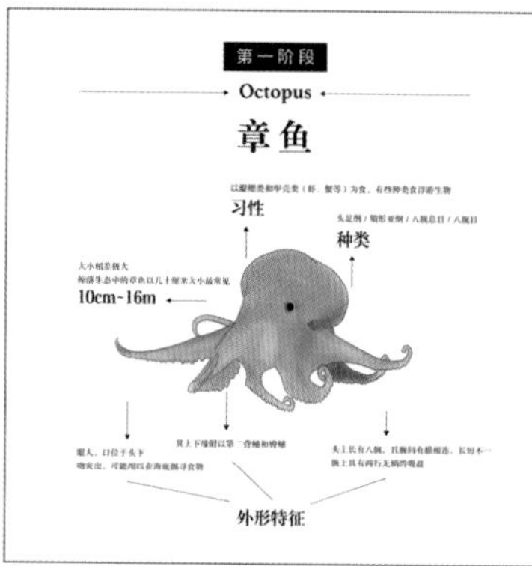
第一阶段
Octopus
章鱼
习性
种类
10cm~16m
外形特征

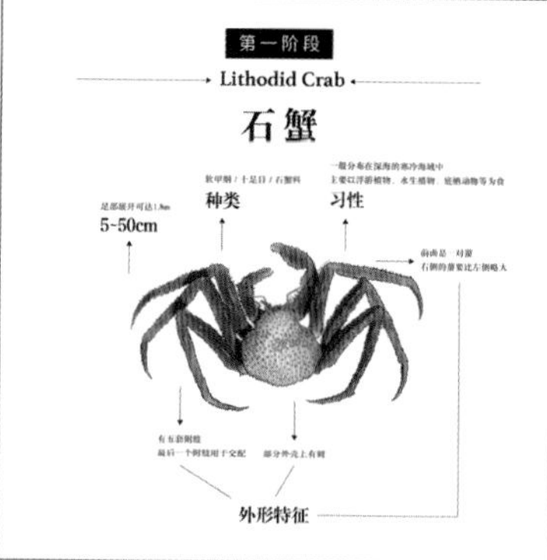
第一阶段
Lithodid Crab
石蟹
5-50cm
种类
习性
外形特征

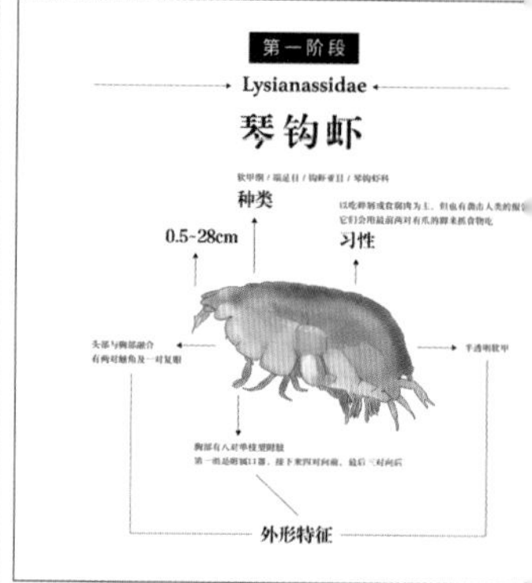
第一阶段
Lysianassidae
琴钩虾
种类
0.5-28cm
习性
外形特征

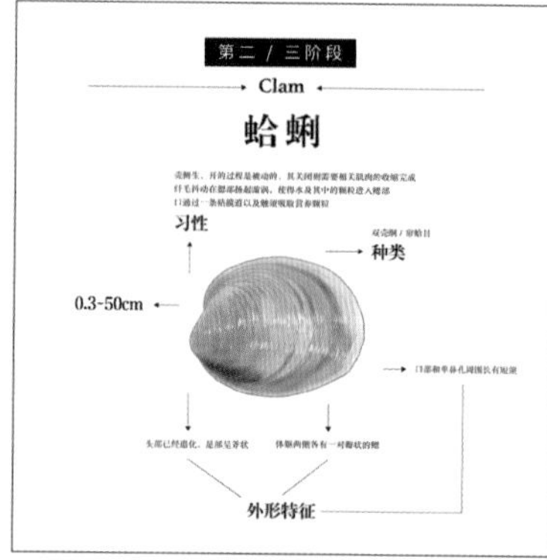
第二／三阶段
Clam
蛤蜊
习性
种类
0.3-50cm
外形特征

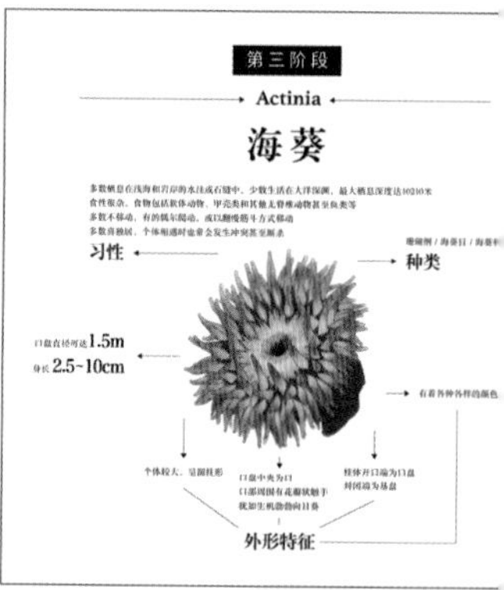
第三阶段
Actinia
海葵
习性
种类
1.5m
2.5~10cm
外形特征

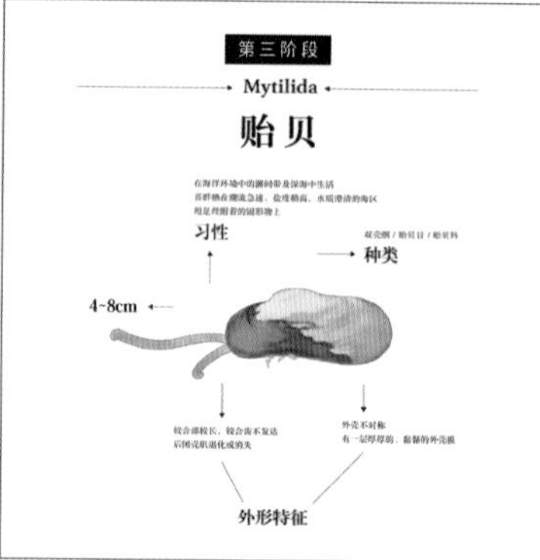
第三阶段
Mytilida
贻贝
习性
种类
4~8cm
外形特征

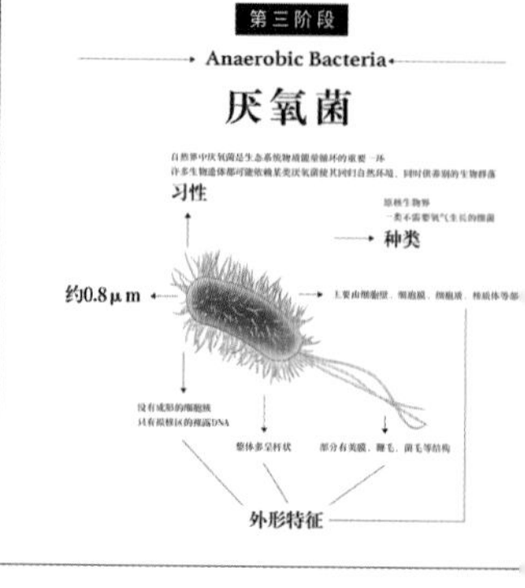
第三阶段
Anaerobic Bacteria
厌氧菌
习性
种类
约0.8μm
外形特征

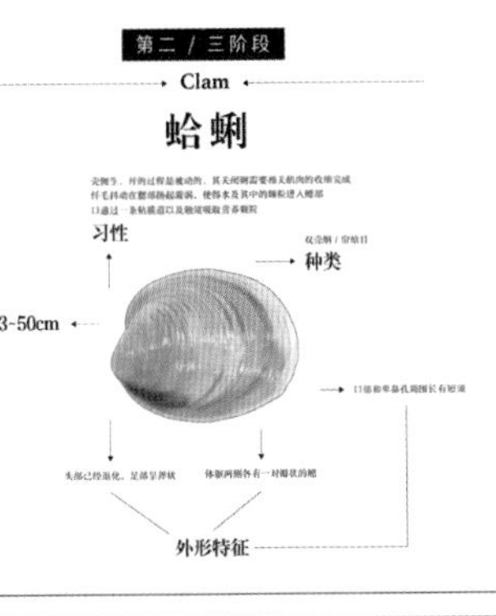
第二／三阶段
Clam
蛤蜊
习性
种类
0.3-50cm
外形特征

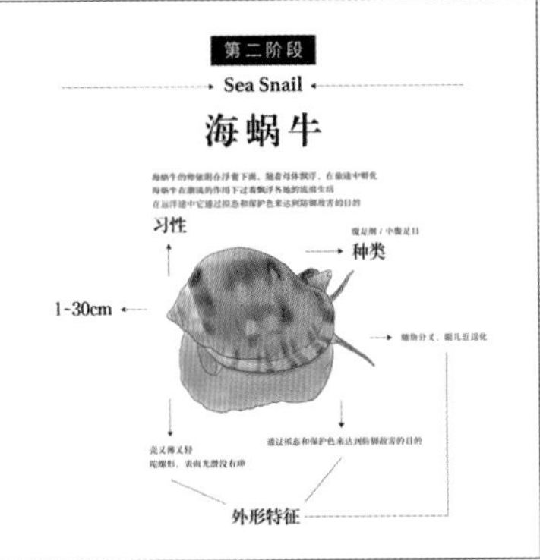
第二阶段
Sea Snail
海蜗牛
习性
种类
1-30cm
外形特征

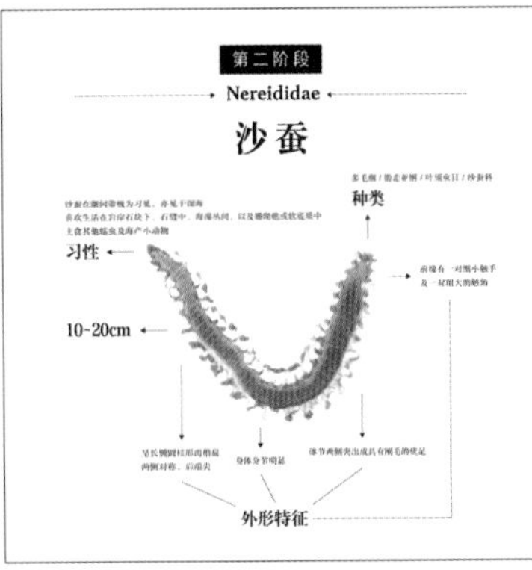
第二阶段
Nereididae
沙蚕
种类
习性
10-20cm
外形特征

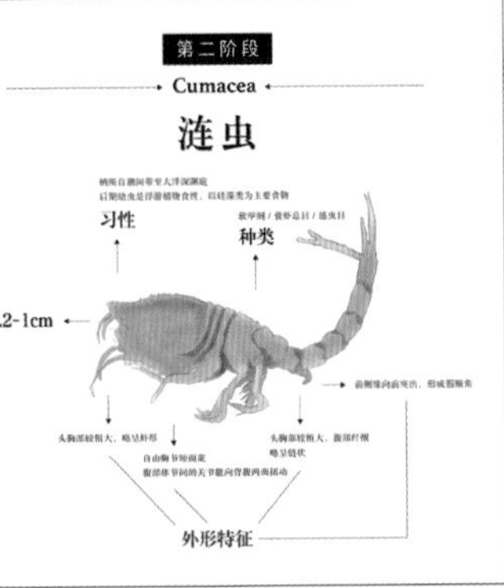
第二阶段
Cumacea
涟虫
习性
种类
0.2-1cm
外形特征

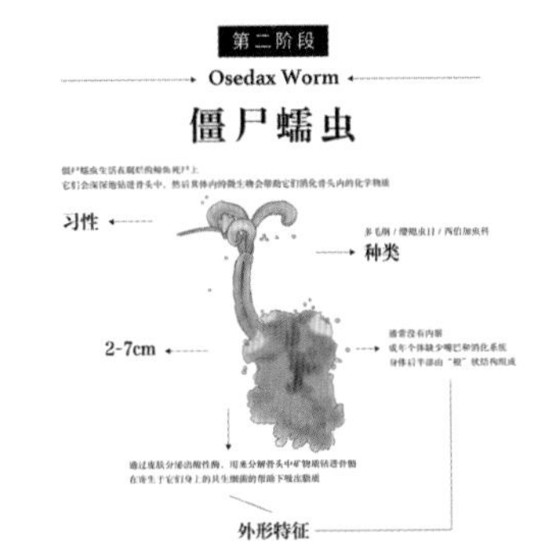
第二阶段
Osedax Worm
僵尸蠕虫
习性
种类
2-7cm
外形特征

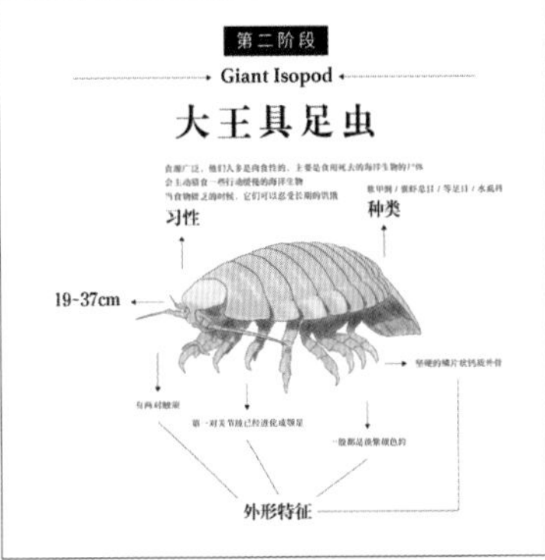
第二阶段
Giant Isopod
大王具足虫
习性
种类
19-37cm
外形特征

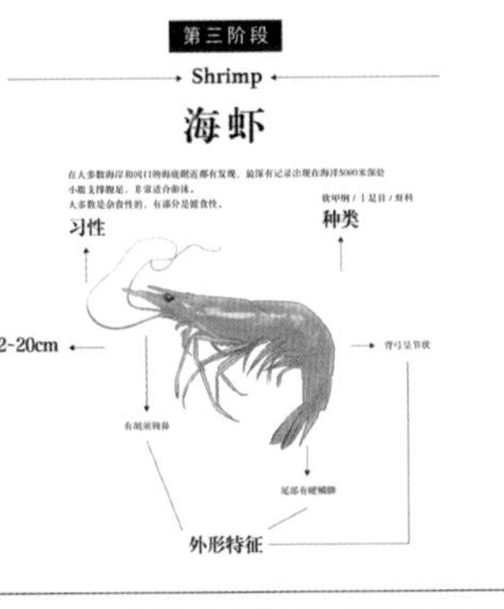
第三阶段
Shrimp
海虾
习性
种类
2-20cm
外形特征

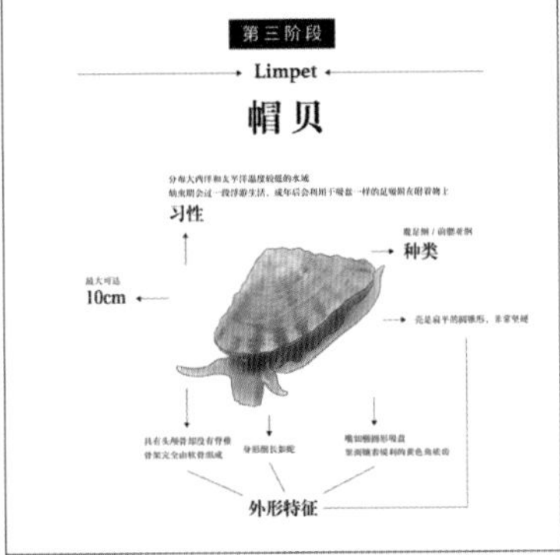
第三阶段
Limpet
帽贝
习性
种类
10cm
外形特征

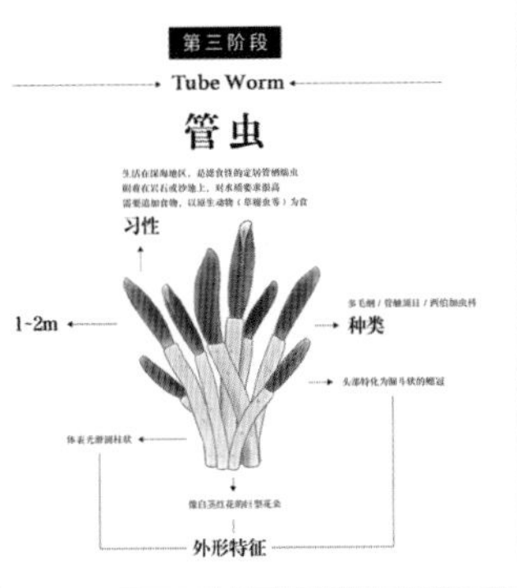
第三阶段
Tube Worm
管虫
习性
1-2m
种类
外形特征

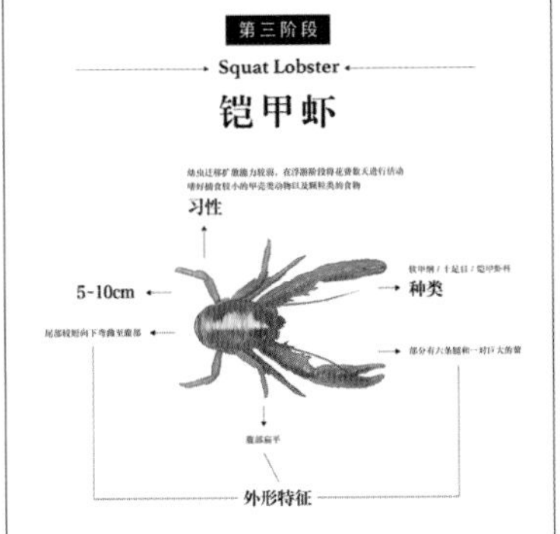
第三阶段
Squat Lobster
铠甲虾
习性
5-10cm
种类
外形特征

鲸落生态演化过程

时间演化本身是动态的，而在实际展示中，这一部分将通过静态和动态的共同展示来完成。以鲸落的演化为例，在一个画面中每一个片段里鲸鱼的身体处于不同的演化阶段，辅以不同阶段的生物的手绘图片，使用剪纸和定格动画的方式来演示这个过程，运用新媒体技术使读者通过观看一帧帧画面即可以了解整个时间过程的全貌。

这一部分涉及鲸类信息和鲸落种群两个方面，主要涉及每一部分的设计与实现而不包括整体展陈。从鲸类信息来讲，局部即每一种鲸鱼的图画、数据和特点等。每一种类的手绘是独立完成，但又需要是统一风格，突出重点而排除一些不重要的细节。鲸落种群中的每一类生物，以科学研究提供的信息为基础，有一定抽象化的处理使每种生物保持原有特征的同时更适合出现在科普工作中。

在从局部到整体的聚合中，也有多种参考方式。最为平凡普遍的是简单的堆砌，比如将多种鲸类的图片和信息放置在同一框架上，但这种方式所能提供的额外信息并不多。至少，我们可以将地理的信息以背景地图的方式呈现，使读者在阅读鲸类信息时对其分布也有一个大致的了解。罗列鲸落不同阶段的生物是一种可能的选择，但若将生物附着在鲸鱼或其模型的背景上，则更能传递鲸落生态的演化信息。

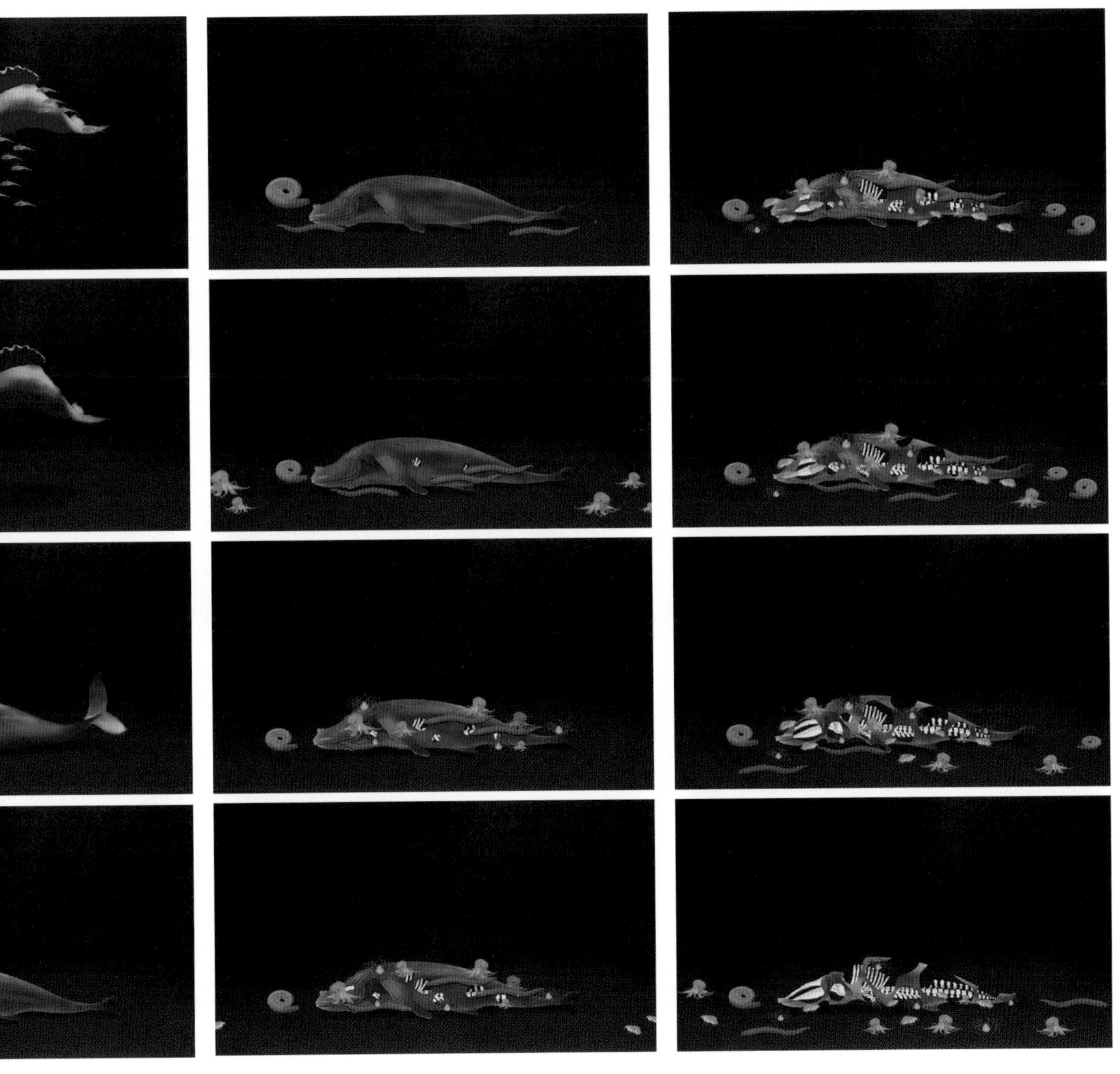

鲸落第一阶段

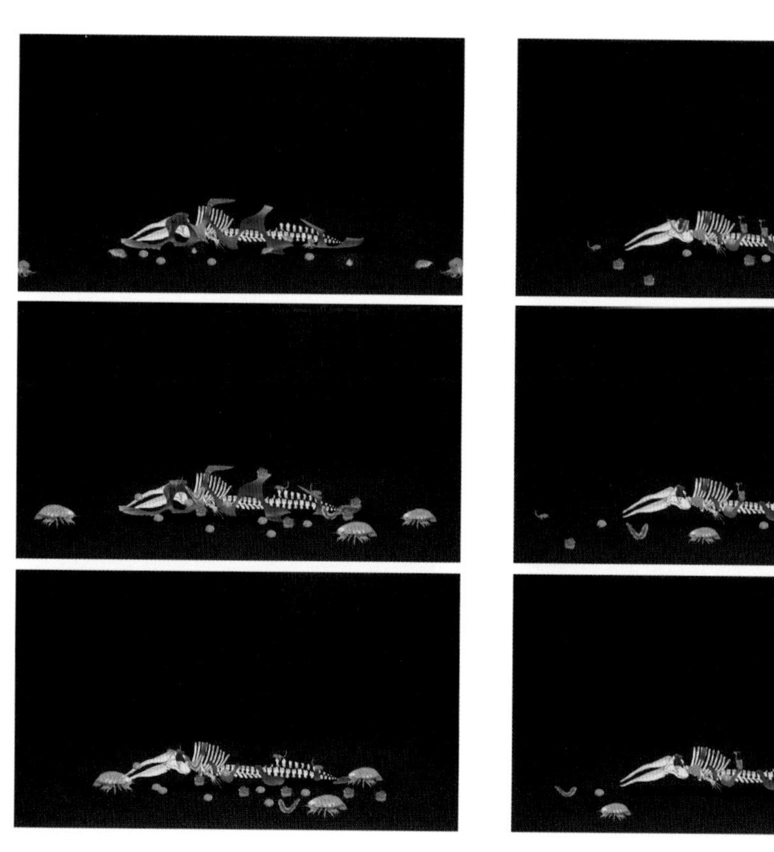

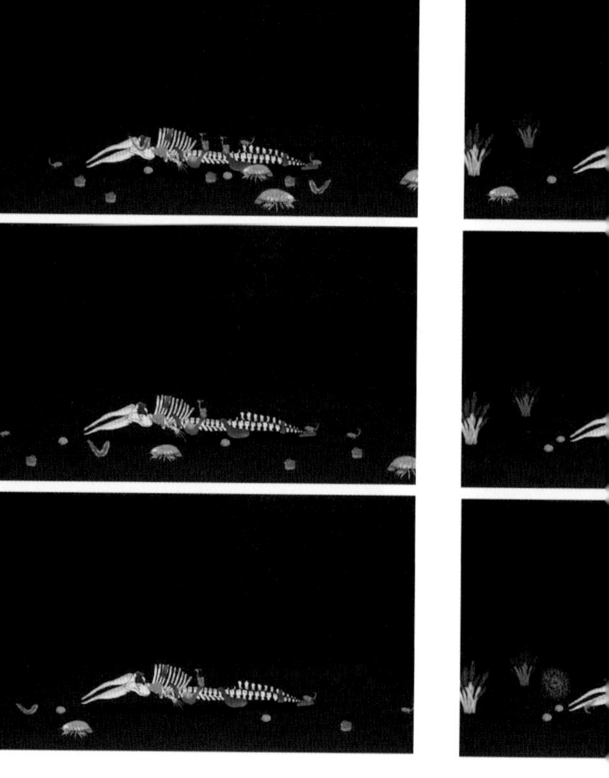

鲸落第二阶段

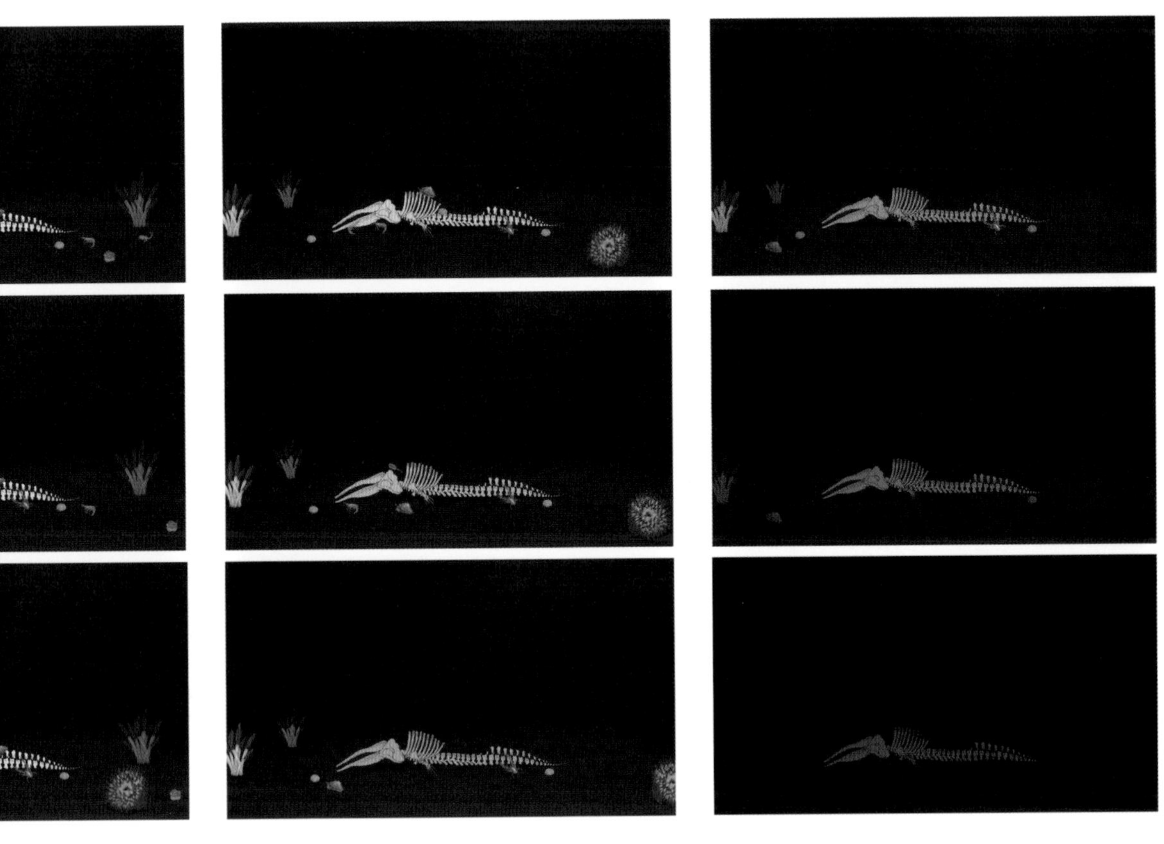

鲸落第三阶段

视频使用定格动画的方式制作。定格动画与连续的视频相比，更适合与手绘方式相结合来演绎整个动态过程。对于动态的信息图来说，需要表达信息的关键帧足以有效传递信息。用定格动画来表现“鲸落”生态演化的全过程，将手绘信息图加在照片中相应的位置，制作成定格动画的视频。此时可以介绍更多信息，包括鲸鱼生前的环境，不同阶段各种生物来来往往，参与到鲸落的演化中。

“鲸落”的演化过程则从鲸鱼死亡开始，历经三个主要的不同演化阶段直至最后只剩骨架作为礁石的终点，中间参与其中的数十种代表性物种也会逐一展示。同时，动态展示与声音多媒体相结合使用，充分调动人的感官，将复杂的信息集中表现在一个展示焦点内，为受众提供多份静态信息图才能承载的信息，并且展示出更强的生动性和趣味性。

展示效果

本次展陈采用线上展览，与实地展陈相比，有很多方面不同。首先，实地展陈空间更为开阔，可以同时容纳的元素更多。而线上展陈的所有内容只能在一块屏幕范围之内。其次，实地展陈除了投影和显示屏之外，多为静态展示，在空间上划分不同区域模块，而线上展陈是时间上的结构划分，逻辑上更为清晰且能容纳更多内容。最后，实地展陈的配音和旁白等配合比较困难，而线上展陈的时间进度由作者控制，声音信息的辅助更易实现。

综合线上展陈的优点和缺点，我们在逻辑上将展陈划分为以下 4 个部分：序言、中国鲸类、鲸落生态演化和海洋环境与保护。

在观展者进入展览之前，首先会听见大海的声音，海洋的环境氛围呼之欲出，伴随着各种海洋生物，然后有鲸鱼的声音打破深海的静谧，悠扬和神秘。这里营造一种舒适的氛围，使观展者更为后面的内容所吸引。

观影结束后，会浏览到静态的信息图：中国主要鲸类数目统计和中国主要鲸类濒危程度，唤起观展者保护海洋环境和生态系统的意识。

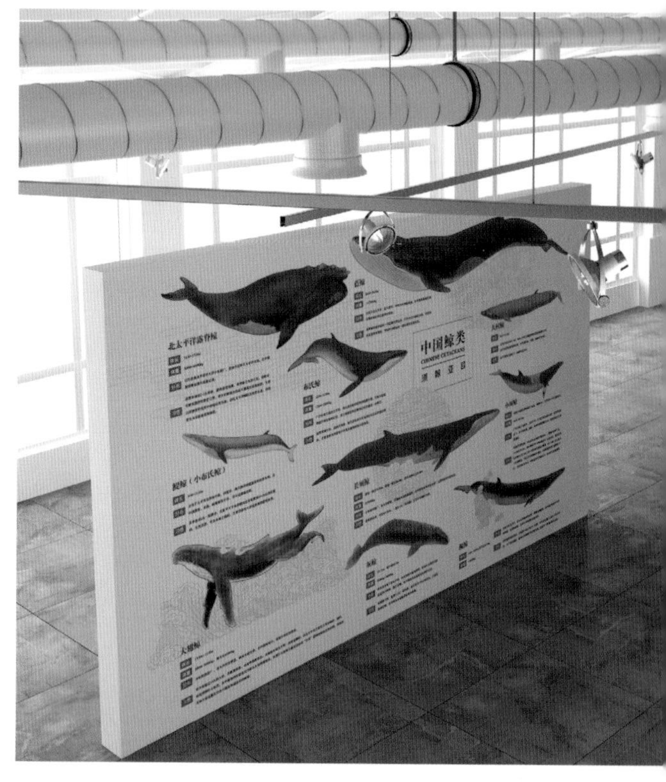

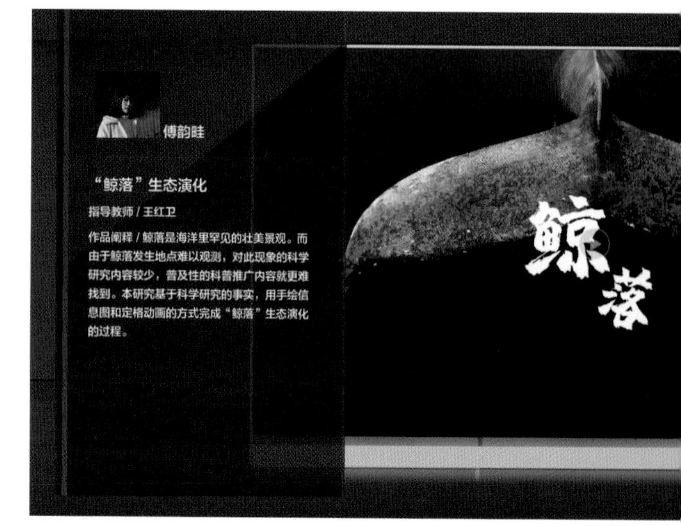

中国鲸类
CHINESE CETACEANS

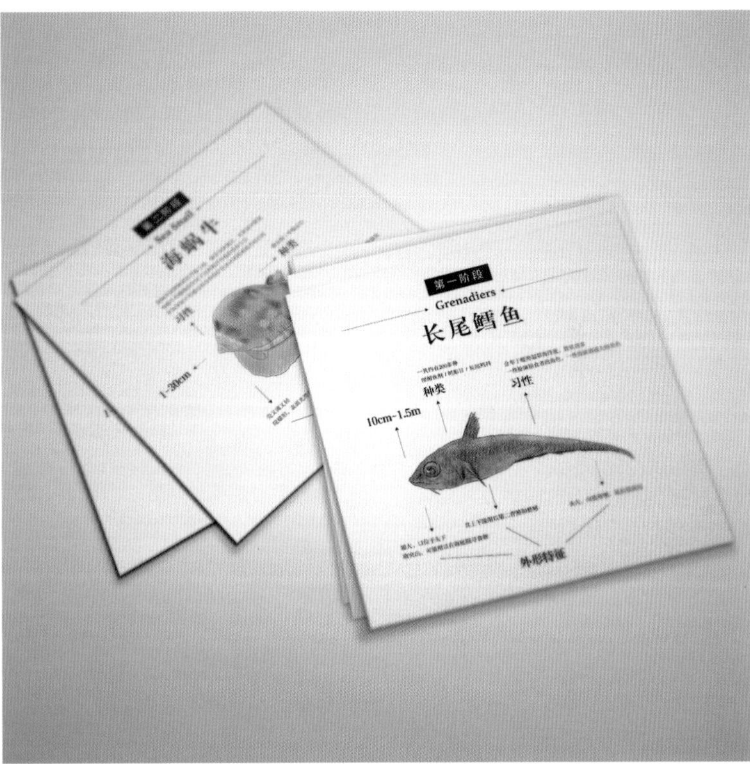
Sea Snail
海蜗牛
1-20cm
第一阶段
Grenadiers
长尾鳕鱼
种类
习性
10cm-1.5m
外形特征

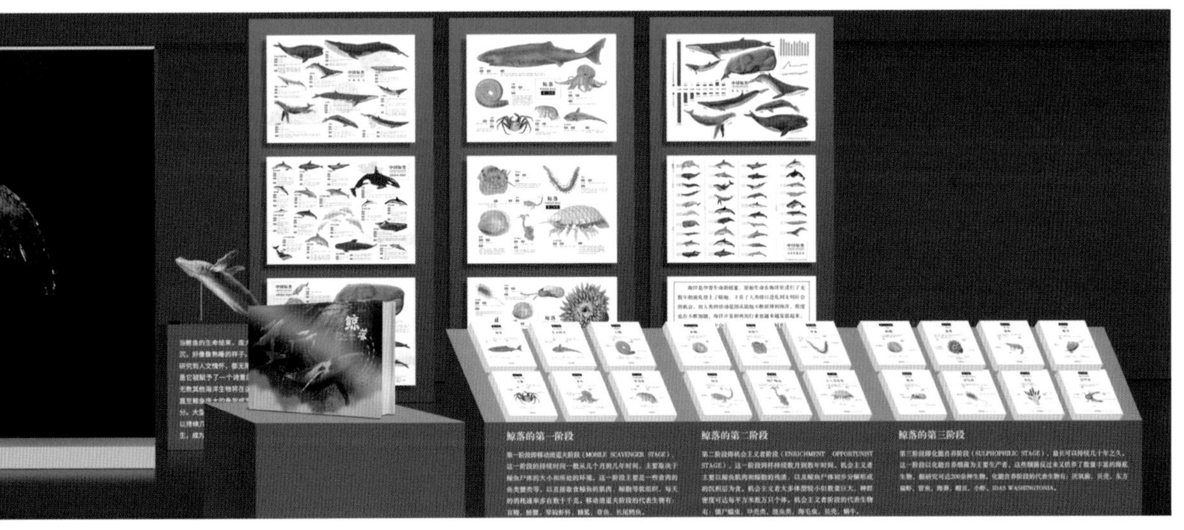
鲸落的第一阶段
鲸落的第二阶段
鲸落的第三阶段

3 结语

信息图的发展伴随着人类文明发展的整个过程，从一种朴素的表达方式发展成为丰富多彩的信息传递方式。信息技术革命为信息图设计注入了新的活力，也为设计者在众多爆炸的信息源之间脱颖而出提出了新的要求。将手绘与信息图设计相结合，类似于技术发达之后的“返璞归真”，却有希望提供新的设计发展空间。设计完成“鲸落”这一主题的科普作品，希望能够借此机会为大众带来精彩的科普享受。

海洋科学对我来说是一个新的领域。在这个方向上独立设计完成一个科普展陈项目，过程中也遇到了许多困难。在实践中，有的通过思考与努力能够克服，有的需要在最终的作品中有一定折中处理。科普作为处在科学与通俗传播中间的元素，不能像科学研究一样事事力求一丝不苟而失去趣味性，也不能像通俗作品一样架空虚构。如何在其中平衡，达到最大的普及传播效率，是以后在科普工作中必须要重点考虑的内容。

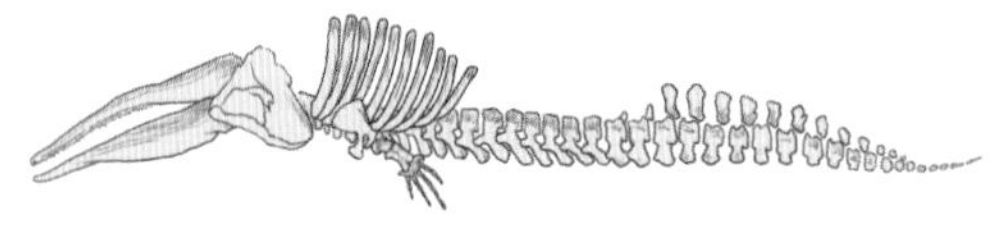

付韵畦与导师王红卫合照

老师评语：

论文重点探讨手绘表现科普信息图表。首先研究信息图的概念，然后分析如何将信息以可视化途径来表达，重点针对手绘表现信息图，界定手绘风格以表达不同的信息图，进而形成有特色的人性化的信息图表。毕业设计鲸落生态演化信息图表，运用了具有个人风格的手绘表现形式，所完成的科普信息图表生动有趣，佐证了论文提出的观点。

论文概念准确，调研充分，结构合理，有自己独到的观点。对于如何将个性的手绘风格运用在信息图表中，以形成生动的信息图表，打破以往传统刻板的图表印象，发挥其独特的艺术价值的探讨，有一定的现实意义和应用价值。

就手绘风格运用在科普读物中，信息图表中个人风格如何有效把握尺度，我的观点是必须在符合科学原理的前提下，发挥个人的特点，在这方面问题上，还有进一步研究的空间。

来

王红卫老师携研究生团队参加“本来·中国当代视觉艺术提名展”现场创作装置作品《有无》
2018年于深圳

后记

王红卫

2016 年，我编著的《书语——我辅导的毕业设计》一经出版，便备受很多艺术院校的关注。它是针对本科毕业设计专业的辅导用书。而这本《书境——阅读设计的探索之路》则是针对研究生毕业设计的教学和成果展示，算是《书语》的姊妹篇，集结了我近十年研究生教学心得，是对研究生的毕业设计从开题、中期、后期呈现及论文辅导全过程的解读。我在本科毕业设计指导经验的基础上，以阅读设计为主题，根据不同学生的专业研究方向，拓展设计思维，旨在希望学生们可以立足更广阔的视野来看待自己的学习研究领域。

本书中，细述的 16 个毕业设计案例，研究方向各不相同。有的关注独立出版物，有的研究民族传统图案、绘本编辑设计、图形符号设计，还有的研究传统纸媒与互联网电子出版物结合等。在毕业设计开题阶段，每一位学生都经过大量的调研分析，通过和导师反复论证以最终确定自己的选题方向；中期工作主要是对研究主题不断深化，师生就各个重点、难点讨论交流无数次，以获取最佳解决途径；在后期呈现阶段，针对不同的材料和工艺，细节深化，精益求精，为最终圆满完成毕业设计而尽力。对于每一位学生来说，这个过程往往是痛苦和纠结的，但最终的研究成果，一定会非常出色。愿我的每一位学生都破茧成蝶，珍惜这段宝贵的设计修行历程，相信这也是他们一生中最难忘、最美好、最丰富、最纯粹的记忆！

我认为，研究生阶段的学习期间，是人格不断完善的过程，也是一种生活态度的形成期，是不断提升创新力的过程，更是审美和设计格局提高的过程。多角度的创意想法；颇具实验性、前沿性的设计意识；带有叙述性、互动性的探索理念；包含民族性和当代性的思考；综合性跨学科的拓展意识，以上种种都让我们看到了一群充满活力的“90 后”，一群热爱书籍设计的年轻人，他们个性鲜明、才华横溢，在最好的年纪完成一次青春的升华，绽放异彩。作为导师我在欣慰之余，更多的是感谢！我和每一位的“遇见”都是一种缘分，很多学生都是从本科到研究生，我朝夕相处近 7 年的光阴，看着你们成长，成才，就业，成家，构筑自己的幸福人生。多年来，毕业的优秀学子都分别在不同的领域（媒体、互联网公司、高校、设计机构等）做出了成绩，我因你们的所成而骄傲！

我已度过了 30 多个春秋教的学生涯，感慨与展望都凝聚成肩上的责任。能“遇见”一个个优秀的学生是老师的幸福，在辅导他们的同时，也促使我不断学习，不断完善自己，与时俱进。多少年过去了，我与各位亦师亦友，为此我深感幸福！

在此，我要特别感谢德高望重的设计界泰斗陈汉民先生为本书撰写序言。多年来陈先生一直关注和指导我们的设计工作，并提出宝贵的建议。衷心感谢著名书籍艺术设计家吕敬人先生，在疫情期间不辞辛苦，特为本书作序，感谢吕敬人老师在我多年的教学工作中给予的关心和帮助。同时，也要感谢我毕业多年的几位学生，靳宜霏、王琛、刘明惠、贾煜洲、夏辉璘、苗慧等，她们现在分别在各地各领域工作着，感谢大家为本书的出版所付出的辛劳和努力。感谢清华大学出版社促成本书的顺利出版。感谢纸业和印厂的精心配合与周到的服务。最后感谢我的亲朋好友一如既往的信任与支持。

希望本书的出版能为热爱书籍设计的师生和设计同人们，提供一些帮助和参考。在此，我抛砖引玉，渴望听到朋友们宝贵的批评与建议。

2020 年 8 月于荷清苑

王红卫

清华大学美术学院视觉传达系 长聘教授 博士生导师

中国美术家协会会员

中国包装联合会设计委员会副秘书长

全国高校艺术教育专家联盟主任委员

中国出版协会装帧艺术工作委员会委员

《中国设计年鉴》和“中国之星”专业评审委员会委员

清华大学吴冠中艺术研究中心研究员

担任国内外多所艺术院校客座教授

多次担任全国重大设计竞赛评审

主要著作：

《书语——我辅导的毕业设计》清华大学出版社

《书香》安徽美术出版社

《字体・书籍・设计》中国纺织出版社

《平面构成》人民美术出版社

主要设计作品获奖：

字体设计作品曾获日本大阪森泽国际排版字体竞赛评审员奖

书籍设计作品曾获第十届全国美术展览银奖

多次获得全国书籍装帧艺术展中央展区金奖、银奖等

主要设计代表作品：

铁道部新一代“和谐号”高铁内部环境导视系统设计

老一代艺术家张仃、吴冠中、常沙娜、乔十光、雷圭元、郑可等系列展及画册整体设计

清华大学百年校庆礼品、画册整体设计

意大利米兰世界博览会精装礼品画册

《中国经济五十人论坛》十周年、二十周年庆典纪念画册 · 中国经济五十人论坛

《中南海紫光阁藏画》整体设计及制作 · 国务院办公厅、外交部

《中国国际时装周》精装礼品画册设计 · 中国服装设计师协会

《读者》插图版画精品《民国记忆》 · 读者出版集团

诺贝尔奖获得者李政道先生《物理的挑战》精装画册

清华大学美术学院新校址国际投标设计方案《传承与超越》

2004 年、2019 年《装饰》杂志整体设计 · 清华大学美术学院

中国恒天集团品牌视觉设计

海南国际旅游岛礼品书《最美的海南》 · 海南省政府

2019 年北京国际设计周“中华人民共和国成立初期国家形象设计展”视觉整体设计

2019 年“美育人生——吴冠中百年诞辰艺术展”视觉整体设计

2021CCTV 春节联欢晚会生肖春碗福礼——“福牛春碗”文创产品设计

邮票设计代表作品：

《李立三同志诞生一百周年》纪念邮票（合作者 殷会利）

《FIFA2007 年中国女足世界杯 · 会徽》特种邮票

2014 年贺年有奖专用马年生肖邮票

2019 年《中国人民政治协商会议成立 70 周年》纪念邮票等